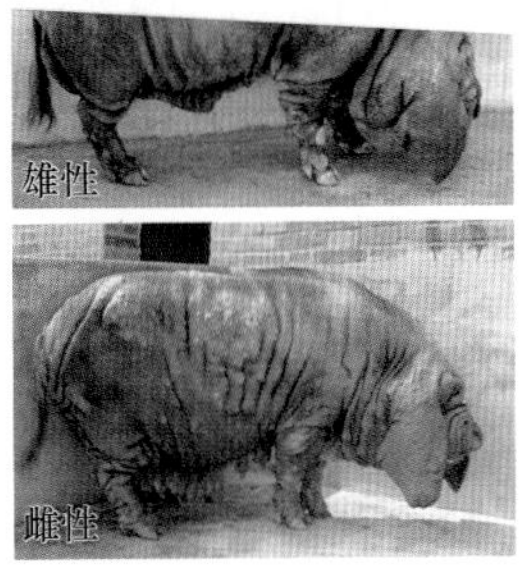

彩图 1　太湖猪

彩图 2　内江猪

彩图 3　荣昌猪

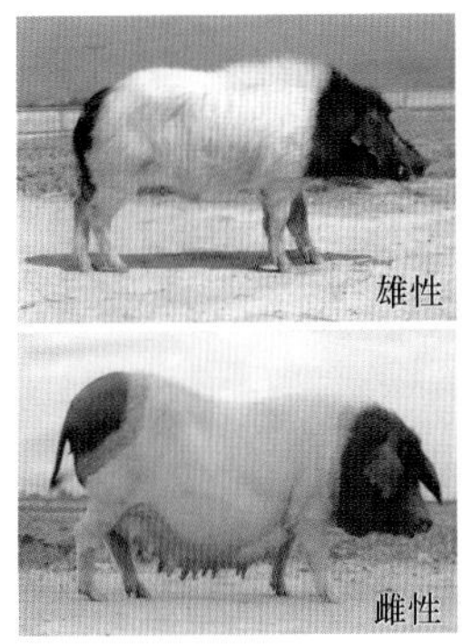

彩图 4　金华猪

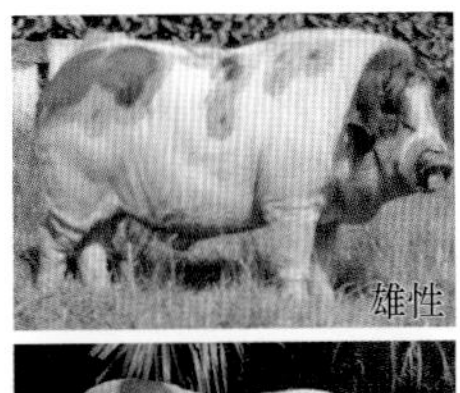

彩图 5　大花白猪

彩图 6　三江白猪

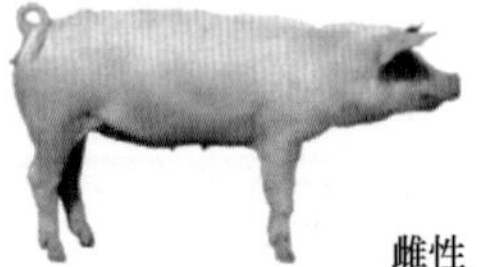

彩图 7　湖北白猪

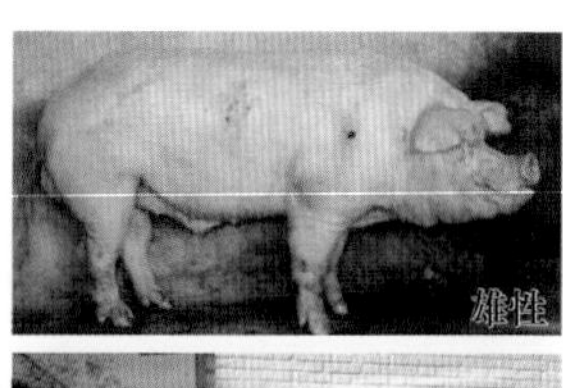

彩图 8　上海白猪

彩图 9　北京黑猪

彩图 10　新淮猪

彩图 11　山西黑猪

彩图 12　汉中白猪

彩图 13　长白猪

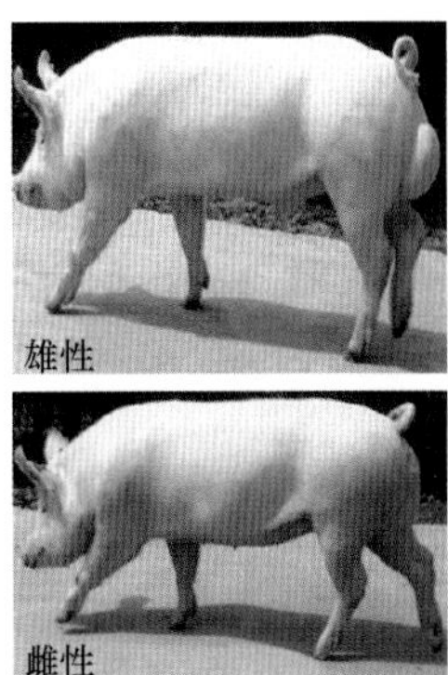

彩图 14　大约克夏猪

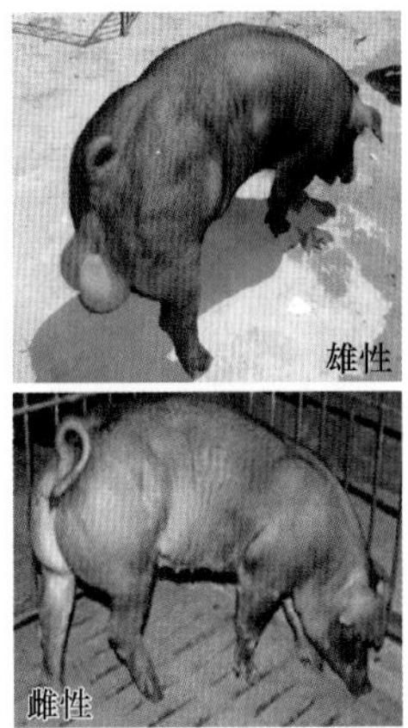

彩图 15　杜洛克猪

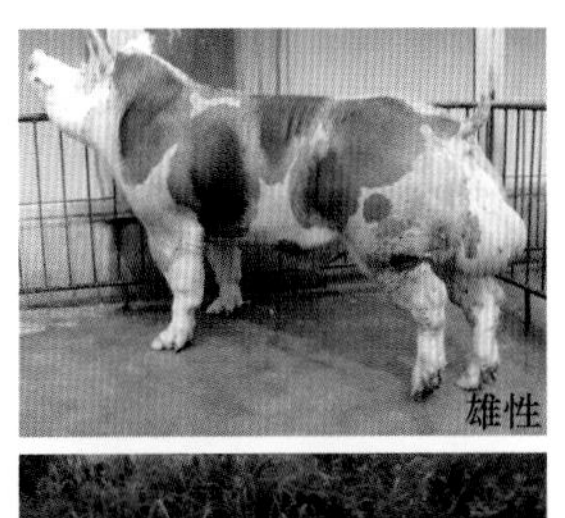

彩图 16　皮特兰猪

彩图 17　规模化猪场的污染道

彩图 18　产床

彩图 19　保育栏

彩图 20　后备种猪栏

彩图 21　母猪定位栏

彩图 22　密闭式猪舍湿帘系统

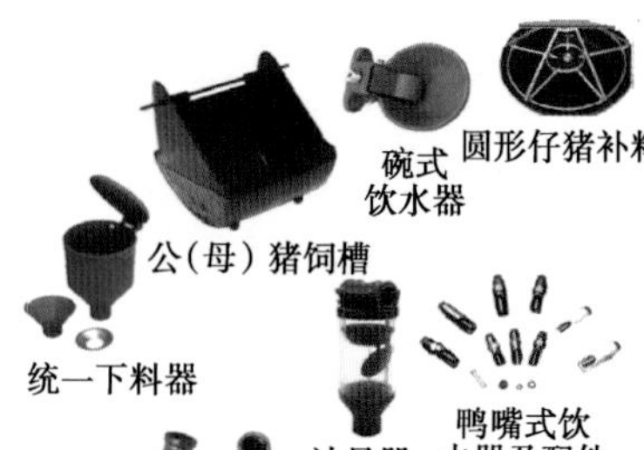

彩图 23　猪场喂养设施

快速养猪

主　编　魏刚才　郭小会
副主编　苏红辽　段晓林　洪　军
编　者（按姓氏笔画排列）
苏红辽（滑县动物卫生监督所）
郭小会（甘肃畜牧工程职业技术学院）
洪　军（河南城建学院）
段晓林（郸城县畜牧局）
唐海蓉（河南科技学院）
谢红兵（河南科技学院）
韩芬霞（河南科技学院）
魏刚才（河南科技学院）
主　审　程龙飞

机 械 工 业 出 版 社

猪的生长速度决定了饲料消耗和经济效益。本书结合我国养猪业生产实际，详细介绍了快速养猪的配套技术。本书共分八章，分别是快速养猪的经济杂交与猪种选择、快速养猪的环境控制、快速养猪的饲料营养和日粮配制、种猪的饲养管理、仔猪的饲养管理、生长肥育猪的饲养管理、快速养猪的疾病控制及经营管理。

本书理论密切联系实际，内容翔实，通俗易懂，易于操作，可供养猪专业户、猪场及基层畜牧养殖技术人员使用，也可供农业院校相关专业师生阅读参考。

图书在版编目（CIP）数据

快速养猪/魏刚才，郭小会主编. —北京：机械工业出版社，2014.3（2020.3重印）

（高效养殖致富直通车）

ISBN 978-7-111-45463-2

Ⅰ.①快…　Ⅱ.①魏…②郭…　Ⅲ.①养猪学　Ⅳ.①S828

中国版本图书馆CIP数据核字（2014）第010953号

机械工业出版社（北京市百万庄大街22号　邮政编码100037）

总 策 划：李俊玲　张敬柱

策划编辑：郎　峰　高　伟　责任编辑：郎　峰　高　伟　李俊慧

版式设计：霍永明　责任校对：赵　蕊

责任印制：孙　炜

保定市中画美凯印刷有限公司印刷

2020年3月第1版第4次印刷

140mm×203mm·9.375印张·2插页·266千字

标准书号：ISBN 978-7-111-45463-2

定价：35.00元

电话服务　网络服务

客服电话：010-88361066　机 工 官 网：www.cmpbook.com

010-88379833　机 工 官 博：weibo.com/cmp1952

010-68326294　金 书 网：www.golden-book.com

封底无防伪标均为盗版　机工教育服务网：www.cmpedu.com

高效养殖致富直通车

编审委员会

序

改革开放以来，我国养殖业发展非常迅速，肉、蛋、奶、鱼等产品产量稳步增加，在提高人民生活水平方面发挥着越来越重要的作用。同时，从事各种养殖业也已成为农民脱贫致富的重要途径。近年来，我国经济的快速发展为养殖业提出了新要求，以市场为导向，从传统的养殖生产经营模式向现代高科技生产经营模式转变，安全、健康、优质、高效和环保已成为养殖业发展的既定方向。

针对我国养殖业发展的迫切需要，机械工业出版社坚持高起点、高质量、高标准的原则，组织全国20多家科研院所的理论水平高、实践经验丰富的专家学者、科研人员及一线技术人员编写了这套“高效养殖致富直通车”丛书，范围涵盖了畜牧、水产及特种经济动物的养殖技术和疾病防治技术等。

丛书应用了大量生产现场图片，形象直观，语言精练、简洁，深入浅出，重点突出，篇幅适中，并面向产业发展需求，密切联系生产实际，吸纳了最新科研成果，使读者能科学、快速地解决养殖过程中遇到的各种难题。丛书表现形式新颖，大部分图书采用双色印刷，设有“提示”、“注意”等小栏目，配有一些成功养殖的典型案例，突出实用性、可操作性和指导性。

丛书针对性强，性价比高，易学易用，是广大养殖户和相关技术人员、管理人员不可多得的好参谋、好帮手。

祝大家学用相长，读书愉快！

中国农业大学动物科技学院

2014年1月

前言

猪肉产品是肉品中需求量最大的产品。目前，我国养猪业正在向集约化和规模化方向发展，这不仅极大地丰富了市场，满足了人们对猪肉的需求，而且对于农村经济发展、农业产业结构调整和农民收入增加等也发挥着巨大的作用。

近年来，我国养猪业虽然得到较大发展，生产水平不断提高，但与国外养猪业发达国家比较差距仍然巨大，如生猪出栏率低（如丹麦可以达到240%，而我国好的才达到200%）、生产周期长、产肉量少、饲料报酬差及生产成本高等问题，直接影响到养猪的经济效益和养猪业的稳定发展。推广实用的、配套的快速养猪技术，对于推动我国养猪业稳定持续发展，并进一步提高养猪业水平和经济效益具有极为重要的意义。

本书结合我国养猪业的生产实际，详细介绍了快速养猪的配套技术。本书共分八章，分别是快速养猪的经济杂交与猪种选择、快速养猪的环境控制、快速养猪的饲料营养和日粮配制、种猪的饲养管理、仔猪的饲养管理、生长肥育猪的饲养管理、快速养猪的疾病控制及经营管理。

需要特别说明的是，本书所用药物及其使用剂量仅供读者参考，不可照搬。在生产实际中，所用药物学名、常用名和实际商品名称有差异，药物浓度也有所不同，建议读者在使用每一种药物之前，参阅厂家提供的产品说明以确认药物用量、用药方法、用药时间及禁忌等。购买兽药时，执业兽医有责任根据经验和对患病动物的了解决定用药量及选择最佳治疗方案。

本书可供养猪专业户、猪场及基层畜牧养殖技术人员阅读，也可供农业院校相关专业师生阅读参考。

由于作者水平有限和时间仓促，错误和不足之处在所难免，敬请读者不吝赐教，谨此表示衷心感谢。

编　者

目 录

第四章　种猪的饲养管理

第五章　仔猪的饲养管理

第六章 生长肥育猪的饲养管理

第七章 快速养猪的疾病控制

第八章　快速养猪的经营管理

附录　常见计量单位名称与符号对照表

参考文献

第一章 快速养猪的经济杂交与猪种选择

核心提示

猪的品种多种多样，各具特点，为选择优良品种和进行经济杂交提供了充足的素材。按照良种繁育体系的要求进行杂交育种，可以获得高产配套杂交猪，为高产和高效益奠定了基础。

第一节 品种介绍

一 国内地方品种

地方猪品种多属于脂肪型。

1. 太湖猪

(1) 产地与分布 产于江苏、浙江的太湖地区，由二花脸、梅山、枫泾、米猪等地方类型猪组成。主要分布在长江下游的江苏、浙江和上海交界的太湖流域，故统称“太湖猪”。品种内类群结构丰富，有广泛的遗传基础。肌肉脂肪较多，肉质较好。

(2) 外貌特征 头大额宽，额部皱纹多、深，耳特大、软而下垂，耳尖同嘴角齐或超过嘴角，形如大蒲扇。全身被毛黑色或青灰色，毛稀。腹部皮肤呈紫红色，也有鼻吻或尾尖呈白色的。梅山猪的四肢末端为白色，米猪骨骼较细致。

（3）生产性能　成年公猪体重150～200kg，成年母猪体重150～180kg。性成熟早。公猪4～5月龄时，精液品质已基本达到成年公猪的水平。母猪在一个发情期内排卵较多。太湖猪生长速度较慢，屠宰率65%～70%，胴体瘦肉率较低。

【提示】太湖猪是世界上猪品种中产仔最高的。太湖猪初产母猪平均产仔数12头以上，活仔数11头以上；3胎及3胎以上母猪平均产仔数16头，活仔数14头以上。最高窝产仔数达到36头。

（4）杂交利用效果　用苏白猪、长白猪和约克夏猪作父本与太湖猪母猪杂交，一代杂种猪日增重分别为506g、481g和477g。用长白猪作父本，与梅二（梅山公猪配二花脸母猪）杂种猪母猪进行杂交，后代日增重可达500g；用杜洛克猪作父本，与长×二（长白公猪配二花脸母猪）杂种猪母猪进行三品种杂交，其杂种猪的瘦肉率较高，在体重87kg时屠宰，胴体瘦肉率达53.5%。

2. 民猪

（1）产地与分布　原产于东北和华北部分地区。

（2）外貌特征　民猪头中等大，面直长，耳大、下垂。体躯扁平，背腰狭窄，臀部倾斜，四肢粗壮。全身被毛黑色、密而长，鬃毛较多，冬季密生绒毛。

（3）生产性能　性成熟早，母猪4月龄左右出现初情，体重60kg时卵泡已成熟并能排卵。母猪发情征候明显，配种受胎率高。公猪一般于9月龄、体重90kg左右时配种；母猪于8月龄、体重80kg左右时初配。初产母猪产仔数11头左右，3胎及3胎以上母猪产仔数13头左右；体重在18～90kg的肥育期内，日增重458g左右；体重60kg和90kg时屠宰，屠宰率分别为69%和72%左右，胴体瘦肉率分别为52%和45%左右。

【提示】民猪体质健壮，耐寒，产仔数多，脂肪沉积能力强，胴体瘦肉率高，肉质好，适于放牧和粗放管理。

（4）杂交利用效果　用民猪作父本，分别与东北花猪、哈白猪和长白猪母猪杂交，所得反交一代杂种，肥育期日增重分别为615g、642g和555g。以民猪作母本产生的一代杂种猪母猪，再与第三品种

公猪杂交所得后代，肥育期日增重比两品种杂交又有提高。

3. 内江猪

（1）产地与分布 产于四川省的内江地区。主要分布于内江、资中、简阳等市、县。

（2）外貌特征 内江猪体型较大，头大嘴短，额面横纹深陷成沟，额皮中部隆起成块。耳中等大、下垂。体躯宽、深，背腰微凹，腹大，四肢较粗壮。皮厚，全身被毛黑色，鬃毛粗、长。根据头型可分为“狮子头”“二方头”和“毫杆嘴”三种类型。

（3）生产性能 成年公猪体重约为169kg，母猪体重约为155kg；公猪一般5～8月龄初次配种，母猪6～8月龄初次配种。初产母猪平均产仔数9.5头，3胎及3胎以上母猪平均产仔数10.5头。在中等营养水平下限量饲养，体重为13～91kg阶段，饲养期193天，日增重404g。体重90kg屠宰，屠宰率67%，胴体瘦肉率37%。

> **【提示】** 内江猪对外界刺激反应迟钝，对逆境适应性好（对高温和寒冷都能适应）。

（4）杂交利用效果 内江猪与地方品种或培育品种猪杂交，一代杂种猪日增重和每千克增重消耗饲料均表现杂种优势。用内江猪与北京黑猪杂交，杂种猪体重为22～75kg阶段，日增重550～600g，每千克增重消耗配合饲料2.99～3.45kg，杂种猪日增重杂种优势率为63%～74%。用长白公猪与内江母猪杂交，一代杂种猪日增重杂种优势率为36.2%，每千克增重消耗配合饲料比双亲平均值低67%～71%。胴体瘦肉率45%～50%。

4. 荣昌猪

（1）产地与分布 产于四川省荣昌和隆昌两县。主要分布在荣昌县和隆昌县。

（2）外貌特征 荣昌猪体型较大，头大小适中，面微凹，耳中等大、下垂，额面皱纹横行、有旋毛。背腰微凹，腹大而深，臀稍倾斜。四肢细小、结实。除两眼四周或头部有大小不等的黑斑外，被毛均为白色。

（3）生产性能 成年公猪平均体重为158kg，成年母猪平均体重为144kg；荣昌公猪4月龄性成熟，5～6月龄可用于配种。母猪初情

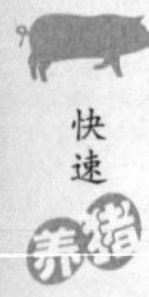

期为71~113天，初配以7~8月龄、体重为50~60kg时较为适宜。在选育群中，初产母猪平均产仔数8.5头，经产母猪平均产仔数11.7头。

在较好的营养条件下，荣昌猪在14.7~90kg体重生长阶段，日增重633g。体重为87kg时屠宰，屠宰率69%，胴体瘦肉率39%~46%。

【提示】 荣昌猪适应性强，瘦肉率较高，配合力较好，鬃质优良。

(4) 杂交利用效果 长白公猪与荣昌母猪的配合力较好，日增重杂种优势率为14%~18%，饲料利用率的杂种优势率为8%~14%；用汉普夏、杜洛克公猪与荣昌母猪杂交，一代杂种猪的胴体瘦肉率可达49%~54%。

5. 金华猪

(1) 产地与分布 产于浙江省金华市。分布于东阳、浦江、义乌、永康和金华等市、县。

(2) 外貌特征 金华猪体型中等偏小，耳中等大、下垂。背微凹，腹大微下垂，臀较倾斜。四肢细短，蹄坚实呈玉色。毛色以中间白、两头黑为特征，即头颈和臀尾部为黑皮黑毛，体躯中间为白皮白毛，故又称"两头乌"或"金华两头乌猪"。金华猪根据头型可分为"寿字头""老鼠头"和中间型三种。

(3) 生产性能 成年公猪平均体重为112kg，体长为127cm；成年母猪平均体重为97kg，体长为122cm。公猪100日龄时已能采得精液，其质量已近似成年公猪。母猪110日龄、体重28kg时开始排卵。初产母猪平均产仔数10.5头，活仔数10.2头；3胎以上母猪平均产仔数13.8头，活仔数13.4头。金华猪在体重为17~76kg阶段，平均饲养期127天，日增重464g；体重为67kg时屠宰，屠宰率72%，胴体瘦肉率43%。

【提示】 金华猪具有性情温驯，母性好，性成熟早和产仔多等优良特性，皮薄骨细，肉质好，是优质火腿原料。

(4) 杂交利用效果 用丹麦长白公猪与金华猪母猪杂交，杂种猪体重为13~76kg阶段，日增重362g，胴体瘦肉率51%。用丹麦长

白猪作父本，与约克夏公猪配金华母猪的杂种母猪杂交，其杂种猪在中等营养水平下饲养，体重为18～75kg阶段，日增重381g，胴体瘦肉率58%。

6. 大花白猪

（1）产地与分布 产于广东省珠江三角洲一带。主要分布在广东省。

（2）外貌特征 体型中等大小。耳稍大、下垂，额部多有横皱纹。背部较宽、微凹，腹较大。被毛稀疏，毛色为黑白花，头臀部有大块黑斑，腹部、四肢为白色，背腰部及体侧有大小不等的黑斑，在黑白色的交界处有黑皮白毛形成的“晕”。

（3）生产性能 成年公猪体重为130～140kg，体长为135cm左右；成年母猪体重为105～120kg，体长为125cm左右；大花白公猪6～7月龄开始配种，母猪90日龄出现第一次发情。初产母猪平均产仔数12头。3胎以上经产母猪平均产仔数13.5头；在较好的饲养条件下，大花白猪体重为20～90kg阶段，需饲养135天，日增重519g。体重70kg屠宰，屠宰率70%，胴体瘦肉率43%。

> 【提示】大花白猪耐热耐湿，繁殖力较高，早熟易肥，脂肪沉积能力强。

（4）杂交利用效果 用长白猪、杜洛克猪作父本，与大花白猪的母猪杂交，一代杂种猪体重为20～90kg阶段，日增重分别为597g和583g；体重90kg屠宰，屠宰率分别为69%和70%。

二 国内培育品种

1. 三江白猪

（1）产地与分布 产于东北三江平原，是由长白猪和东北民猪杂交培育而成的我国第一个瘦肉型猪种。

（2）外貌特征 头轻嘴直，耳下垂。背腰宽平，腿臀丰满，四肢粗壮，蹄质坚实。被毛全白，毛丛稍密。具有瘦肉型猪的体躯结构。

（3）生产性能 成年公猪体重为250～300kg，母猪体重为200～250kg。性成熟较早，初情期约在4月龄，发情征兆明显，配种受胎

率高，极少发生繁殖疾患。初产母猪产仔数9~10头，经产母猪产仔数11~13头。60日龄断奶仔猪窝重160kg。6月龄肥育猪体重可达90kg，每千克增重消耗配合饲料3.5kg。在农场条件下饲养，190日龄体重可达85kg。体重90kg屠宰，胴体瘦肉率58%。眼肌面积为28~30cm^2，腿臀比例29%~30%。

【提示】三江白猪具有生长快，省料，抗寒，胴体瘦肉多，肉质良好等特点。

(4) 杂交利用效果 与哈白猪、苏白猪或大约克猪正反交，日增重提高。用杜洛克猪作父本与三江白猪母猪杂交，子代日增重为650g。体重90kg屠宰，胴体瘦肉率62%左右。

2. 湖北白猪

(1) 产地与分布 湖北白猪产于湖北省武汉市及华中地区，是由大白猪、长白猪与本地通城猪、监利猪和荣昌猪杂交培育而成的瘦肉型猪品种。

(2) 外貌特征 全身被毛白色。头稍轻、直长，两耳前倾稍下垂。背腰平直，中躯较长，腹小，腿臀丰满，肢、跨结实。

(3) 生产性能 成年公猪体重为250~300kg，母猪体重为200~250kg；小公猪3月龄、体重为40kg时出现性行为。小母猪初情期在3~3.5月龄，性成熟期在4~4.5月龄，初配的适宜年龄为7.5~8月龄。母猪发情周期20天左右，发情持续期3~5天。初产母猪产仔数9.5~10.5头，3胎以上经产母猪产仔数12头以上。

在良好的饲养条件下，6月龄体重可达90kg。体重90kg屠宰，屠宰率75%。腿臀比例30%~33%，胴体瘦肉率58%~62%。

【提示】湖北白猪胴体瘦肉率高，肉质好，生长发育较快，繁殖性能优良，能耐受长江中游地区夏季高温、冬季湿冷等气候条件。

(4) 杂交利用效果 用杜洛克公猪与湖北白猪母猪进行杂交效果最好，日增重为611g，胴体瘦肉率64%。

3. 上海白猪

(1) 产地与分布 培育于上海地区，主要是由约克夏猪、苏白

猪和太湖猪杂交培育而成的。现有生产母猪两万头左右，主要分布在上海市郊的上海县和宝山县。

（2）外貌特征 上海白猪体型中等偏大，体质结实。头面平直或微凹，耳中等大略向前倾。背宽，腹稍大，腿臀较丰满。全身被毛为白色。

（3）生产性能 成年公猪体重为250kg左右，体长为167cm左右；母猪体重为177kg左右，体长为150cm左右；公猪多在8～9月龄、体重100kg以上开始配种。母猪初情期为6～7月龄，发情周期19～23天，发情持续期2～3天。母猪多在8～9月龄配种。初产母猪产仔数9头左右，3胎及3胎以上母猪产仔数11～13头。

上海白猪体重在20～90kg阶段，日增重615g左右；体重90kg屠宰，平均屠宰率70%。眼肌面积26cm^2，腿臀比例27%，胴体瘦肉率平均52.5%。

【提示】上海白猪生长较快，产仔较多，适应性强和胴体瘦肉率较高。

（4）杂交利用效果 用杜洛克猪或大约克夏猪作父本与上海白猪母猪杂交，一代杂种日增重为700～750g；杂种猪体重90kg屠宰，胴体瘦肉率60%以上。

4. 北京黑猪

（1）产地与分布 北京黑猪主要由北京市双桥农场、北郊农场用巴克夏猪、约克夏猪、苏白猪及河北定县黑猪杂交培育而成。

（2）外貌特征 头大小适中，两耳向前上方直立或平伸，面微凹，额较宽。颈肩结合良好，背腰宽且平直。四肢健壮，腿臀部较丰满，体质结实，结构匀称。全身被毛呈黑色。

（3）生产性能 成年公猪体重为260kg左右，体长为150cm左右；成年母猪体重为220kg左右，体长为145cm左右。母猪初情期为6～7月龄，发情周期为21天，发情持续期2～3天。小公猪6～7月龄、体重为70～75kg时可用于配种。初产母猪每胎产仔数9～10头，经产母猪平均每胎产仔数11.5头，活仔数10头。

北京黑猪在体重20～90kg阶段，日增重达600g以上；体重90kg屠宰，屠宰率72%～73%，胴体瘦肉率49%～54%。

【提示】北京黑猪体型较大，生长速度较快，母猪母性好。

（4）杂交利用效果 与长白猪、大约克夏猪和杜洛克猪杂交效果较好。用长白猪作父本与北京黑猪母猪杂交，一代杂种猪日增重650~700g，胴体瘦肉率54%~56%。

5. 新淮猪

（1）产地与分布 育成于江苏省淮安市（原淮阴地区），主要用约克夏猪和淮阴猪杂交培育而成。主要分布在江苏省淮阴和淮河下游地区。

（2）外貌特征 头稍长，嘴平直微凹，耳中等大小、向前下方倾垂。背腰平直，腹稍大但不下垂。臀略斜，四肢健壮。除体躯末端有少量白斑外，其他被毛呈黑色。

（3）生产性能 成年公猪体重为230~250kg，体长为150~160cm。成年母猪体重为180~190kg，体长为140~145cm；公猪于103日龄、体重24kg时即开始有性行为；母猪于93日龄、体重21kg时初次发情。初产母猪产仔数10头以上，产活仔数9头；3胎及3胎以上经产母猪产仔数13头以上，产活仔数11头以上。

新淮猪从2月龄到8月龄，肥育期日增重490g。肥育猪最适屠宰体重为80~90kg。体重87kg时屠宰，屠宰率71%，膘厚3.5cm，眼肌面积25cm^2，腿臀重占胴体重25%。胴体瘦肉率45%左右。

【提示】新淮猪具有适应性强，产仔数较多，生长发育较快，杂交效果较好等特点，在以青绿饲料为主，搭配少量配合饲料的饲养条件下，饲料利用率较高。

（4）杂交利用效果 用内江猪与新淮猪进行两品种杂交，其杂种猪180日龄体重达90kg，60~180日龄日增重560g。用杜洛克猪公猪配二花脸猪母猪的一代公猪与新淮母猪杂交，杂种猪日增重590~700g，屠宰率72%以上，腿臀占胴体重27%。胴体瘦肉率50%以上。

6. 山西黑猪

（1）产地与分布 主要用巴克夏猪、内江猪、山西本地猪杂交

培育而成。主要分布在大同、忻县、原平、五台和太谷等市、县。

(2) 外貌特征 头大小适中，额宽有皱纹，嘴中等长而粗，面微凹，耳中等大、稍向前倾、下垂。臀宽、稍倾斜。四肢健壮，体型结构匀称。全身被毛呈黑色。

(3) 生产性能 成年公猪平均体重为197kg、体长为157cm；成年母猪平均体重为188kg、体长为155cm；公猪一般在8月龄、体重80kg时开始配种。母猪初情期平均为156日龄，发情周期19～21天，发情持续期3～5天。初产母猪产仔数10头左右，产活仔数9头左右；3胎以上经产母猪平均产仔数11.5头，平均产活仔数10.3头。体重20～90kg阶段，日增重611g；体重90kg，屠宰率72%，胴体瘦肉率42%～45%。

【提示】 山西黑猪具有繁殖力较高，抗逆性强，生长速度较快等优点。

(4) 杂交利用效果 与长白公猪和大约克夏母猪杂交效果较好。一代杂种猪日增重560g。体重90kg屠宰，屠宰率70%左右，胴体瘦肉率50%。用长白猪作父本与大约×黑（大约克夏猪公猪配山西黑猪母猪）杂种猪母猪杂交，杂种猪日增重547g，胴体瘦肉率55%。

7. 汉中白猪

(1) 产地与分布 汉中白猪培育于陕西省汉中地区，主要用苏白猪、巴克夏猪和汉江黑猪杂交培育而成。现有种猪1万头左右，主要分布于汉中市、南郑县和城固县等地。

(2) 外貌特征 头中等大，面微凹，耳中等大小、向上向外伸展。背腰平直，腿臀较丰满，四肢健壮。体质结实，结构匀称，被毛全白。

(3) 生产性能 成年公猪体重为210～220kg，体长为145～165cm；成年母猪体重为145～190kg，体长为140～150cm；小公猪体重40kg左右时出现性行为，小母猪体重35～40kg时初次发情。公猪体重100kg、10月龄，母猪体重90kg、8月龄时开始配种。母猪发情周期一般为21天，发情持续期初产母猪4～5天，经产母猪2～3天。初产母猪平均产仔数9.8头，经产母猪平均产仔数11.4头。在体重20～90kg阶段，日增重520g。体重90kg屠宰，屠宰率71%～

73%，胴体瘦肉率47%。

【提示】汉中白猪具有适应性强，生长较快，耐粗饲和胴体品质好等特点。

（4）杂交利用效果 汉中白猪与荣昌猪进行正反杂交，其杂种猪日增重610~690g。体重90kg屠宰，屠宰率70%以上。用杜洛克猪作父本与汉中白猪母猪杂交，其杂种猪日增重642g，胴体瘦肉率55%左右。

8. 浙江中白猪

（1）产地与分布 培育于浙江省，主要是由长白猪、约克夏猪和金华猪杂交培育而成的瘦肉型品种。

（2）外貌特征 体型中等，头颈较轻，面部平直或微凹，耳中等大呈前倾或稍下垂。背腰较长，腹线较平直，腿臀肌肉丰满。全身被毛白色。

（3）生产性能 青年母猪初情期5.5~6月龄，8月龄可配种。初产母猪平均产仔数9头，经产母猪平均产仔数12头。生长肥育期平均日增重520~600g，190日龄左右体重达90kg。90kg体重时屠宰，屠宰率73%，胴体瘦肉率57%。

【提示】浙江中白猪具有体质健壮，繁殖力较高，杂交利用效果显著和对高温、高湿气候条件有较好适应能力等良好特性，是生产商品瘦肉猪的良好母本。

（4）杂交利用效果 用杜洛克猪作父本，一代杂种猪175日龄体重达90kg，体重20~90kg阶段，平均日增重700g。体重90kg时屠宰，胴体瘦肉率61.5%。

9. 甘肃白猪

（1）产地与分布 甘肃白猪是用长白猪和苏联大白猪为父本，用八眉猪与河西猪为母本，通过育成杂交的方法培育而成。

（2）外貌特征 头中等大小，脸面平直，耳中等大略向前倾。背平直，体躯较长，体质结实。后躯较丰满，四肢坚实。全身被毛呈白色。

（3）生产性能 成年公猪体重为242kg，体长为155cm；成年母

猪体重为176kg，体长为146cm；公母猪适宜配种时间为7～8月龄，体重85kg左右，发情周期17～25天，发情持续期2～5天。平均产仔数9.59头，产活仔数8.84头。体重20～90kg，平均日增重648g。体重90kg屠宰，屠宰率74%，胴体瘦肉率52.5%。

【提示】甘肃白猪具有遗传性稳定，生长发育快，适应性强，肉质品质优良等特点。作为母系与引入瘦肉型猪种公猪杂交，其杂种猪生长快，省饲料。

10. 广西白猪

（1）产地与分布 广西白猪是用长白猪、大约克夏猪的公猪与当地陆川猪、东山猪的母猪杂交培育而成。

（2）外貌特征 头中等长，面侧微凹，耳向前伸。肩宽胸深，背腰平直稍弓，身躯中等长。胸部及腹部肌肉较少。全身被毛呈白色。

（3）生产性能 成年公猪平均体重为270kg，体长为174cm；成年母猪平均体重为223kg，体长为155cm；据经产母猪215窝的统计，平均产仔数11头左右，初生窝重13.3kg，20日龄窝重44.1kg，60日龄窝重103.2kg。173～184日龄体重达90kg。体重25～90kg肥育期，日增重675g以上。体重95kg屠宰，屠宰率75%以上，胴体瘦肉率55%以上。

【提示】广西白猪的体型比当地猪高、长，肌肉丰满，繁殖力好，生长发育快，饲料利用率好。作为母系与杜洛克公猪杂交，其杂种猪生长发育快，省饲料，杂种优势率明显。用广西白猪母猪先与长白猪公猪杂交，再用杜洛克猪为终端父本杂交，其三品种杂种猪日增重平均为646g。体重90kg屠宰，屠宰率76%，胴体瘦肉率56%以上。

三 引进品种

1. 长白猪（兰德瑞斯猪）

（1）产地与分布 产于丹麦，是丹麦本地猪与英国大约克夏猪杂交后经长期选育而成的。现在长白猪已分布于我国各地。按引入

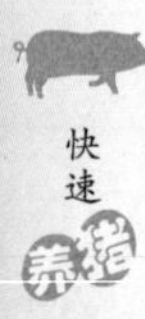

先后，长白猪可分为英瑞系（即老三系）和丹麦系（新三系）。英瑞系长白猪适应性较强，体质较粗壮，产仔数较多，但胴体瘦肉率较低；丹麦系长白猪适应性较差，体质较弱，产仔数不如英瑞系，但胴体瘦肉率较高。

（2）外貌特征 头小、清秀，颜面平直。耳向前倾、平伸、略下垂。大腿和整个后躯肌肉丰满，体躯前窄后宽呈流线型。体躯长，有16对肋骨，乳头6~7对，全身被毛白色。

（3）生产性能 成年公猪体重为400~500kg，母猪为300kg左右；成熟较晚，公猪一般在6月龄时性成熟，8月龄时开始配种。母猪发情周期为21~23天，发情持续期2~3天，妊娠期为112~116天。初产母猪产仔数8~10头，经产母猪产仔数9~13头。在良好的饲养条件下，长白猪生长发育迅速，6月龄体重可达90kg以上，日增重500~800g。体重90kg时屠宰，屠宰率为69%~75%，胴体瘦肉率为53%~65%。

> **【提示】** 长白猪产仔数较多，生长发育较快，省饲料，胴体瘦肉率高，但抗逆性差，对饲料营养要求较高。

（4）杂交利用效果 长白猪作父本进行经济杂交，一代杂种猪可得到较高的生长速度、较好的饲料利用率和较多的瘦肉。如与我国地方品种或培育品种杂交的后代日增重可以达到550~600g，胴体瘦肉率47%~55%。

2. 大约克夏猪（大白猪）

（1）产地与分布 18世纪在英国育成，是世界上著名的瘦肉型猪品种。引入我国后，经过多年培育驯化，已经有了较好的适应性。目前，我国已经引入了英系（英国）、法系（法国）、加系（加拿大）和美系（美国）等大约克夏猪。

（2）外貌特征 大约克夏猪毛色全白，头颈较长，颜面宽而微凹，耳中等大、直立，体躯长，胸深广，背平直稍呈弓形，四肢和后躯较高。

（3）生产性能 成年公猪体重为250~300kg，成年母猪体重为230~250kg。性成熟较晚，5月龄的母猪出现第一次发情，发情周期18~22天，发情持续期3~4天。母猪妊娠期平均115天。初产母猪

产仔数 9 ~ 10 头，经产母猪产仔数 10 ~ 12 头，产活仔数 10 头左右。6 月龄体重可达 100kg 左右。消化能 13.4MJ/kg、粗蛋白质 16%，自由采食时，从断奶至 90kg 阶段日增重为 700g 左右，每千克增重消耗配合饲料 3kg 左右。体重 90kg 时屠宰，屠宰率 71% ~73%。眼肌面积 30 ~ 37cm^2，胴体瘦肉率 60% ~65%。

【提示】 大约克夏猪生长快，饲料利用率高，产仔较多，胴体瘦肉率高。

（4）杂交利用效果 作为父本与地方品种和培育品种杂交，增重率和胴体瘦肉率都有很大提高。在与外来品种猪杂交的种常作为母本利用。

3. 杜洛克猪（红毛猪）

（1）产地与分布 原产于美国东北部的新泽西州等地，前些年从美国、匈牙利和日本等国引入我国，现已遍布全国。

（2）外貌特征 被毛为棕红色，但深浅不一，有的金黄色，有的深褐色，都是纯种，耳中等大小、前倾，面微凹，体躯深广，背平直或略呈弓形，后躯发育好，腿部肌肉丰满，四肢长。

（3）生产性能 性成熟较晚，母猪一般在 6 ~7 月龄、体重 90 ~ 110kg 时开始第一次发情，发情周期 21 天左右，发情持续期 2 ~ 3 天，妊娠期 115 天左右。初产母猪产仔数 9 头左右，经产母猪产仔数 10 头左右。在良好的饲养条件下，180 日龄体重达 90kg。在体重 25 ~100kg 阶段，平均日增重 650g，在体重 100kg 时屠宰，屠宰率 75%，胴体瘦肉率 63% ~64%。背膘厚 2.65cm，眼肌面积 37cm^2，肌肉内脂肪含量 3.1%，肉色良好。

【提示】 杜洛克猪体质健壮，抗逆性强，饲养条件比其他瘦肉型猪要求低。生长速度快，饲料利用率高，胴体瘦肉率高，肉质较好；在杂交利用中一般作为父本。

（4）杂交利用效果 用杜洛克公猪与地方猪（如荣昌猪）进行杂交，一代杂种猪日增重可达 500 ~600g，胴体瘦肉率 50% 左右。与培育品种母猪（如上海白猪）杂交，一代杂种猪日增重可达 600g 以上，胴体瘦肉率 56% ~62%。

4. 皮特兰猪

（1）产地与分布 原产于比利时，这个品种比其他瘦肉猪品种形成较晚，是由法国的贝叶杂交猪与英国的巴克夏猪进行回交，然后再与英国大白猪杂交育成的。

（2）外貌特征 毛色呈灰白色并带有不规则的深黑色斑点，偶尔出现少量棕色毛。头部清秀，颜面平直，嘴大且直，双耳略微向前。体躯呈圆柱形，腹部平行于背部，肩部肌肉丰满，背直而宽大。体长为1.5～1.6m。

（3）生产性能 公猪一旦达到性成熟就有较强的性欲，采精调教一般一次就会成功，射精量250～300mL，精子数每毫升达3亿个。母猪母性不亚于我国地方猪品种，仔猪育成率为92%～98%。母猪的初情期一般在190日龄，发情周期18～21天。产仔数10头左右，产活仔数9头左右。生长速度快，6月龄体重可达90～100kg。日增重750g左右，每千克增重消耗配合饲料2.5～2.6kg，屠宰率76%，瘦肉率可高达70%。

> **【提示】** 皮特兰猪瘦肉率高，后躯和双肩肌肉丰满。但瘦肉的肌纤维比较粗。皮特兰猪对外界环境非常敏感，在运动、运输、角斗时，有时会突然死亡（也称应激症）。这种猪的肉质很差，多为灰白水样肉，即瘦肉呈灰白颜色，肉质松软，渗水。

（4）杂交利用效果 由于皮特兰猪产肉性能高，多用作父本进行二元或三元杂交。如用皮特兰猪公猪配上海白猪母猪，其杂种猪肥育期的日增重可达650g。体重90kg屠宰，其胴体瘦肉率达65%。用皮特兰猪公猪配长白猪与上海白猪的杂交母猪，获得三元杂种猪肥育期日增重为730g左右，饲料利用率为2.99:1，胴体瘦肉率65%左右。

5. 波中猪

（1）产地与分布 1950年左右在美国俄亥俄州的西南部育成。

（2）外貌特征 被毛黑色，"六点白"即四肢下端、嘴和尾尖有白毛，体躯宽、深而长，四肢结实，肌肉特别发达，瘦肉比重高，是国外大型猪种之一。

（3）**生产性能**　成年公猪重为390～450kg，母猪重为300～400kg，原先的波中猪是美国著名的脂肪型品种，近十年来经过几次类型上的大杂交已育成瘦肉型品种。

6. PIC配套系猪

（1）**产地与分布**　是英国种猪改良公司培育的配套系猪种。该种猪采用分子数量遗传学原理，应用分子标记辅助选择技术、BLUP（最佳线性无偏预测）技术、胚胎移植和人工授精技术培育出具有不同特点的专门化父、母本品系。

（2）**外貌特征**　外貌相似于长白猪，后腿、臀部肌肉发达。

（3）**生产性能**　父系突出生长速度、饲料利用率和产肉性状的选择，母系突出哺乳力、年产胎次、窝产仔数、优良肉质和适应性的选择，充分利用杂种优势和性状互补原理，进行五系优化配套，达到当今世界养猪生产的最高水平。母猪年产胎次2.2～2.4胎，窝均产活仔数10.5～12头；商品猪体重达90～100kg，日龄155天；每千克增重耗料（2.6～2.8）∶1；商品猪屠宰率78%以上，商品猪胴体瘦肉率66%以上，腿臀丰满，结构匀称，体型紧凑，一致性好，适应国内外不同市场需求。

7. 拉康伯猪

（1）**产地与分布**　这种猪是在加拿大拉康伯地区的一个试验场，于1942年开始用巴克夏猪与柴斯特白猪杂交后，再与长白猪杂交选育而成的肉用型新品种。

（2）**外貌特征**　毛色全白，体躯长，头、耳、嘴与长白猪相似。

（3）**生产性能**　长得快，肉猪肥育期短。目前拉康伯猪已成为加拿大主要品种之一，它的良种登记头数仅次于约克夏、汉普夏和长白猪，而属第四位。

第二节　猪的经济杂交

经济杂交可以最大限度地挖掘猪种的遗传基因，有效地提高养猪的经济效益。杂种猪能集中双亲的优点，表现出生命力强，繁殖力高，体质健壮，生长快，饲料利用率高，抗病力强等特点。用杂种猪育肥，可以增加产肉量，节约饲料，降低成本，提高养猪的经

济效益。目前，大部分的商品肥育猪也是杂种猪。

一 经济杂交的原理

经济杂交的基本原理是利用杂种优势，即猪的不同品种、品系或其他种用类群杂交后所产的后代在生产力、生活力等方面优于其纯种亲本，这种现象称为杂种优势。

但是，并非所有的“杂种”都有“优势”。如果亲本间缺乏优良基因，或亲本间的纯度很差，或两亲本群体在主要经济性状上基因频率没有太大的差异，或在主要性状上两亲本群体所具有的基因的显性与上位效应都很小，或杂种缺乏充分发挥杂种优势的环境条件，这样都不能表现出理想的杂种优势。

二 经济杂交的方式

1. 亲本选择

猪的经济杂交，目的是通过杂交提高母猪的繁殖成绩和商品肉猪的生长速度、饲料利用率等经济性状，这就要求亲本种群在这几项性能上具有良好的表现。但是，作为杂交的父本、母本，由于各自担任的角色不同，因而在性状选择方面的要求亦有差异。

（1）父本品种的选择 父本品种群直接影响杂种后代的生产性能，因而要求父本种群具有生长速度快、饲料利用率高、胴体品质好、性成熟早、精液品质好、性欲强等优点；能适应当地环境条件；符合市场对商品肉猪的要求。在我国推广的“二元杂交”中，根据各地进行配合力测定结果，引入的长白猪、大约克夏猪、杜洛克猪、皮特兰猪等品种，均可供作父本选择的对象。在“三元杂交”中，除母本种群外，还涉及两个父本种群，由于在第二次杂交中所用的母本为 F_1 代种母猪，为使 F_1 代种母猪具有较好的繁殖性能，因此在第一父本选择时，应选用与纯种母本在生长肥育和胴体品质上能够互补的，而且繁殖性能较好的引入品种。第二父本亦应着重从生长速度、饲料利用率和胴体品质等性能上选择。研究表明，在三元杂交中以引入的大约克夏猪、长白猪等品种作第一父本较好，而第二父本宜选用杜洛克猪、汉普夏猪、皮特兰猪等。

（2）母本品种的选择 由于母本需要的数量多，应选择在当地

分布广、适应性强的本地猪种、培育猪种或现有的杂种猪作母本，猪源易解决，便于在本地区推广。同时注意所选母本应具有繁殖力强、母性好、泌乳力高等优点，体格不要太大。我国绝大多数地方猪种和培育猪种都具备作为母本品种的条件。

2. 杂交方式

生产中，杂交的方式多种多样。比较简便实用的方式主要有二元杂交、三元杂交和双杂交。

（1）二元杂交 即利用两个不同品种（品系）的公母猪进行固定不变的杂交，利用一代杂种的杂种优势生产商品肥育猪。如用长白猪公猪与太湖猪母猪交配，生产的长太二元杂种猪作为商品肥育猪；用杜洛克猪公猪与湖北白猪母猪交配，生产的杜湖杂种猪作为商品肥育猪。其杂交模式如下：

杜洛克猪(♂)×湖北白猪(♀)
↓
杜湖二元杂交猪(商品生产)

【提示】这是生产中最简单、应用最广泛的一种杂交方式，杂交后能获得最高的后代杂种优势率。

（2）三元杂交 是从两品种杂交的杂种一代母猪中选留优良的个体，再与第三品种交配，所生后代全部作为商品肥育猪。其杂交模式如下：

长白猪(♂)×大约克猪(♀)
↓
杜洛克猪(♂)×长大杂交猪(♀)
↓
杜长大三元杂交猪(商品生产)

【提示】由于进行两次杂交，可望得到更高的杂种优势，所以三品种杂交的总杂种优势要超过两品种。目前生产中使用较为广泛。

（3）双杂交 以两个二元杂交为基础，由其中一个二元杂交后代中的公猪作父本，另一个二元杂交后代中的母猪作母本，再进行一次简单杂交，所得的四元杂交猪作为商品猪育肥。杂交模式如下：

甲品种猪(♂)×乙品种猪(♀)　丙品种猪(♂)×丁品种猪(♀)

↓　　　　　　　　　　　　　　　↓

甲乙杂交猪(♂)　　　×　　　丙丁杂交猪(♀)

↓

四元杂交猪(供育肥用)

【提示】 双杂交方式的杂种优势更明显，但程序复杂，需要较高的物质和技术条件。

3. 猪的不同杂交组合模式

生产中常见猪的不同杂交组合模式见表1-1。

表1-1　猪的不同杂交组合模式

杂交方式	组合模式	举　例
二元杂交	引进品种（♂）×地方品种（♀）	用丹麦长白猪公猪与太湖猪或金华猪或荣昌猪等杂交
	引进品种（♂）×培育品种（♀）	杜洛克猪作父本与浙江中白猪杂交
	引进品种（♂）×引进品种（♀）	长白公猪与大约克母猪杂交
三元杂交	引进品种（♂）×[引进品种（♂）×地方品种（♀）]（♀）	荣昌猪、内江猪、太湖猪等为母本，以国外良种瘦肉猪大约克猪、长白猪为第一、二父本生产长大本三元杂交猪
	引进品种（♂）×[引进品种（♂）×培育品种（♀）]（♀）	三江白猪、上海白猪、北京黑猪等为母本，以国外良种瘦肉猪大约克猪、长白猪为第一、二父本生产长大本三元杂交猪
	引进品种（♂）×[引进品种（♂）×引进品种（♀）]（♀）	杜洛克猪、长白猪、大约克猪三品种杂交生产杜长大三元杂交猪
双杂交	[引进品种（♂）×引进品种（♀）]×[引进品种（♂）×引进品种（♀）]	用杜洛克猪、长白猪、大约克猪、皮特兰猪四品系杂交生产四元杂交猪
	[引进品种（♂）×引进品种（♀）]×[引进品种（♂）×地方品种（♀）]	长白猪与大约克猪生产父本猪，杜洛克猪和太湖猪生产母本猪，然后再进行杂交

三 良种繁育体系

商品猪的良种繁育体系是将纯种选育、良种扩繁和商品肉猪生产有机结合形成的一套体系。在体系中，将育种工作和杂交扩繁任务划分给相对独立而又密切配合的育种场和各级猪场来完成，使各个环节专门化，这是现代化养猪业的系统工程。原种猪群、种猪群、商品猪繁殖群和肥猪群分别由原种场、纯种繁殖场、商品猪繁殖场和育肥场饲养，父、母代不应自繁，商品代不应留种，这样才能保证整个生产系统的稳产、高产和高效益。

1. 良种繁育体系的组成

(1) 原种猪场（群） 指经过高度选育的种猪群，包括基础母猪的原种群和杂交父本选育群。原种猪场的任务主要是强化原种猪品种，不断提高原种猪生产性能，为下一级种猪群提供高质量的更新猪。

猪群必须健康无病，每头猪的各项生产指标均应有详细记录，技术档案齐全。饲养条件要相对稳定，定期进行疫病检疫和监测，定期进行环境卫生消毒等。原种猪场一般配有种猪性能测定站和种公猪站，测定规模应依原种猪头数而定。种猪性能测定站可以和种猪生产相结合，如果性能测定站是多个原种场共用的，则这种公共测定站不能与原种场建在一起，以防疫病传播。为了充分利用这些优良种公猪，可以通过建立种公猪站，以人工授精的形式提高利用效率，减少种公猪的饲养数量。

(2) 种猪场 主要任务是扩大繁殖种母猪，同时研究适宜的饲养管理方法和良好的繁殖技术，提高母猪的活仔率和健仔率。

(3) 杂种母猪繁育场 在三元及多元杂交体系中，以基础母猪与第一父本猪杂交生产杂种母猪，是杂种母猪繁育场的根本任务。杂种母猪应进行严格选育，选择重点应放在繁育性能上，注意猪群年龄结构，合理组成猪群，注意猪群的更新，以提高猪群的生产力。

(4) 商品猪场 其任务是进行肥猪生产，重点放在提高猪群的生长速度和改进肥育技术上。提高饲养管理水平，降低肥育成本，达到提高生产量之目的。

在一个完整的繁育体系中，上述各个猪场的比例应适宜，层次分明，结构合理。各场分工明确，重点任务突出，将猪的育种、制种和商品生产于一体，真正从整体上提高养猪的生产效益。

2. 良种繁育体系结构

年生产10万头商品猪杂交繁育体系结构见图1-1。

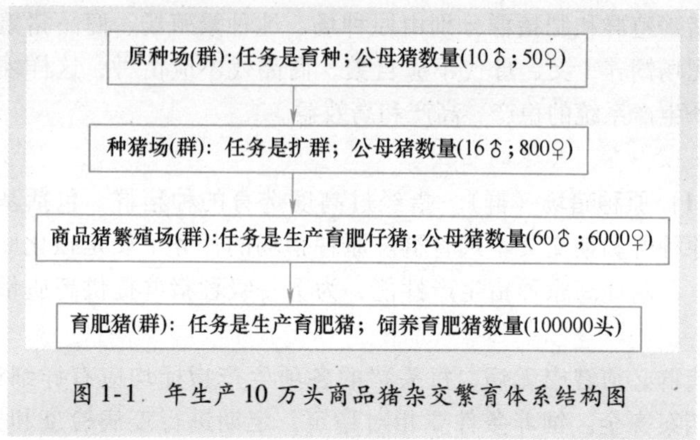

图1-1 年生产10万头商品猪杂交繁育体系结构图

第三节 优良猪种的选择和引进

一 优良猪种的选择

种猪质量不仅影响肉猪的生长速度和饲料转化率，而且还影响肉猪的品质。只有选择具有高产潜力，体型良好，健康无病的优质种猪，并进行良好的饲养管理，才能获得优质的商品仔猪，才能为快速育肥奠定一个坚实的基础。

1. 品种选择

根据生产目的和要求确定杂交模式，选择需要的优良品种。如生产中，为提高肉猪的生长速度和胴体瘦肉率，人们常用引进品种进行杂交生产三元杂交商品猪。因为引进品种具有生长速度快，饲料利用率高，胴体瘦肉率高，屠宰率较高等优点，并且经过多年的改良，它们的平均窝产仔数也有所提高，而且肉猪市场价格高。如我国近年引进数量较多、分布较广的有长白猪、大约克猪、杜洛克猪、皮特兰猪等（表1-2）。

表 1-2　几种主要引进瘦肉型品种猪的比较

品种名称	原产地	特性	缺陷
长白猪	丹麦	母性较好，产仔多，瘦肉率高，生长快，是优良的杂交母本	饲养条件要求高，易患肢蹄病
大约克猪（大白猪）	美国	繁殖性能好，产仔多，作母本较好	眼肌面积小，后腿比重小
杜洛克猪	美国	瘦肉率高，生长快，饲料利用率高，是理想的杂交终端父本	胴体短，眼肌面积小
皮特兰猪	比利时	后腿和腰特别丰满，瘦肉率极高	生长速度较慢，易产生劣质肉

2. 体型外貌选择

种猪的外貌要求是体型匀称、膘情适中、胸宽体健、腿臀肌肉发达、肢蹄发育良好、个体性征明显、具有种用价值且无任何遗传疾患。种公猪还要求睾丸发育良好、轮廓明显、左右大小一致；不允许有单睾、隐睾或阴囊疝，包皮积尿不明显；乳头数不少于 12 个，排列整齐均匀，发育正常。种母猪还要求外生殖器官发育正常，乳房形质良好、排列整齐均匀，无瞎乳头、翻乳头或无效乳头，乳头大小适中且不少于 12 个。

3. 种猪场的选择

要尽可能从规模较大、历史较长、信誉度较高的大型良种猪场购进良种猪。购猪时要注意查看或索取种猪卡片及种猪系谱档案，确保其为优良品种的后裔并具有较高的生产水平。

二　猪场种猪的引进

为提高猪群总体质量和保持较高的生产水平，达到优质、高产、高效的目的，猪场和养殖户都经常要向质量较好的种猪场引进种猪和仔猪。

1. 引种前应做的准备工作

（1）制定引种计划　猪场和养殖户应结合自身的实际情况，根据种群更新计划确定所需品种和数量，有选择性地购进能提高本场

种猪某种性能、满足自身要求，且与自己的猪群健康状况相同的优良个体；如果是加入核心群进行育种的，则应购买经过生产性能测定的种公猪或种母猪。新建猪场应从生产规模、产品市场和猪场未来发展方向等方面进行计划，确定所引进种猪的数量、品种和级别，是外来品种（如大约克、杜洛克或长白）还是地方品种，是原种、祖代还是父母代。根据引种计划，选择质量高、信誉好的大型种猪场引种。

（2）应了解的具体问题

1）疫病情况。调查各地疫病流行情况和各种种猪质量情况，必须从没有危害严重的疫病流行地区，并经过详细了解的健康种猪场引进，同时了解该种猪场的免疫程序及其具体措施。

2）种猪场种猪选育标准。公猪须了解其生长速度（日增重）、饲料转化率（料比）、背膘厚（瘦肉率）等指标，母猪要了解其繁殖性能（如产仔数、受胎率、初配月龄等）。种猪场引种最好能结合种猪综合选择指数进行选种，特别是从国外引种时更应重视该项工作。

（3）隔离舍的准备工作 猪场应设隔离舍，要求距离生产区最好有300m以上的距离，在种猪到场前的30天（至少7天），应对隔离栏及其用具进行严格消毒，可选择质量好的消毒剂，如中山“腾俊”有机氯消毒剂，进行多次严格消毒。

2. 选种时应注意的问题

1）种猪要求健康、无任何临床病征和遗传疾患（如脐疝、瞎乳头等），营养状况良好，发育正常，四肢要求结合合理、强健有力，体型外貌符合品种特征和本场自身要求，耳号清晰，纯种猪应打上耳牌，以便标示。种公猪要求活泼好动，睾丸发育匀称，包皮没有较多积液，成年公猪最好选择见到母猪时能主动爬跨、猪嘴含有大量白沫、性欲旺盛的公猪。种母猪生殖器官要求发育正常，阴户不能过小和上翘，应选择阴户较大且松弛下垂的个体，有效乳头应不低于6对，分布均匀对称，四肢要求有力且结构良好。

2）种猪场应尽量满足客户的要求，设专用销售观察室供客户挑选，确保种猪质量和维护顾客利益。

3）要求供种场提供该场免疫程序及所购买的种猪免疫接种情况，并注明各种疫苗的注射日期。种公猪最好能经测定后出售，并附测定资料和种猪三代系谱。

4）销售种猪必须经本场兽医临床检查无猪瘟（HC）、传染性萎缩性鼻炎（AR）、布氏杆菌病（Rr）等病症，并由兽医检疫部门出具检疫合格证方能准予出售。

3. 种猪运输时应注意的事项

1）最好不使用运输商品猪的外来车辆装运种猪。在运载种猪前24h开始，使用高效的消毒剂对车辆和用具进行两次以上的严格消毒，然后空置1天后装猪。装猪前再用刺激性较小的消毒剂（如中山“腾俊”双链季铵盐络合碘）彻底消毒一次，并开具消毒证。

2）运输过程中应想方设法减少种猪应激和肢蹄损伤，避免在运输途中死亡和感染疾病。要求供种场提前2~3h对准备运输的种猪停止投喂饲料。赶猪上车时不能赶得太急，注意保护种猪的肢蹄，装猪后应固定好车门。

3）长途运输的车辆，车厢最好能铺上垫料，冬天可铺上稻草、稻壳、木屑，夏天铺上细沙，以降低种猪肢蹄损伤；所装载的猪只的数量不要过多，装得太密会引起挤压而导致种猪死亡；运载种猪的车厢面积应为猪只纵向表面积的1.5倍；最好将车厢隔成若干个隔栏，安排4~6头猪为一个隔栏，隔栏最好用光滑的水管制成，避免刮伤种猪，达到性成熟的公猪应单独隔开，并喷洒带有较浓气味的消毒药（如复合酚），以免公猪间相互打架。

4）长途运输的种猪，应对每头种猪按1mL/(10kg）注射长效抗生素（如辉瑞“得米先”或腾俊“爱富达”），以防止猪群途中感染细菌性疾病；对临床表现特别兴奋的种猪，可注射适量氯丙嗪等镇静剂。

5）长途运输的运猪车应尽量行驶高速公路，避免堵车，每辆车应配备两名驾驶员交替开车，行驶过程中应尽量避免急刹车；途中应注意选择没有停放其他运载动物车辆的地点就餐，决不能与其他装运猪只的车辆一起停放；随车应准备一些必要的工具和药品，如绳子、铁丝、钳子、抗生素、镇痛退热以及镇静剂等。

6）冬季要注意保暖，夏天要重视降温防暑，尽量避免在酷暑期装运种猪，夏天运种猪应避免在炎热的中午装猪，可在早晨和傍晚装运；途中应注意经常供给充足的饮水，有条件时可准备西瓜供种猪采食，防止种猪中暑，并寻找可靠的水源为种猪淋水降温，一般日淋水 3～6 次。

7）运猪车辆应备有帆布，若遇到烈日或暴雨时，应将帆布遮盖在车顶上面，防止烈日直射和暴风雨袭击种猪，车厢两边的帆布应挂起，以便通风散热；冬季帆布应挂在车厢前上方以便挡风取暖。

8）长途运输时可先配置一些电解质溶液，用时加上奶粉，在路上供种猪饮用。运输途中要适时停饮，检查有无病猪只，大量运输时最好能准备一辆备用车，以免运输途中出现故障，因停留时间太长而造成不必要的损失。

9）应经常注意观察猪群，如出现呼吸急促、体温升高等异常情况，应及时采取有效的措施，可注射抗生素和镇痛退热针剂，并用温度较低的清水冲洗猪身降温，必要时可采用耳尖放血疗法。

4. 种猪到场后应做的事情

1）新引进的种猪，应先饲养在隔离舍，而不能直接转进猪场生产区，因为这样做极可能带来新的疾病，或者由不同菌株引发相同的疾病。

2）种猪到达目的地后，立即对卸猪台、车辆、猪体及卸车周围地面进行消毒，然后将种猪卸下，按大小、公母进行分群饲养，有损伤、脱肛等情况的种猪应立即隔开，进行单栏饲养，并及时治疗处理。

3）先给种猪提供饮水，休息 6～12h 的方可供给少量饮料，第二天开始可逐渐增加饲喂量，5 天后才能恢复正常饲喂量。种猪到场后的前两周，由于疲劳加上环境的变化，机体对疫病的抵抗力会降低，饲养管理上应注意尽量减少应激，可在饲料中添加抗生素（可用泰妙菌素 50mg/kg，金霉素 150mg/kg）和多种维生素，使种猪尽快恢复正常状态。

4）隔离与观察。种猪到场后必须在隔离舍隔离饲养 30～45 天，严格检疫，特别是对布氏杆菌、伪狂犬等疫病要特别重视，须采血

经有关兽医检疫部门检测，确认为没有细菌感染阳性和病毒野毒感染，并检测猪瘟、口蹄疫等抗体情况。

5）种猪到场一周开始，应按本场的免疫程序接种猪瘟等各类疫苗，7 月龄的后备猪在此期间可做一些引起繁殖障碍疾病的防疫注射，如细小病毒、乙型脑炎疫苗等。

6）种猪在隔离期内，接种各种疫苗后，应进行一次全面驱虫，可使用多拉菌素（如辉瑞的通灭）或长效伊维菌素等广谱驱虫剂按 1mg/(33kg) 体重皮下注射进行驱虫，使其能充分发挥生长潜能。

隔离期结束后，对该批种猪进行体表消毒，再转入生产区投入生产。

第二章 快速养猪的环境控制

核心提示

加强场址选择和规划布局、合理设计猪舍和配套各种设施是维持适宜环境的基础；加强场区环境和舍内环境管理是维持适宜环境的手段。只有维持适宜的环境，才能保证猪的生产潜力充分发挥。

第一节 猪场场址选择和规划布局

一 场址选择

猪场场址的选择，主要是对场地的地势、地形、土质、水源，以及对周围环境、交通、电力、青绿饲料供应和放牧条件进行全面的考察。猪场场址的选择必须在养猪之前做好周密计划，选择最合适的地点建场。

1. 地势、地形

场地地势高燥，地面有坡度。场地高燥，这样排水良好、地面干燥、阳光充足、不利于微生物和寄生虫的孳生繁殖；否则，地势低洼，场地容易积水、潮湿、泥泞，夏季通风不良，空气闷热，有利于蚊蝇等昆虫的孳生，冬季则阴冷；地形要开阔整齐，向阳、避风，特别是要避开西北方向的山口和长形谷地，保持场区小气候状况相对稳定，减少冬季寒风的侵袭。猪场应充分利用自然的地形、地物，如将树林、河流等作为场界的天然屏障。既要考虑猪场避免其他周围环境的污染，远离化工厂、屠宰场等污染源，又要注意猪场是否污染周围环境。

2. 土壤

猪场内的土壤，应该是透气性强、毛细管作用弱、吸湿性和导热性小、质地均匀、抗压性强的土壤，以沙质土壤最适合，便于雨水迅速下渗。愈是贫瘠的沙性土地，愈适于建造猪舍。这种土地渗水性强。如果找不到贫瘠的沙土地，则至少要找排水良好、暴雨后不积水的土地，保证在多雨季节不潮湿和泥泞，有利于保持猪舍内外干燥；土质要洁净而未被污染。

3. 水源

在生产过程中，猪的饮食、饲料的调制、猪舍和用具的清洗，以及饲养管理人员的生活，都需要使用大量的水，因此，猪场必须有充足的水源。水源应符合下列要求：一是水量要充足，既要能满足猪场内的人、猪用水和其他生产、生活用水，还要能满足防火以及以后发展等所需用水（水量按每头猪每日按30～70kg计，万头猪场日用水50m^3）。二是水质要求良好，不经处理即能符合饮用标准的水最为理想（表2-1）。此外，在选择时要调查当地是否因水质而出现过某些地方性疾病等。三是水源要便于保护，以保证水源经常处于清洁状态，不受周围环境的污染。四是要求水源取用方便，设备投资少，处理技术简便易行。

表2-1　水的质量标准

指　　标	项　　目	猪　标　准
感官性状及一般化学指标	色度	≤30
	浑浊度	≤20
	臭和味	不得有异臭异味
	肉眼可见物	不得含有
	总硬度（$CaCO_3$ 计 mg/L）	≤1500
	pH	5.0～5.9
	溶解性总固体（mg/L）	≤1000

（续）

指　标	项　目	猪标准
感官性状及一般化学指标	氯化物（Cl^-计 mg/L）	≤1000
	硫酸盐（SO_4^{2-}计 mg/L）	≤500
细菌学指标	总大肠杆菌群数（个/100mL）	成畜≤10；幼畜≤1
毒理学指标	氟化物（F^-计 mg/L）	≤2.0
	氰化物（mg/L）	≤0.2
	总砷（mg/L）	≤0.2
	总汞（mg/L）	≤0.01
	铅（mg/L）	≤0.1
	铬（六价 mg/L）	≤0.1
	镉（mg/L）	≤0.05
	硝酸盐（N 计 mg/L）	≤30

当畜禽饮用水中含有农药时，农药含量不能超过表 2-2 的规定。

表 2-2　无公害生猪饲养场猪饮用水农药含量

项　目	限量标准/(mL/L)	项　目	限量标准/(mL/L)
马拉硫磷	0.25	百菌清	0.01
内吸磷	0.03	甲萘威	0.05
乐果	0.08	2，4-D	0.1

4. 面积

猪场面积充足（饲养 200～600 头基础母猪，每头母猪需要占地面积为 75～100m^2；按年出栏肥猪，每头需要占地面积 2.5～4m^2），周围有足够的农田、果园或鱼塘，便于排污及污水粪便处理，以便能够充分消化猪场的粪便污水，减少猪场排出的粪便污水对周边环境的污染。

5. 位置

猪场是污染源，也容易受到污染。猪场生产大量产品的同时，也需要大量的饲料，所以，猪场场地要兼顾交通和隔离防疫，既要

便于交通，又要便于隔离防疫。猪场距居民点或村庄、主要道路要有300～500m距离，大型猪场要有3000m距离。猪场要远离屠宰场、畜产品加工厂、兽医院、医院、造纸场、化工厂等污染源，远离噪声大的工矿企业，远离其他养殖企业；猪场要有充足稳定的电源，周边环境要安全。标准化安全猪场的选址标准及要求如图2-1所示。

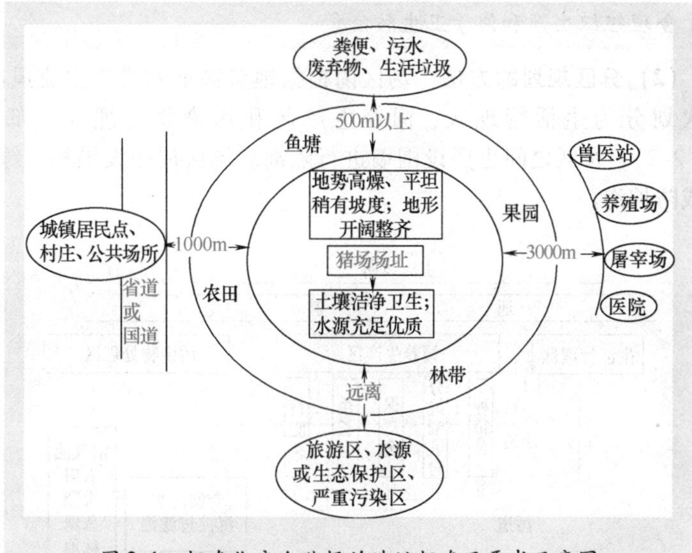

图2-1　标准化安全猪场的选址标准及要求示意图

二 猪场的规划布局

1. 分区规划

分区规划就是从人、猪保健角度出发，考虑猪场地势和主风向，将猪场分成不同的功能区，合理安排各区位置。同时，在生产区内，根据猪的品种、日龄、用途等不同，再分为不同的小区，如仔猪区、保育区或后备区、种猪区、育肥区等，并安排在合适的位置。

(1) 分区规划的原则　猪场的分区规划应遵循下列几项基本原则：一是应体现建场方针、任务，在满足生产要求的前提下，做到节约用地，少占或不占耕地；二是在建设一定规模的猪场时，

应当全面考虑猪粪的处理和利用；三是应因地制宜，合理利用地形地物，以创造最有利的猪场环境、减少投资、提高劳动生产率；四是应充分考虑今后的发展，在规划时应留有余地，尤其是生产区。

➲【提示】 分区规划可以防止人猪间、猪之间交叉感染，易于合理组织生产和便于卫生防疫。

(2) 分区规划的方法 场区内根据地势高低和常年主流风向，依次划分为生活管理区、饲养生产区和污染物处理区三部分（图2-2），每区之间也要设围墙进行隔离。场区周围设围栏、绿化带或防护沟。

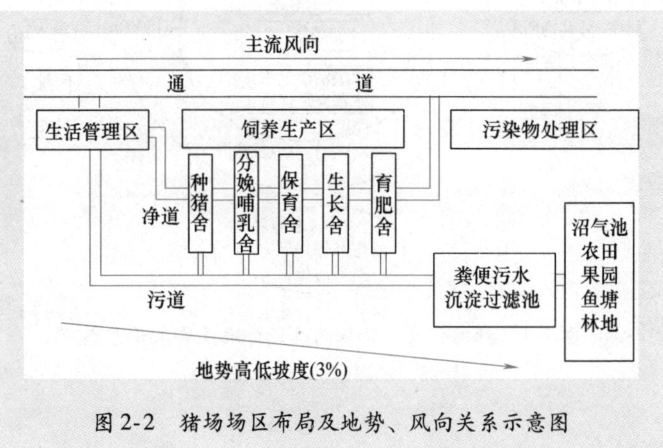

图2-2 猪场场区布局及地势、风向关系示意图

1）生活管理区。本区区内设办公室，生活用房，饲料加工仓储用房及水、电、暖供应设施等各类猪舍、人工授精室、防疫卫生室（防疫、检疫、消毒、猪疫监测用）及检疫舍（进场和出栏猪检疫用）。

➲【提示】 生活管理区应位于上风向和地势最高处，本区要求单独设立，包括办公室、职工宿舍等，既要照顾工作方便，又一定要与猪舍隔离开来。

2）饲养生产区。这是猪场中的最主要职能区。饲养生产区内也要分小区规划，并进行隔离，如种猪舍要与其他猪舍分隔开，形成种猪生产区域。种猪生产区域应设在人流较少的猪场上风向位置，种公猪放在较僻静的地方可以避免影响母猪的生产。商品猪生产区域的布置要区别对待，如妊娠猪舍、分娩猪舍（或繁殖猪舍）应该放在较好的位置；分娩猪舍既要靠近妊娠猪舍，又要接近育成猪舍，以便猪只的转圈；育成猪舍最好离猪场入口处近些，有的猪场还需出售仔猪；育肥猪舍应设在猪场下风向位置，并有独立的出猪大门。大门外设置装猪台，以便于生猪的出场销售；如果有条件，规模化企业可以分场规划，见图2-3。饲养生产区还要设置生产所必需的附属建筑，如饲料加工车间、饲料仓库、修理车间、变电所、锅炉房、水泵房等。

【提示】 饲养生产区必须设在生活管理区的下风或侧风向处。

3）污染物处理区。此区包括兽医室、病猪隔离室、解剖室、粪便堆肥储粪场和污水处理氧化池等无害化处理区域。粪场靠近道路，有利于粪便的清理和运输。储粪场（池）设置注意：储粪场应设在生产区和猪舍的下风处，与住宅、猪舍之间保持有一定的间距（距猪舍30~50m），并应便于运往农田或进行其他处理；储粪池的深度以不受地下水浸渍为宜，底部应较结实；储粪场和污水池要进行防渗处理，以防粪液渗漏流失污染水源和土壤；储粪场底部应有坡度，使粪水可流向一侧或集液井，以便取用；储粪池的大小应根据每天牧场家畜排粪量多少及储藏时间长短而定。

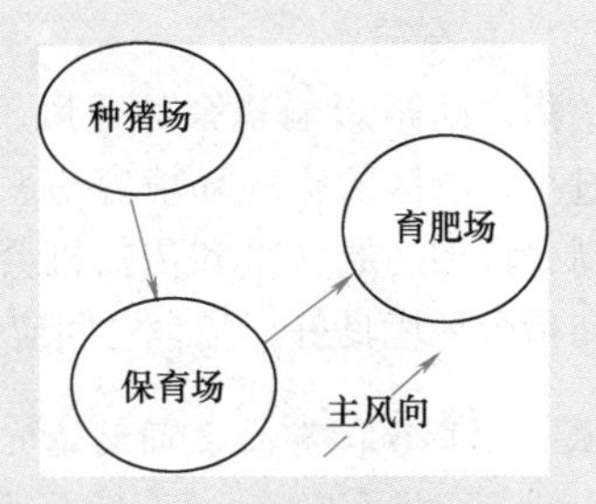

图2-3　规模化猪场分场规划图

【提示】污染物处理区应设在距饲养生产区50m的下风向和地势较低处。

4）绿化带。绿化有利于遮阳、防暑、防寒、防风沙、防噪声、防疫病传播，能够美化环境、净化空气、促进猪只健康成长。在猪场周围、各区域之间、猪舍之间、道路两旁等所有空闲地上栽植树木、花草，使绿化率达到40%左右。

2. 猪舍朝向

猪舍朝向的选择与通风换气、防暑降温、防寒保暖以及猪舍采光等环境效果有关。朝向选择应考虑当地的主导风向、地理位置、采光和通风排污等情况。

【提示】猪舍朝南（猪舍的纵轴方向为东西向）对我国大部分地区的开放舍来说是较为适宜的。这样在冬季可以充分利用太阳辐射的温热效应和射入舍内的阳光防寒保温；夏季辐射面积较少，阳光不易直射舍内，有利于防暑降温。

3. 猪舍间距

猪舍间距影响猪舍的通风、采光、卫生、防火。猪舍密集，间距过小，场区的空气环境容易恶化，微粒、有害气体和微生物含量过高，增加病原含量和传播机会，容易引起猪群发病。为了保持场区和猪舍环境良好，猪舍之间应保持适宜的距离。

【提示】猪舍之间的适宜间距为猪舍高度的3～5倍。

4. 道路

猪场要设置清洁道和污染道，两条道要分开。清洁道供饲养管理人员，清洁的设备用具、饲料和猪产品等使用；污染道由各类猪舍另一端与污物处理区的病猪隔离舍、解剖室、尸体处理室及贮粪场相通，作运送病、死猪和粪便用。清洁道和污染道不交叉，否则对卫生防疫不利。出栏猪育肥舍或检疫舍通过走猪道与装（卸）猪台相连通。

路面要结实，排水良好，不能太光滑，两侧有10%的坡度。主干道宽度为5.5～6.5m。一般支道宽为2～3.5m。

> ➡【提示】 猪场道路在保证各生产环节联系方便的前提下，应尽量保持直而短。

5. 隔离消毒设施

场界周围要设置高度为 2.5m 以上的防疫墙或深 1.5m，宽 1.7m，内侧设置高度为 2m 的钢丝网的防疫沟（沟内有水），且只留有一个大门可以进入场区。场区内各区间，如管理区和生产区之间、生产区和隔离区之间等也要有隔离墙。生产区内根据猪的种类、生长阶段等分成不同小区，也要有隔离设施，如矮墙、灌木林带、隔离网等。

区门口必须设置消毒池和消毒更衣室。大门口设置与门等宽、与一周半大型机动车轮等长、25 ~ 30cm 深、水泥结构的消毒池及供人员出入消毒的消毒室。生活管理区与饲养生产区通道口也应该设立消毒池和消毒间，消毒间内设消毒池和紫外线消毒灯进行双重消毒，条件好的猪场还应设置沐浴更衣间。生产区内各猪舍净道入口处要设 1m 长的水泥消毒池（盆），对进入猪舍的运料车和人员消毒用。

6. 绿化

搞好道路绿化、猪舍之间的绿化和场区周围以及各小区之间的隔离林带，搞好场区北面防风林带和南面、西面的遮阳林带等。

第二节 猪舍建筑设计

一 猪舍的类型及结构

1. 猪舍类型

由于各地的气候特点和经济状况不同，猪舍的类型也各不相同。

(1) 开放式猪舍 开放式猪舍是指猪舍外围护结构没有将猪舍的小环境与外界大环境完全隔开，充分利用外界光照、温度和空气等自然资源来维持舍内小气候环境。开放式猪舍有如下几种。

1）敞棚式舍。只有屋顶，距地面 3m 左右，四侧无墙，用铅丝封闭严实以防兽害，多建在炎热地区。国外许多国家对棚舍设计越来越周密，安装冷却系统和各种现代化设备，变成防暑降温性能良

好，设备齐全、适合饲养各种畜禽的现代化畜舍形式之一。

2）开放式或半开放舍。三面有墙一面（南面）无墙或半截墙，其他均由铝丝封闭严实。通风采光好、不保温，其结构简单、造价低，但受外界影响大，较难解决冬季防寒。

3）有窗式舍。四面都有墙，纵墙上留有可以开启的大窗户、或直接砌花墙、或是敞开的空洞。利用窗户、空洞来采光、自然通风与调节通气量，并在一定程度上调节舍内温湿度。使用范围较广，是一种常见的禽舍类型。

（2）密闭式猪舍 密闭式猪舍是指猪舍的外围护结构将猪舍的小环境与外界大环境完全隔开，通过人工控制保持舍内适宜的小气候环境。这种猪舍有保温隔热性能良好的屋顶和墙壁，分为有窗舍（一般情况下封闭遮光，发生特殊情况，如停电时才临时开启应急）和无窗舍。舍内小气候通过各种设施控制与调节，使之尽可能地接近最适宜于猪体生理特点的要求。猪舍内采用人工通风与光照。通过变换通风量的大小和气流速度的快慢来调节舍内温度、相对湿度和空气成分。舍内的通风、光照、温度靠人工设备调控，能够较好地给猪只提供适宜的环境条件，有利于猪的生长发育，提高生产率，但这种猪舍土建、设备投资大，维修费用高，耗能高，采用这种猪舍的多为对环境条件要求较高的猪，如母猪产房、仔猪培育舍。

（3）组装式猪舍 组装式猪舍是指猪舍的外部结构是活动式的，可以随着不同季节拆装。组装式猪舍可以充分利用自然光照、空气和温度等自然资源，降低生产成本；但对猪舍的建筑材料要求较高。

2. 猪舍结构

一个完整的猪舍，主要由墙壁、地面、屋顶、门窗、通风换气装置和隔栏等部分构成，不同结构部位的建筑要求不同。

（1）墙 墙是将猪舍与外部空间隔开的主要外围护结构。对墙壁的要求是坚固耐久和保暖性能良好。不同的材料决定了墙壁的坚固性和保暖性能的差异。草泥或土坯墙的造价低、保温性能好是优点，但其缺点是容易被雨水冲塌和猪只拱坏，补救的办法是用石料或砖砌50～60cm的墙基。石料墙壁的优点是坚固耐久，缺点是导热性强、保温性能差和易于在墙壁凝结水汽，补救的办法是在墙壁上

附加一层5～10cm厚的泥墙皮以增加其保温防潮性能。砖墙兼有保温性能好与防潮好、坚固性强等优点，故应尽力采用砖墙。

（2）屋顶 屋顶的作用是防止降水和保温隔热。屋顶的保温与隔热作用比墙大，它们是猪舍散热最多的部位，因而要求结构简单、经久耐用、保温性能好。采用草料建造屋顶，造价低、保温性能好，但其不耐久、易腐烂。瓦顶的保温性能不及草顶，但其坚固耐用。天棚的功能在于加强猪舍冬季的保温和夏季的隔热。天棚应保温，不透气，不透水，坚固耐久，结构轻便简单。棚上铺设足够厚度的保温层，是大棚能否起到保温隔热作用的关键，而结构严密（不透水、不透气）是重要保证。保温层材料可因地制宜地选用珍珠岩、锯末、亚麻屑等。常见的屋顶形式见图2-4。

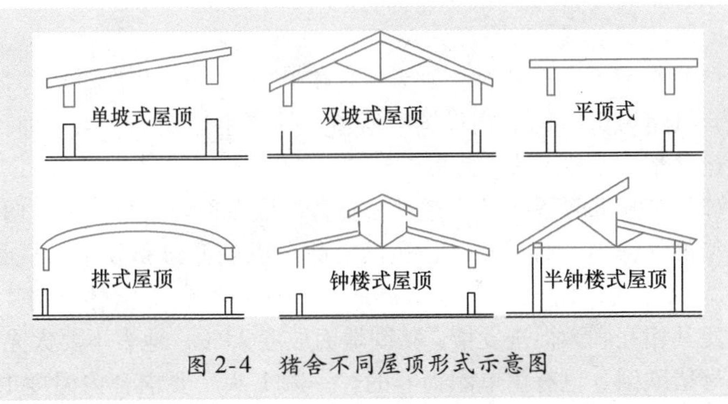

图2-4 猪舍不同屋顶形式示意图

坡式屋顶有单坡式和双坡式（跨度较大的猪舍宜采用双坡式），构造简单，屋顶排水好，通风透光好，投资少；平顶式的优点是可以充分利用屋顶平台，保湿防水可一体完成，不需要再设天棚，缺点是防水较难做；拱式屋顶造价较低（随着建筑工业和建筑科学的发展，可以建大跨度猪舍），但保温隔热性能较差，不便于安装天窗和其他设施，对施工技术要求也较高；钟楼式屋顶通风好，防暑降温效果好，但造价高。

（3）地面 猪只直接在地面上生活，要求地面保暖、坚实、平整不滑、不透水、便于清扫消毒。可选用碎砖铺底，水泥抹平地面

为宜。

(4) 门 门是供人、猪出入及运送饲料、清粪等的通道。要求门坚固耐用，能保持舍内温度和便于出入。门通常设在畜舍两端，正对中央通道，便于运入饲料和分粪。双列猪舍门的宽度不小于1.3m，高度2.0m左右，单列猪舍门要求宽度不小于1.0m，高度1.8~2.0m。猪舍门应向外打开。在寒冷地区，通常设门斗加强保温，防止冷空气侵入，并缓和舍内热能的外流。门斗的深度应不小于2.0m，宽度应比门大1.0~1.2m。

(5) 窗 窗户可保证猪舍的光照和通风。在寒冷地区，应兼顾采光与保温，在保证采光系数的前提下，尽量少设窗户，并少设北窗，多设南窗，以能保证夏季通风为宜。

二 猪舍的种类及规格

1. 猪舍的种类

(1) 公猪舍 公猪舍一般为单列半开放式，舍内温度要求15~20℃，风速为0.2m/s，内设饲喂通道，外有小运动场，以增加种公猪的运动量，一栏1头。

(2) 空怀母猪舍 应靠近种公猪舍，设在种公猪舍的下风向处，使母猪的气味不干扰公猪，公猪的气味可以刺激母猪发情。栏圈布置多为双列式，面积一般为7~9m²，一般每栏饲养空怀母猪4~8头，使其相互刺激促进发情。猪圈地面坡度25%，地表不要太光滑，以防母猪跌倒。也有用单圈饲养的，一圈1头。要求舍内温度15~20℃，风速0.2m/s。也可将种公猪舍和空怀母猪舍合为一栋，中间设置配种间隔开。

(3) 妊娠母猪舍 妊娠母猪分为小群和单体栏两种饲养方式，各有利弊。小群饲养可以增加怀孕母猪的活动量，降低难产的比例，延长利用年限，但看膘情饲喂难度大，相互咬架有造成流产的危险；单体栏可以使怀孕母猪的膘情适度，但活动量小，肢蹄不健壮，难产的比例较高。群养舍内为中间留走廊的双列式，每栏的面积10m²，一栏3~4头；单体栏双列和多列均可。配种后的前4周内流产，最好使用单体栏饲养。

(4) 分娩哺乳舍 舍内设有分娩栏，布置多为两列或三列式。

要求舍内温度15～20℃，风速为0.2m/s。

1）地面分娩栏。采用单体栏，中间部分是母猪限位架，两侧是仔猪采食、饮水、取暖等活动的地方。母猪限位架的前方是前门，前门上设有槽和饮水器，供母猪采食、饮水，限位架后部有后门，供母猪进入及清粪操作。可在栏位后部设漏缝地板，以排除栏内的粪便和污物。

2）网上分娩栏。主要由分娩栏、仔猪围栏、钢筋编织的漏缝地板网、保温箱、支腿等组成。钢筋编织的漏缝地板网通过支腿架在粪沟上面，母猪分娩栏再安架到漏缝地板网上，粪便很快就通过漏缝地板网掉入粪沟，防止了粪尿污染，保持了网面上的干燥，大大减少了仔猪下痢等疾病，从而提高仔猪的成活率、生长速度和饲料利用率。

（5）仔猪保育舍 舍内温度要求26～30℃，风速为0.2m/s。可采用网上保育栏，1～2窝一栏网上饲养，用自动落料食槽，自由采食。网上培育，减少了仔猪疾病的发生，有利于仔猪健康，提高了仔猪成活率。

仔猪保育栏主要由钢筋编织的漏缝地板网、围栏、自动落料食槽、连接卡等组成。猪栏由支腿支撑架设在粪沟上面。猪栏的布置多为双列或多列式，底网有全漏缝和半漏缝两种。

（6）生长、育肥和后备母猪舍 这三种猪舍均采用大栏地面群养方式，自由采食，其结构形式基本相同，只是在外形尺寸上因饲养头数和猪体大小的不同而有所变化。生长栏和育肥栏提倡原窝饲养，故每栏养猪8～12头，每头占栏面积1～1.2m^2，内配食槽和饮水器；后备母猪栏一般每栏饲养4～5头，内配食槽。

2. 猪舍的规格

各类猪舍规格依据饲养方式、猪栏规格、排列形式和饲养数量等确定。下面各类猪舍的建筑示意图已经确定了猪舍的跨度，根据容纳猪的数量确定长度即可。

（1）后备配种猪舍 后备配种猪舍的建筑剖面图和平面图见图2-5。

（2）妊娠母猪舍 妊娠母猪舍的建筑剖面图和平面图见图2-6。

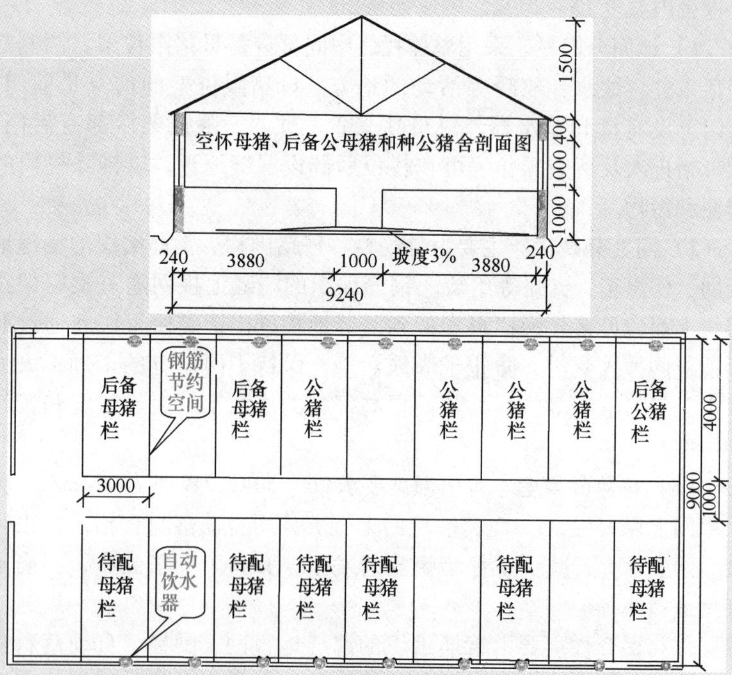

图 2-5　后备配种猪舍建筑剖面图和平面图（单位：mm）

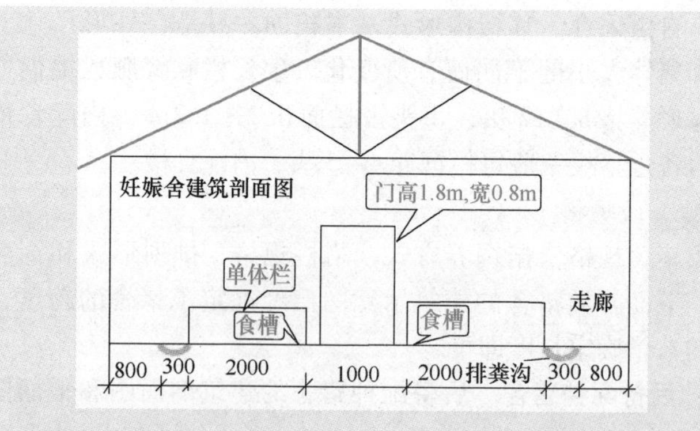

图 2-6　妊娠母猪舍建筑剖面图和平面图（单位：mm）

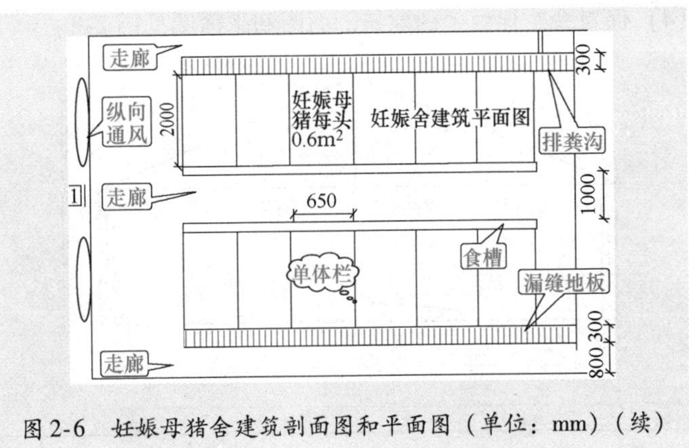

图2-6 妊娠母猪舍建筑剖面图和平面图（单位：mm）（续）

(3) 分娩舍 分娩舍的建筑剖面图和平面图见图2-7。

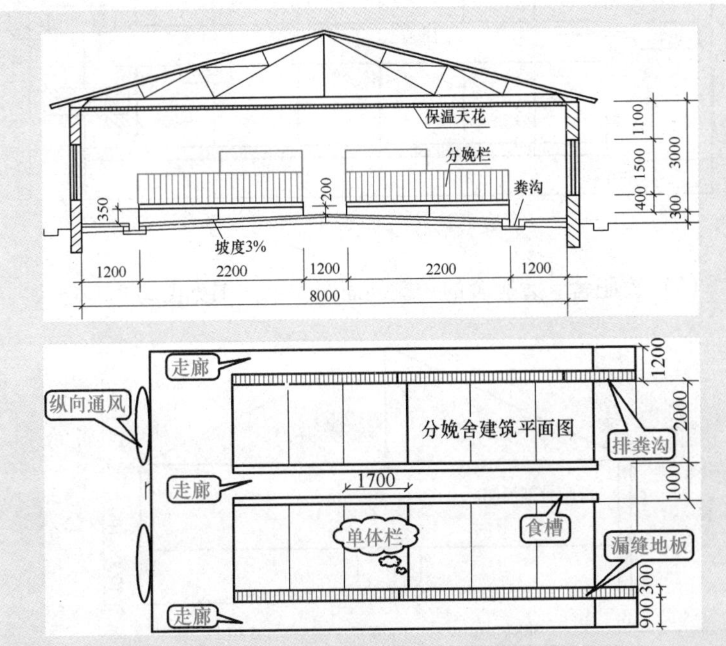

图2-7 分娩舍（产房）建筑剖面图和平面图（单位：mm）

（4）保育舍　保育舍的建筑剖面图和平面图见图2-8。

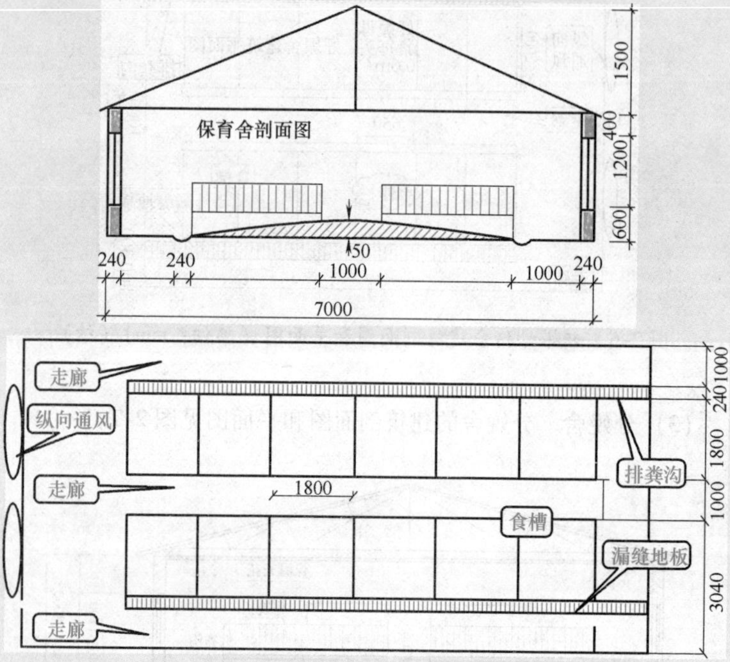

图2-8　保育舍的建筑剖面图和平面图（单位：mm）

（5）育肥舍　育肥舍的建筑剖面图和平面图见图2-9。

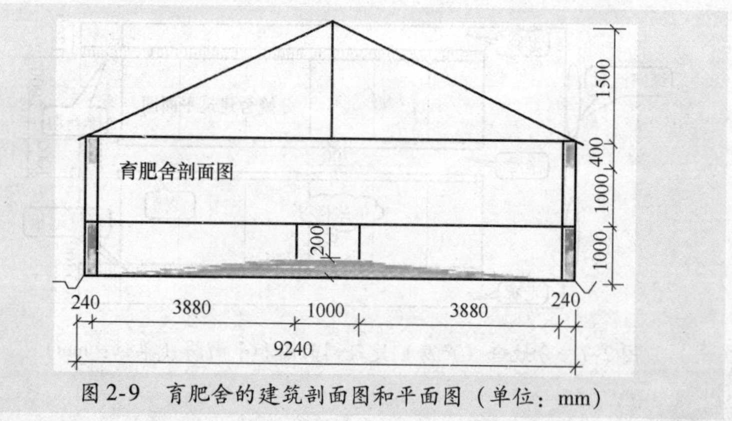

图2-9　育肥舍的建筑剖面图和平面图（单位：mm）

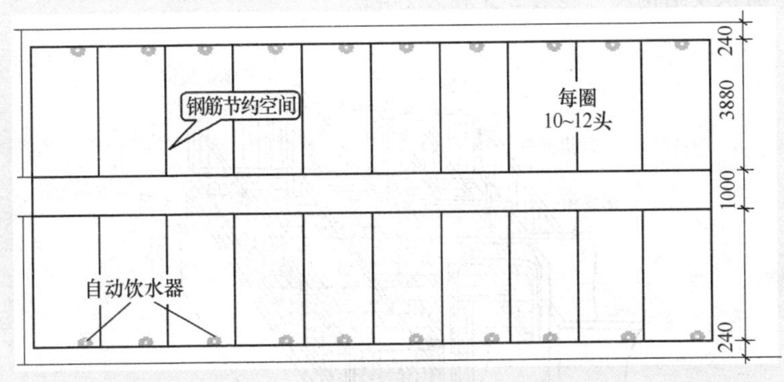

图 2-9　育肥舍的建筑剖面图和平面图（单位：mm）（续）

第三节　猪场设备

一　猪栏

猪栏按其结构形式可分为实体猪栏、栏栅式猪栏、综合式猪栏。实体猪栏一般采用砖砌结构（厚度120mm、高度1.0～1.2m），外抹水泥或采用混凝土预制件组成。实体猪栏可就地取材，投资费用低，但占地面积大，不便于观察猪的活动，通风不良；栏栅式猪栏采用金属型材焊接而成，它一般由外框、隔条组成栏栅，几片栏栅和栏门组成一个猪栏，占地面积小，便于观察猪只，通风阻力小，但投资较大；综合式猪栏是综合了上述两种猪栏的结构，一般是相邻的两猪栏隔墙采用实体栏，沿饲喂通道正面采用栏栅。

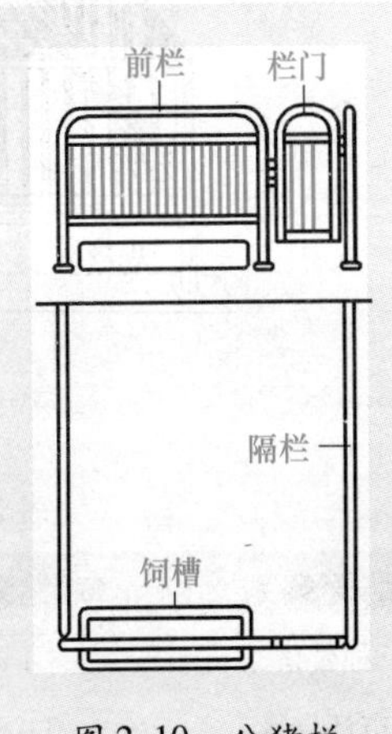

图 2-10　公猪栏

根据猪栏内饲养猪的类别，猪栏可分为公猪栏（图 2-10）、配种栏、母猪栏、分娩栏（图 2-11）、培育栏（图 2-12）、生长栏和肥育栏。猪栏占

地面积及结构尺寸见表2-3和表2-4。

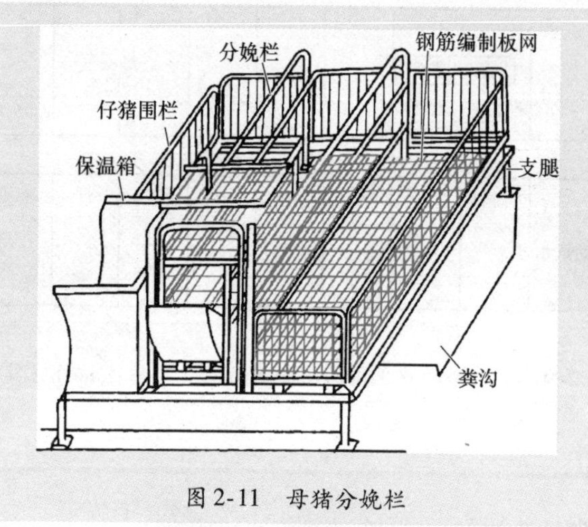

图2-11　母猪分娩栏

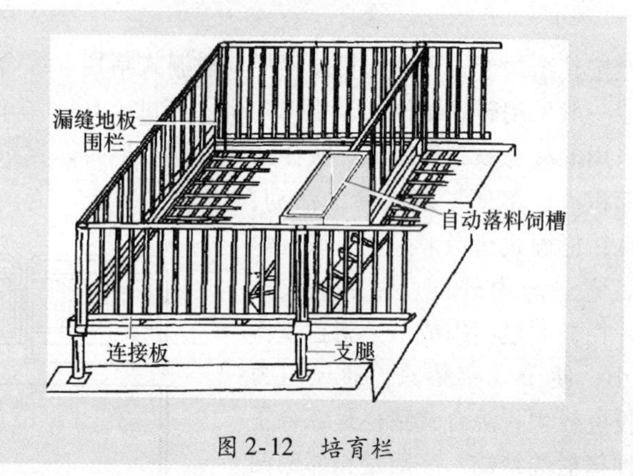

图2-12　培育栏

表2-3　猪栏结构和规格

猪群类别	每栏头数	实体地面猪栏/m^2	漏缝地板猪栏/m^2
种公猪	1	5.0~7.0	4.0~6.0
空怀母猪	3~6	1.5~2.0	1.4
妊娠后期母猪	1	2.5~3.0	1.2

（续）

猪群类别	每栏头数	实体地面猪栏/m^2	漏缝地板猪栏/m^2
妊娠前期母猪	2~4	2.0~2.5	1.4~1.8
哺乳母猪	1	5.0~5.5	4.0~4.5
断奶仔猪	10~20	0.3~0.6	0.2~0.4
生长猪	8~12	0.6~0.9	0.4~0.6
肥育猪	8~12	0.9~1.2	0.6~0.8
后备猪	2~4	0.7~1.0	0.9~1.0

表 2-4 栏栅式猪栏的技术参数

猪栏类别	长/mm	宽/mm	高/mm	隔条间距/mm	备注
公猪栏	3000	2400	1200	100~110	
后备母猪栏	3000	2400	1000	100	
培育栏	1800~2000	1600~1700	700	≤70	饲养一窝猪
	2500~3000	2400~3500	700	≤70	饲养20~30头猪
生长栏	2700~3000	1900~2100	800	≤100	饲养一窝猪
	3200~4800	3000~3500	800	≤100	饲养20~30头猪
肥育栏	3000~3200	2400~2500	900	100	饲养一窝猪

注：在采用小群饲养的情况下，空怀母猪、妊娠母猪栏的结构与尺寸和后备母猪栏的相同。

二 饲槽和饮水设备

根据养猪场的两种饲喂方式——自由采食和限量饲喂，饲槽也分为自由采食槽（自动食槽）和限量采食槽两种。

1. 食槽

（1）自动食槽 在培育、生长、肥育猪群中，一般采用自动食槽。由于食槽的顶部有饲料储存箱，储存一定量的饲料，猪可以自由采食。同时，可大大减少饲喂工作量。自动食槽多用水泥、铸铁等制成。自动食槽又分为单面食槽和双面食槽，单面食槽只能在食槽的一侧下料，双面食槽则可在食槽的两侧同时下料见图 2-13。其主要结构参数见表 2-5。

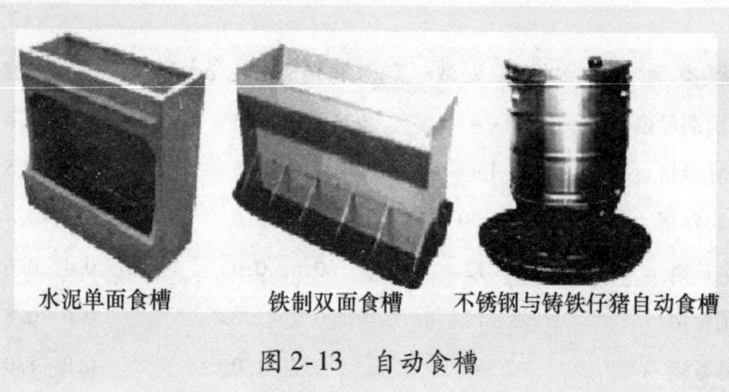
水泥单面食槽　铁制双面食槽　不锈钢与铸铁仔猪自动食槽

图2-13　自动食槽

表2-5　自动食槽的主要尺寸参数

猪的类别	高/mm	宽/mm	采食间隙/mm	前缘高度/mm
仔猪	400	400	140	100
幼猪	600	600	180	120
生长猪	700	600	230	150
肥育前期至60kg	850	800	270	180
肥育后期至100kg	850	800	330	180

（2）限量食槽　限量食槽用于公猪、母猪等需要限量饲喂的猪群，小群饲养的母猪和公猪用的限量食槽一般用水泥、铸铁制成，仔猪限量食槽多用水泥、不锈钢、铸铁或工程塑料制成，造价低廉，坚固耐用。常用的限量食槽见图2-14，水泥食槽的结构参数见表2-6。

母猪限量食槽(水泥)

母猪食槽(铸铁)

仔猪食槽(铸铁、不锈钢、工程塑料)

图2-14　猪场常用限量食槽

表 2-6　水泥食槽的主要尺寸参数

猪 的 类 别	宽/mm	高/mm	底厚/mm
仔猪	200	100 ~ 120	40
幼猪、生长猪	300	150 ~ 180	50
肥育猪、母猪	400	200 ~ 220	60

每头猪所需的饲槽长度大约等于猪肩部宽度，不足时会造成饲喂时争食，太长时不但造成饲槽浪费，个别猪还会踏入槽内吃食，弄脏饲料，所以对长料槽，其料槽中间需有钢筋或水泥将长料槽分成小格，便于饲喂。每头猪采食所需饲槽长度见表 2-7。

表 2-7　每头猪采食所需饲槽长度

猪 的 类 别	体　　重	每头猪所需饲槽长度/cm
仔猪	15kg 以下	18
幼猪	30kg 以下	20
生长猪	40kg 以下	23
肥育猪	60kg 以下	27
	75kg 以下	28
	100kg 以下	33
繁殖猪	100kg 以下	33
	100kg 以下	50

2. 供水饮水设备

(1) 供水设备　猪场应设置一套供水系统。猪场应该安装自动饮水系统，包括供水管道、过滤器、减压阀（或补水箱）和自动饮水器等部分。自动饮水系统可四季日夜供水，且清洁卫生。

(2) 饮水器　猪舍供水方式有定时供水和自动饮水两种。定时供水就是在饲喂前后在食槽中放水，食槽兼水槽。这种供水方式的缺点不便于实现自动化，耗水量大，而且还容易造成水质污染，传播疾病等。自动饮水就是在猪舍内安装自动饮水器，使猪随时能喝到干净、卫生的水，有利于饲养管理和防疫。自动饮水器的种类有鸭嘴式自动饮水器、乳头式自动饮水器和杯式自动饮水器等，在养

猪生产中鸭嘴式自动饮水器和杯式自动饮水器应用较广泛，见图2-15。

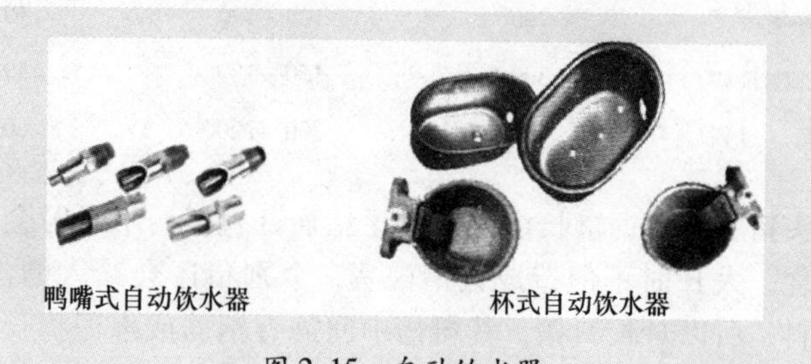

图 2-15　自动饮水器

自动饮水器的安装要求符合猪的生长需要，以利于不同阶段的猪只饮水，并达到节水的良好效果，自动饮水器的安装高度和水流速度见表2-8。

表 2-8　自动饮水器安装高度和水流速度的建议标准

阶段体重	供水杯安装高度/mm	乳头式饮水器水平安装高度/mm	水流速度/(L/min)
哺乳仔猪	50 ~ 70	150	0.3
断奶仔猪	100 ~ 120	300 ~ 500	0.7
仔猪（15 ~ 30kg)	120 ~ 150	400 ~ 550	1.0
肥育猪（30 ~ 60kg)	150 ~ 200	550	1.5
肥育猪（70kg 以上）	150 ~ 200	750	1.5 ~ 2.0
妊娠母猪	300 ~ 400	900	1.5 ~ 2.0
哺乳母猪	300 ~ 400	900 ~ 950	2.0
种公猪	350 ~ 450	900 ~ 1000	2.0 ~ 2.5

注：规模养猪场常用鸭嘴式自动饮水器。安装时一般应使其与地面成45 ~ 75℃倾角。

三 通风换气设备

自然通风有进气口和排风口，进气管通常嵌在纵墙上，距天棚40 ~ 50cm 处，两窗之间的上方。排气管沿猪舍屋脊两侧交错垂直安装在屋顶上，下端由天棚开始，上端高出屋脊 0.5 ~ 0.7m，或安装

自动风机，机械通风设备有轴流式排风机见图 2-16。

图 2-16　猪场常用的通风换气扇

四　降温和升温设备

1. 降温设备

（1）水帘—通风系统风机降温　利用机械通风系统在进风口安装水帘（图 2-17），降温效果良好。

（2）喷雾降温系统　用自来水经水泵加压，通过过滤器进入喷水管道后从喷雾器中喷出（喷淋系统），在舍内空间蒸发吸热，使舍内空间蒸发吸收热量，降低舍内温度。

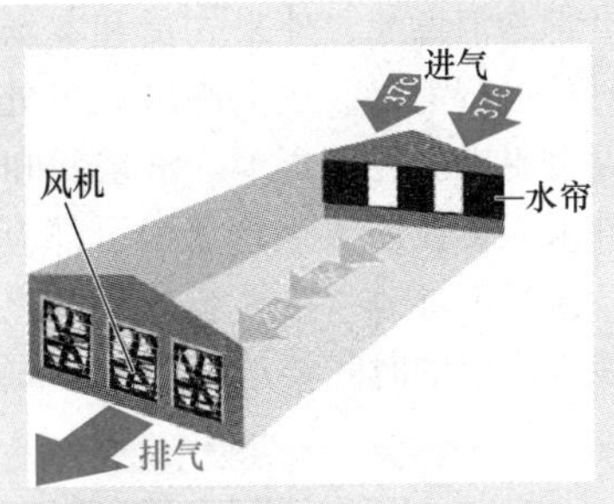

图 2-17　纵向通风降温模式

2. 升温设备

（1）整体供热　猪舍用热和生活用热都由中心锅炉提供，各类猪舍的温差靠散热片的多少来调节。国内许多养猪场都采用热风炉供热，可保持较高的温度，升温迅速，便于管理。

（2）分散局部供热　为了满足仔猪对温度的较高要求，应为仔猪提供加热器，可采用红外线灯、电热板等供热，配合保温箱使用效果更好（图 2-18）。主要用于分娩舍仔猪箱内保温培育和仔猪舍内补充温度。保温箱通常用水泥、木板或玻璃钢制造。典型的保温箱外形尺寸为长 1000mm × 宽 600mm × 高 600mm。常用仔猪加热器有

远红外线辐射板、电热保温板和红外线灯等。

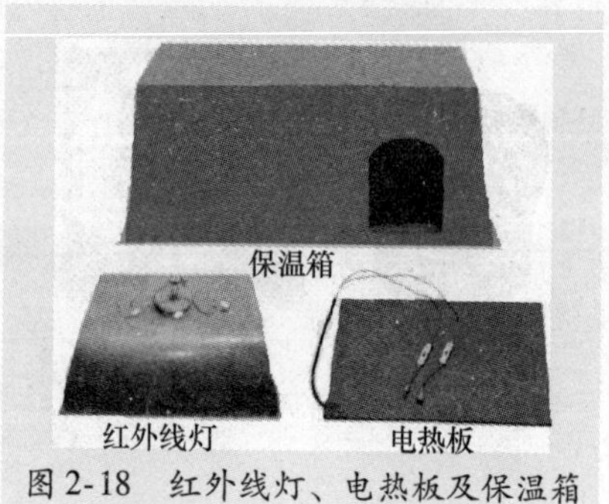

图 2-18　红外线灯、电热板及保温箱

五 消毒设备

1. 人员的清洗消毒设施

对本场人员和外来人员进行清洗消毒。一般在猪场入口处设有人员脚踏消毒池，外来人员和本场人员在进入场区前都应经过消毒池对鞋进行消毒。在生产区入口处设有消毒室（图 2-19），消毒室内设有更衣间、消毒池、淋浴间和紫外线消毒灯等，本场工作人员及外来人员在进入生产区时，都应经过淋浴、更换专门的工作服和鞋、通过消毒池、接受紫外线灯照射等过程，方可进入生产区，紫外线灯照射的时间要达到 15 ~ 20min。

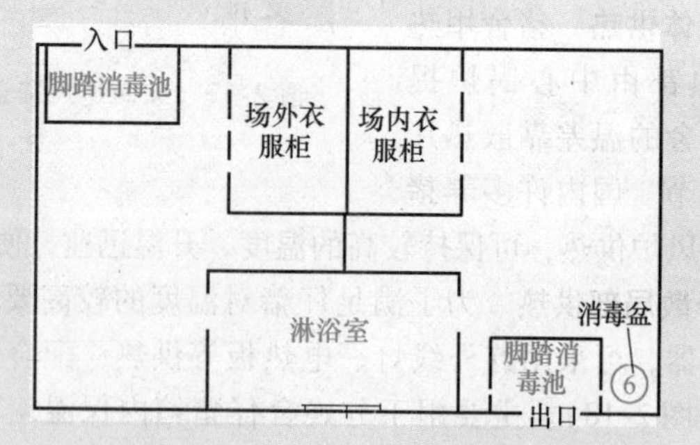

图 2-19　猪场生产区入口的人员消毒室示意图

2. 车辆的清洗消毒设施

猪场的入口处设置车辆消毒设施，主要包括车轮清洗消毒池（图2-20）和车身冲洗喷淋机。

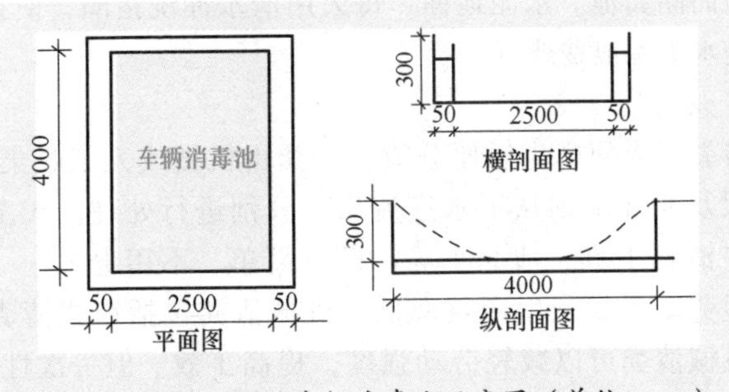

图2-20　猪场入口的车辆消毒池示意图（单位：mm）

3. 场内清洗消毒设施

猪场常用的场内清洗消毒设施有高压冲洗机、喷雾器和火焰消毒器。其中高压冲洗机使用最多最广泛，见图2-21。

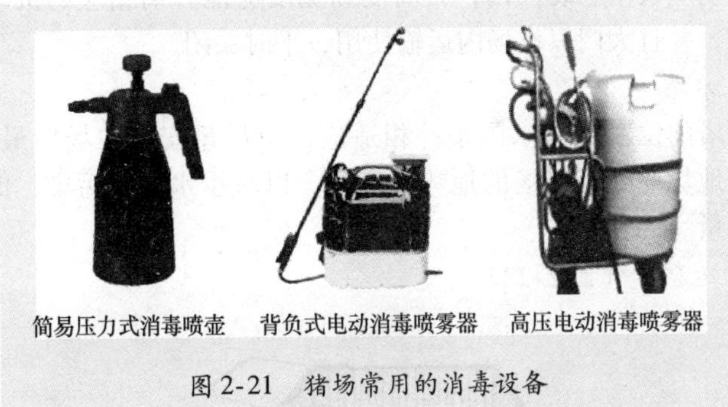

图2-21　猪场常用的消毒设备

六 粪尿处理设备

粪污处理关系到猪场和周边的环境，也关系到猪群的健康和生产性能的发挥。设计和管理猪场必须考虑粪污的处理方式和设备配置，以便于对猪的粪尿进行处理，使环境污染减少到最低限度。

1. 水冲粪

粪尿污水混合进入缝隙地板下的粪沟，每天数次从沟端的水喷头放水冲洗。粪水顺粪沟流入粪便主干沟，进入地下储粪池或用泵抽吸到地面储粪池。水泥地面，每天用清水冲洗猪圈，使猪圈内干净，但是水资源浪费严重。

2. 干清粪

干清粪是粪便产生后便分流，干粪由机械或人工收集、清扫、运走，尿及冲洗水则从下水道流出，分别进行处理。人工清粪只需用一些清扫工具、清粪车等。设备简单，不用电力，一次性投资少，但劳动量大，生产效率低；机械清粪包括铲式清粪和刮板清粪。机械清粪可以减轻劳动强度，提高工效。但一次性投资大，运行维护费（故障发生率高，部件上沾满粪便维修困难）用高，噪声较大。

七 其他

1. 大门

猪场应设南、北大门，其高度和宽度应能容纳相应的机动车进出所需，并且大门只供场内运输使用，平时关闭。

2. 水塔

水塔的位置要与水源条件相适应，应尽量安排在场内最高处，供水处地势要处于猪场的地势最高处，以减少水源的污染、保证水源的质量。

3. 运猪车（图 2-22）

图 2-22　场内运猪车

第四节 猪场环境的改善

一 水源卫生

猪生产过程中，猪场的用水量很大，不仅在选择猪场场址时应将水源作为重要因素考虑，而且猪场建好后还要注意水源的防护，减少对水源的污染，使猪场水源一直处于优质状态。

1. 水源位置适当

水源要设在远离生产区的管理区内，远离其他污染源（猪舍与井水水源间应保持30m以上的距离），建在地势高燥处。猪场可自建深水井和水塔，深层地下水经过地层的过滤作用，又是封闭性水源，水质水量稳定，受污染的机会很少。

2. 加强水源保护

水源附近不得建厕所、粪池、垃圾堆、污水坑等，井水水源周围30m、江河水取水点周围20m、湖泊等水源周围30～50m范围内应划为卫生防护地带，四周不得有任何污染源。保护区内禁止一切破坏水环境生态平衡的活动及破坏水源林、护岸林、与水源保护相关植被的活动；严禁向保护区内倾倒工业废渣、城市垃圾、粪便及其他废弃物；运输有毒有害物质、油类、粪便的船舶和车辆一般不准进入保护区；保护区内禁止使用剧毒和高残留农药，不得滥用化肥；避免污水流入水源。最易造成水源污染的区域，如病猪隔离舍、化粪池或堆肥场应远离水源，粪污应进行无害化处理，并注意排放时防止流进或渗进饮水水源。

3. 搞好饮水卫生

定期清洗和消毒饮水用具和饮水系统，保持饮水用具的清洁卫生，保证饮水的新鲜。

4. 注意饮水的检测和处理

定期检测水源的水质，污染时要查找原因，及时解决；当水源水质较差时要进行净化和消毒处理。

二 猪场废弃物处理

1. 粪便的处理利用

妥善处理猪场粪污，可避免对环境造成污染，同时，将其作为

再生资源利用，变废为宝。

（1）用作肥料 猪场粪污最经济的利用途径是作肥料还田。粪肥还田可改良土壤，提高作物产量，生产无公害绿色食品，促进农业良性循环和农牧结合。猪粪用作肥料时，有的将鲜粪作基肥直接施入土壤，也可将猪粪发酵、腐熟堆肥后再施用。一般来说，为防止鲜粪中的微生物、寄生虫等对土壤造成污染，以及为提高肥效，粪便应经发酵或高温腐熟处理后再使用，这样安全性更高。

腐熟堆肥过程也就是好气性微生物分解粪便中有机物的过程，分解过程中释放大量热能，使肥堆的温度升高，一般可达60～65℃，可杀死其中的病原微生物和寄生虫卵等，有机物则大多分解成腐殖质，有一部分分解成无机盐类。腐熟堆肥必须创造适宜条件，堆肥时要有适当的空气，如粪堆上插秸秆或设通气孔保持良好的通气条件，以保证好气性微生物繁殖。为加快发酵速度，也可在堆底铺设送风管，头20天经常强制送风；同时应保持60%左右的含水率，水分过少影响微生物繁殖，水分过多又易造成厌氧条件，不利于有氧发酵；另外，须保持肥料适宜的碳氮比（26～35）:1，碳比例过大，分解过程缓慢，过低则使过剩的氮转变成氨而丧失掉。鲜猪粪的碳氮比约为12:1，碳的比例不足，可加入秸秆、杂草等来调节碳氮比。自然堆肥效率较低，占地面积大，目前已有各种堆肥设备（如发酵塔、发酵池等）用于猪场粪污处理，效率高、占地少、效果好。

（2）生产沼气 固态或液态粪污都可生产沼气。沼气是厌气微生物（主要是甲烷细菌）分解粪污中含碳有机物而产生的一种混合气体，其中甲烷约占60%～75%，二氧化碳占25%～40%，还有少量氧气、氢气、一氧化碳、硫化氢等气体。沼气可用于照明、作燃料、或发电等。沼气池在厌氧发酵过程中可杀死病原微生物和寄生虫，发酵粪便产气后的沼渣还可再用作肥料。目前，在我国推广面积较大的是常温发酵，因此，大部分地区存在低温季节产气少，甚至不产气的问题，此外，用沼液、沼渣施肥，施用和运输不便，并且因只进行沼气发酵一级处理，往往不能做到无害化，有机物降解不完全，常导致二次污染。如果用产生的沼气加温，进行中温发酵，或采用高效厌氧消化池，可提高产气效率、缩短发酵时间，对沼液用生物塘进行二次处理，可进一步降低有机物含量，减少二次污染。

（3）生产动物蛋白 可以利用猪粪作为培养基生产蝇蛆、蚯蚓等动物蛋白饲料。

2. 污水处理

猪场必须专设排水设施，以便及时排除雨、雪水及生产污水。全场排水网分主干和支干，主干主要是配合道路网设置的路旁排水沟，将全场地面径流或污水汇集到几条主干道内排出；支干主要是各运动场的排水沟，设于运动场边缘，利用场地倾斜度，使水流入沟中排走。排水沟的宽度和深度可根据地势和排水量而定，沟底、沟壁应夯实，暗沟可用水管或砖砌，如暗沟过长（超过200m），应增设沉淀井，以免污物淤塞，影响排水。但应注意，沉淀井距供水水源应在200m以上，以免造成污染。大型猪场污水排放量很大，在没有较大面积的农田或鱼塘消纳时，为避免造成环境污染，应利用物理的、化学的、生物学的方法进行综合处理，达到无害化，然后再用于灌溉或排入鱼塘。

污水处理可采用两级或三级处理。两级处理包括预处理（一级处理）和好氧生物处理（二级处理）。一级处理是用沉淀分离等物理方法将污水中的悬浮物和可沉降颗粒分离出去，常采用沉淀池、固液分离机等设备，再用厌氧处理降解部分有机物，杀灭部分病原微生物；二级处理是用生物方法，让好氧生物进一步分解污水中的胶体和溶解的有机物，并杀灭病原微生物，常用方法有生物滤池、活性污泥、生物转盘等。牧场污水一般经两级处理即达到排放或利用要求，当处理后要排入卫生要求较高的水体时，则须进行三级处理。

3. 病死猪的处理

病死猪必须及时地无害化处理，坚决不能图一己私利而出售。处理方法有如下方面。

（1）焚烧法 焚烧也是一种较完善的方法，但不能利用产品，且成本高。对一些危害人、畜健康极为严重的传染病病畜的尸体，仍有必要采用此法。焚烧时，先在地上挖一“十”字形沟（沟长约2.6m，宽为0.75～1.0m，深为0.5～0.7m，见图2-23），在沟的底部放木柴和干草作引火用，于“十”字沟交叉处铺上横木，其上放

置畜尸，畜尸四周用木柴围上，然后洒上煤油焚烧，尸体烧成黑炭为止。或用专门的焚烧炉焚烧。

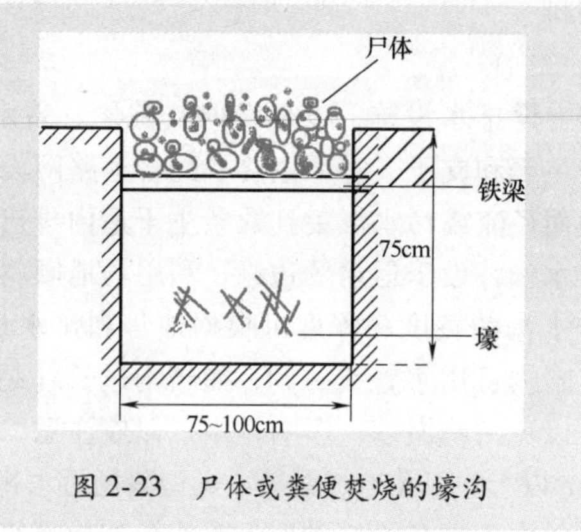

图 2-23　尸体或粪便焚烧的壕沟

（2）发酵烘干处理法　此法是将猪的尸体放入特制的机械内，加入发酵菌种，给以一定温度（90℃以上）和发酵时间（24h），绞碎烘干，最后制成肉骨粉或有机肥。此法是一种较好的资源化处理途径。

（3）土埋法　此法是利用土壤的自净作用使其无害化。此法虽简单但不理想，因其无害化过程缓慢，某些病原微生物能长期生存，从而污染土壤和地下水，并会造成二次污染，所以土埋法不是最彻底的无害化处理方法。采用土埋法，必须遵守卫生要求，埋尸坑远离畜舍、放牧地、居民点和水源，地势高燥，尸体掩埋深度不小于2m。掩埋前在坑底铺上2～5cm厚的石灰，尸体投入后，再撒上石灰或洒上消毒药剂，埋尸坑四周最好设栅栏并作上标记。

（4）发酵法　将尸体抛入尸坑内，利用生物热的方法进行发酵，从而起到消毒灭菌的作用。尸坑一般为井式，深达9～10m，直径为2～3m，坑口有一个木盖，坑口高出地面30cm左右。将尸体投入坑内，堆到距坑口1.5m处，盖封木盖，经3～5个月发酵处理后，尸体即可完全腐烂分解。

⚠【注意】 在处理畜尸时，不论采用哪种方法，都必须将病畜的排泄物、各种废弃物等一并进行处理，以免造成环境污染。

三 灭鼠和灭蚊蝇

1. 灭鼠

鼠是人、畜多种传染病的传播媒介，鼠还盗食饲料，污染饲料和饮水，危害极大。

（1）防止鼠类进入建筑物 鼠类多从墙基、天窗、瓦顶等处窜入室内，在设计施工时注意：墙基最好用水泥制成，碎石和砖砌的墙基，应用灰浆抹缝。墙面应平直光滑。为防止鼠类爬上屋顶，可将墙角处做成圆弧形。墙体上部与天棚衔接处应砌实，不留空隙。瓦顶房屋应缩小瓦缝和瓦、椽间的空隙并填实。用砖、石铺设的地面和畜床，应衔接紧密并用水泥灰浆填缝。各种管道周围要用水泥填平。通气孔、地脚窗、排水沟（粪尿沟）出口均应安装孔径小于1cm的铁丝网，以防鼠窜入。

（2）器械灭鼠 器械灭鼠方法简单易行，效果可靠，对人、畜无害。灭鼠器械种类繁多，主要有夹、关、压、卡、翻、扣、淹、粘、电等。

（3）化学灭鼠 化学灭鼠效率高、使用方便、成本低、见效快，缺点是能引起人、畜中毒，有些老鼠对药剂有选择性、拒食性和耐药性。所以，使用时须选好药剂和注意使用方法，以保安全有效。灭鼠药剂种类很多，主要有灭鼠剂、熏蒸剂、烟剂、化学绝育剂等。猪场的饲料库和猪舍是灭鼠的重要区域。饲料库可用熏蒸剂毒杀。投放毒饵时，要防止毒饵混入饲料中即可。在采用全进全出制的生产程序时，可结合舍内消毒一并进行。鼠尸应及时清理，以防被人、畜误食而发生二次中毒。

➡【提示】 选用老鼠长期吃惯了的食物作饵料，突然投放，饵料充足，分布广泛，以保证灭鼠的效果。

2. 灭昆虫

猪场易孳生蚊、蝇等有害昆虫，骚扰人、畜和传播疾病，给人、

畜健康带来危害，应采取综合措施杀灭。

（1）环境卫生 搞好猪场环境卫生，保持环境清洁、干燥，是杀灭蚊蝇的基本措施。蚊虫需在水中产卵、孵化和发育，蝇蛆也需在潮湿的环境及粪便等废弃物中生长。因此，填平无用的污水池、土坑、水沟和洼地。保持排水系统畅通，对阴沟、沟渠等定期疏通，勿使污水储积。对贮水池等容器加盖，以防蚊蝇飞入产卵。对不能清除或加盖的防火贮水器，在蚊蝇孳生季节，应定期换水。永久性水体（如鱼塘、池塘等），蚊虫多孳生在水浅而有植被的边缘区域，修整边岸，加大坡度和填充浅湾，能有效地防止蚊虫单生。畜舍内的粪便应定时清除，并及时处理，贮粪池应加盖并保持四周环境的清洁。

（2）化学杀灭 化学杀灭是使用天然或合成的毒物，以不同的剂型（粉剂、乳剂、油剂、水悬剂、颗粒剂、缓释剂等），通过不同途径（胃毒、触杀、熏杀、内吸等），毒杀或驱逐蚊蝇。化学杀虫法具有使用方便、见效快等优点，是当前杀灭蚊蝇的较好方法。

1）马拉硫磷。马拉硫磷为有机磷杀虫剂。它是世界卫生组织推荐用的室内滞留喷洒杀虫剂，其杀虫作用强而快，具有胃毒、触毒作用，也可作熏杀，杀虫范围广，可杀灭蚊、蝇、蛆、虱等，对人、畜的毒害小，故适于畜舍内使用。

2）敌敌畏。敌敌畏为有机磷杀虫剂。具有胃毒、触毒和熏杀作用，杀虫范围广，可杀灭蚊、蝇等多种害虫，杀虫效果好。但对人、畜有较大毒害，易被皮肤吸收而中毒，故在畜舍内使用时，应特别注意安全。

3）合成拟菊酯。合成拟菊酯是一种神经毒药剂，可使蚊蝇等迅速呈现神经麻痹而死亡。杀虫力强，特别是对蚊的毒效比敌敌畏、马拉硫磷等高 10 倍以上，对蝇类，因不产生抗药性，故可长期使用。

（3）物理杀灭 利用机械方法以及光、声、电等物理方法，捕杀、诱杀或驱逐蚊蝇。我国生产的多种紫外线光或其他光诱器，特别是四周装有电栅，通有将 220V 变为 5500V 的 10mA 电流的蚊蝇光诱器，效果良好。此外，还有可以发出声波或超声波并能将蚊蝇驱

逐的电子驱蚊器等，都具有防除效果。

（4）生物杀灭 利用天敌杀灭害虫，如池塘养鱼即可达到鱼类治蚊的目的。此外，应用细菌制剂——内菌素杀灭吸血蚊的幼虫，效果良好。

四 环境绿化和消毒

1. 环境绿化

在猪场内外及场内各栋猪舍之间种植常绿树木及各种花草，既可美化环境，又可改变场内的小气候，减少环境污染。

2. 环境消毒

消毒可以预防和阻止疫病发生、传播和蔓延。猪场环境消毒是卫生防疫工作的重要部分。随着养猪业集约化经营的发展，消毒对预防疫病的发生和蔓延具有更重要的意义。详见第七章。

第三章

快速养猪的饲料营养和日粮配制

核心提示

根据不同阶段猪的生理和消化特点科学设计日粮配方，选择优质的、无污染的饲料原料，正确运用饲料添加剂，满足猪对能量、蛋白质（特别是氨基酸）、纤维素、维生素、矿物质以及水等营养素的需要，保证猪体健康，最大限度发挥猪的生产潜力。

第一节　饲料的营养成分及营养价值

饲料中含有各种营养物质，主要有水、粗蛋白质、碳水化合物、粗脂肪、维生素和矿物质等，它们在猪体内相互作用，表现出其营养价值。

一、水

各种饲料中都含有水，但因饲料的种类不同其含水量差异很大。一般植物性饲料的含水量在5%～95%之间。在同一种植物性饲料中，由于其收割期不同，水分含量也不尽相同，随其成熟而逐渐减少。饲料中含水量的多少与其营养价值、储存密切相关。适宜储存的饲料，要求含水量在14%以下。

水是猪生活和生长发育必需的营养素，对猪体内正常物质代谢有特殊作用。水是各种营养物质的溶剂，参与体内各种代谢活动。猪需要的水来自饮水、饲料水和体内代谢水，其中85%～95%来自饮水。因此，必须在饲养全期供给充足、清洁的饮水。

【特别注意】>>>>

生产中人们忽视水的营养作用，缺水比其他养分不足对猪的危害更大。如果水不足，饲料消化率和猪的生产力就会下降，严重时会影响猪体健康，甚至引起死亡。

二 粗蛋白质

粗蛋白质是饲料中含氮物质的总称。各种饲料中粗蛋白质的含量和品质差别很大，就其含量而言，动物性饲料中最高（40%～80%），油饼类次之（30%～40%），糠麸及禾本科籽实类较低（7%～13%）。就其质量而言，动物性饲料、豆科及油饼类饲料中蛋白质较好。一般来说，饲料中粗蛋白质含量愈多，蛋白质品质越好，其营养价值就愈高。

蛋白质是动物体内胶质状态的含氮有机物，是构成猪体组织的重要营养物质之一，也是构成各种畜产品（如肉、皮、毛等）的重要原料。猪不能利用土壤和空气中的含氮化合物在体内合成蛋白质，需要的蛋白质必须由饲料不断供给。

【注意】 由于蛋白质具有重要的作用，蛋白质摄取量过多或不足，都会影响猪的生长发育和健康，降低猪的生产力和畜产品的品质。因此，根据猪的不同生理状态及生产力确定合理的蛋白质水平。

蛋白质是由氨基酸组成的，蛋白质营养实质上是氨基酸营养，所以其营养价值决定于氨基酸的组成，其品质的优劣是通过氨基酸的数量与比例来衡量的。氨基酸在营养上分为必需氨基酸和非必需氨基酸。蛋白质的全价性不仅表现在必需氨基酸的种类齐全，且其含量的比例也要恰当，也就是氨基酸在饲料中必须保持平衡性，这样才能充分发挥其营养作用。

【提示】由于饲料种类的不同，其蛋白质含量有很大差异。如果在配合饲料时，能把多种饲料混合应用，即可取长补短，提高其营养价值。饲料中适当添加一些赖氨酸、蛋氨酸，就能把原来饲料中未被利用的氨基酸充分利用起来，则可大为提高蛋白质的营养价值。

三 碳水化合物

碳水化合物是构成植物组织的主要成分，占其干物质的50%～75%，而在一些谷物籽实中，碳水化合物的含量可高达80%，是各种动物日粮的主要组成成分。碳水化合物主要包括淀粉、纤维素、半纤维素、木质素及一些可溶性糖类。它在猪体内分解后（主要指淀粉和糖）产生热量，用以维持体温和供给体内各组织器官活动所需要的能量。

碳水化合物不仅是猪体内能量的主要来源和猪体组织的构成物质，而且能够调整肠道菌群（对于一些寡糖类碳水化合物，由于肠道消化酶系中没有其合适的水解酶，因而不能在消化道中被水解消化吸收。但是它们却可以作为肠道中有益微生物的能源，不仅有利于益生菌的生长繁殖，同时还能阻断有害菌在黏膜细胞的吸附，从而可以有效地调解肠道微生物菌群的平衡，促进机体的健康）。

【注意】日粮中碳水化合物不足时，影响猪的生长发育；过多时，会影响其他营养物质的含量。饲料中缺乏粗纤维时会引起猪便秘，并降低其他营养物质的消化率。

【提示】猪对日粮中的粗纤维消化吸收能力差。日粮中粗纤维含量过多，便会降低其营养价值。一般来说，在猪的日粮中，粗纤维含量不宜超过8%。

四 粗脂肪

饲料中能被有机溶剂（醚、苯等）浸出的物质称为粗脂肪，包括真脂和类脂（如固醇、磷脂等）。各种饲料中都含有粗脂肪，豆科饲料含脂量高，禾本科饲料含脂量低。

饲料中一般均含有约5%的脂肪，脂肪含热能高，其热能是碳水化合物或蛋白质的2.25倍。猪体内沉积大量脂肪，主要在体组织合成脂肪酸。脂肪是体细胞的组成成分，也是脂溶性维生素的携带者，脂溶性维生素A、D、E、K必须以脂肪作溶剂在体内运行，若日粮中缺乏脂肪时，则影响这一类维生素的吸收和利用，容易导致猪体脂溶性维生素缺乏症。

五 矿物质

矿物质元素是动物营养中的一大类无机营养素，是组成猪体的重要成分之一。矿物质元素在体内有着确切的生理功能和代谢作用，它们具有调节血液和其他液体的浓度、酸碱度及渗透压，使其保持平衡，促进消化神经活动、肌肉活动和内分泌活动的作用。猪需要的矿物质元素有钙、磷、钠、钾、氯、镁、硫、铁、铜、钴、碘、锰、锌、硒等，其中前7种是常量元素（占体重0.01%以上），后几种是微量元素。饲料中矿物质元素含量过多或缺乏都可能产生不良的后果。

六 维生素

维生素是一组化学结构不同，营养作用、生理功能各异的低分子有机化合物，猪对其的需要量虽然很少，但生物作用很大，主要以辅酶和催化剂的形式广泛参与体内代谢的多种化学作用，从而保证机体组织器官的细胞结构功能正常，调控物质代谢，以维持猪体健康和各种生产活动。缺乏时，可影响正常的代谢，出现代谢紊乱，危害猪体健康和正常生产。维生素的种类俱多，但归纳起来分为两大类，一类是脂溶性维生素，包括维生素A、维生素D、维生素E及维生素K等，另一类维生素是水溶性维生素，主要包括维生素B族和维生素C。

【提示】 在集约化、高密度饲养条件下，猪的正常生理特性和行为表现被限制，环境恶化，对维生素的需要量大幅增加，容易发生缺乏症，必须注意添加各种维生素来满足生长、生产和健康等需要。

七 能量

能量对猪具有重要的营养作用，猪在一生中的全部生理过程（呼吸、血液循环、消化吸收、排泄、神经活动、体温调节、生殖和运动）都离不开能量。动物体所需的能量主要来源于采食的饲料。

猪的能量来源于饲料中的碳水化合物、脂肪和蛋白质。碳水化合物是来源最广泛，而且在饲粮中占比例最大的营养物质，是主要的能量来源。当猪日粮中的碳水化合物、脂肪的含量不能满足机体需要的热能时，体内的蛋白质可以分解氧化产生热能。但蛋白质供能不仅不经济，而且容易加重机体的代谢负担。

饲料中各种营养物质的热能总值称为饲料总能。饲料中各种营养物质在猪的消化道内不能被全部消化吸收，不能消化的物质随粪便排出，粪中也含有能量，食入饲料的总能量减去粪中的能量，才是被猪消化吸收的能量，这种能量称为消化能。猪饲料中的能量以消化能来表示（MJ/kg 或 kcal/kg）。猪体内能量转化过程见图 3-1。

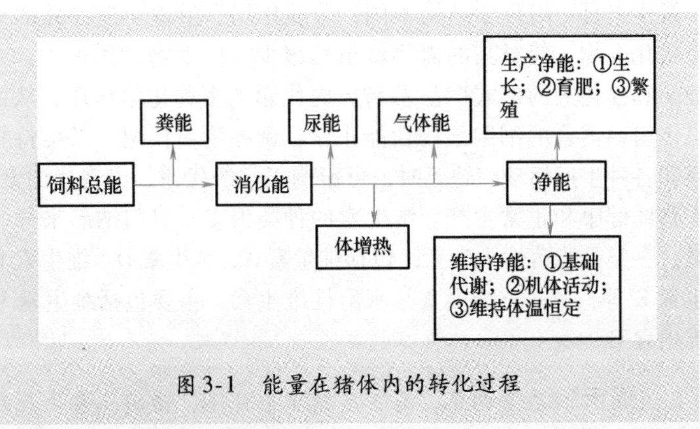

图 3-1　能量在猪体内的转化过程

第二节　猪的常用饲料

一 常用饲料

饲料种类繁多，养分组成和营养价值各异。按其性质一般分为

能量饲料、蛋白质饲料、青饲料与青贮饲料、粗饲料、矿物质饲料、维生素饲料和饲料添加剂。

1. 能量饲料

能量饲料是指干物质中粗纤维含量在18%以下，粗蛋白质在20%以下的饲料。这类饲料主要包括禾本科的谷实饲料和它们加工后的副产品，动植物油脂和糖蜜等，是猪饲料的主要成分，用量占日粮的60%~70%。

（1）玉米 玉米是养猪生产中最常用的一种能量饲料，具有很好的适口性和消化性。代谢能高达14.27MJ/kg，粗纤维仅为2%左右，无氮浸出物为70%左右，主要含淀粉，其消化率可达90%。玉米的脂肪含量为3.5%~4.5%，是大麦或小麦的2倍。猪日粮中要求亚油酸含量为1%，如果玉米在猪日粮中的配比达到50%以上，则仅玉米就可满足猪对亚油酸的需要。

玉米的蛋白质含量只有8.6%，蛋白质中的几种必需氨基酸含量少，特别是赖氨酸和色氨酸。近年来，培育的高蛋白质、高赖氨酸等饲料用玉米，营养价值更高。玉米用量可占到猪日粮的20%~80%。

【注意】 玉米含水量大，不易干燥，易发生霉变，用带霉菌的玉米喂猪，适口性差，增重少，公猪性欲低，母猪不孕和流产。玉米含钙少，磷也偏低，喂时必须注意补钙。

（2）高粱 高粱为含壳少的籽实，代谢能水平与玉米相近，是很好的能量饲料。高粱的粗脂肪含量只有2.8%~3.3%，含亚油酸也只有1.13%。蛋白质含量高于玉米。在配合猪日粮时，夏季比例为10%~15%，冬季比例以15%~20%为宜。

【提示】 高粱的单宁（鞣酸）含量较多，使味道发涩，适口性差。

（3）小麦 小麦是人们的主要口粮，价格较高，极少作为饲料。但在某些年份或地区，价格低于玉米时，可以部分替代玉米。而欧洲北部国家的能量饲料主要是麦类，其中小麦用量较大。小麦的能

量（14.36MJ/kg）、粗纤维含量与玉米相近，粗脂肪含量低于玉米。但粗蛋白含量高于玉米（为10%～12%），且氨基酸比其他谷实类完全，B族维生素丰富。

在猪的配合饲料中使用小麦，一般用量为10%～30%。如果饲料中添加β-葡聚糖酶和木聚糖酶等酶制剂，小麦用量可占30%～40%。

【提示】小麦内含有较多的非淀粉多糖，黏性大，粉料中用量过大粘嘴，降低适口性。整粒或碾碎喂猪较好，但磨的过细不好。

（4）大麦 大麦有带壳的“皮大麦”（草大麦）和不带壳的“裸大麦”（青稞）两种。通常饲用的是皮大麦，代谢能水平较低，约为11.51MJ/kg，适口性好，粗纤维5%左右，可促进动物肠道蠕动，使消化机能正常。大麦粗蛋白质含量高于玉米（11%），蛋白质品质比玉米好，其赖氨酸是谷实中含量较高者（0.42%～0.44%）。大麦粗脂肪含量低（2%），脂肪酸中一半为亚油酸。大麦是猪只喜欢吃的一种饲料。

【提示】大麦比较适宜喂仔猪，若是裸大麦或脱壳、压片以及蒸煮处理后则可取代部分玉米喂仔猪。在猪饲料中用量不宜超过25%。大麦脂肪含量低，蛋白质含量高，是育肥后期的理想饲料，能获得脂肪白、硬度大、背膘薄、瘦肉多的猪肉。

（5）稻谷、糙米和碎米 稻谷因含有坚实的外壳，故粗纤维含量高（8.5%左右），是玉米的4倍多；可利用消化能值低（11.29～11.70MJ/kg）；粗蛋白质含量较玉米低，蛋白质中赖氨酸、蛋氨酸和色氨酸含量与玉米近似；钙少、磷多，锰、硒含量较玉米高，锌含量较玉米低。适口性差，饲用价值不高。去壳后称糙米，其代谢能值为13.94MJ/kg，蛋白质含量为8.8%，氨基酸组成与玉米相近。糙米的粗纤维含量只有0.7%，且维生素比碎米更丰富。因此，以磨碎糙米的形式作为饲料，是一种较为科学的、经济的利用稻谷的好方法。

【提示】糙米用于猪饲料可完全取代玉米，不会影响猪的增重，饲料利用效率高，肉猪的脂肪比喂玉米的硬。

（6）麦麸 麦麸是小麦的果皮、种皮、糊胚层和未剥干净的胚乳粉粒所组成。因其具有一定能值，含粗蛋白质也较多，价格便宜，在饲料中广泛应用。

麦麸含能量低，但蛋白质含量较高，各种成分比较均匀，且适口性好，是猪的常用饲料，麦麸的容积大，质地疏松，有轻泻作用，可用于调节营养浓度；麦麸适口性好，含有较多的B族维生素，对母猪具有调养消化道机能的作用，是种猪的优良饲料。妊娠母猪和哺乳母猪用量不超过日粮的30%。

【提示】麦麸喂育肥猪可使胴体脂肪色白而硬，但是喂量过多会影响增重，用量不超过5%。

（7）米糠 米糠是糙米加工成白米时分离出来的种皮、糊粉层与胚的混合物。加工白米越精，含胚乳物质越多，米糠的能量含量越高。米糠的粗蛋白质含量较麸皮低，比玉米高，品质也比玉米好，赖氨酸含量高达0.55%。米糠的粗脂肪含量很高，可达15%，因而能值也位于糠麸类饲料之首。其脂肪酸的组成多属不饱和脂肪酸，油酸和亚油酸占79.2%，脂肪中还含有2%～5%的天然维生素E，B族维生素含量也很高，但缺乏维生素A、D、C，米糠粗灰分含量高，钙磷比例极不平衡，磷含量高，但所含磷约有86%为植酸磷，利用率低且影响其他元素的吸收利用。肉猪用量不得超过20%。

【提示】米糠在储存中极易氧化、发热、霉变和酸败，最好用鲜米糠或脱脂米糠饼（粕）喂猪。新鲜米糠适口性好，但喂量过多，会产生软脂肪，降低胴体品质。仔猪应避免使用，因易引起下痢，经加热破坏其胰蛋白酶抑制因子后可增加用量。

（8）高粱糠 主要是高粱籽实的外皮。脂肪含量较高，粗纤准含量较低，代谢能略高于其他糠麸，蛋白质含量10%左右。有些高粱糠单宁含量较高，适口性差，易致便秘。

（9）次粉（四号粉） 次粉是面粉工业加工的副产品。营养价

值高，适口性好。但和小麦相同，多喂时也会发生粘嘴，制作颗粒料时则无此问题。一般可占日粮的10%为宜。

（10）糠饼 糠饼是米糠榨油后的产品，也称脱脂米糠，因蛋白质含量低，所以属于能量饲料。用脱脂米糠饲喂仔猪适口性好，也不易引起腹泻，且较米糠耐储藏。

（11）油脂饲料 油脂饲料包括各种油脂，如动物油脂、豆油、玉米油、菜籽油、棕榈油等以及脂肪含量高的原料，如膨化大豆、大豆磷脂等。在饲料中加入少量的脂肪饲料，除了作为脂溶性维生素的载体外，能提高日粮中的能量浓度。妊娠后期和哺乳前期饲粮中添加油脂，仔猪成活率提高2.6个百分点；断奶仔猪数每窝增加0.3头；母猪断奶后6天发情率由28%提高到92%，30天内发情率由60%提高到96%。

生长肥育猪日粮添加3%～5%油脂，可提高增重5%和降低耗料10%。一般各类猪添加油脂量为：妊娠、哺乳母猪10%～15%，仔猪开食料5%～10%，生长肥育猪3%～5%。肉猪体重达到60kg以后不宜使用。

【提示】 仔猪开食料中加入糖和油脂，可提高适口性，对于开食及提前断奶有利。

（12）根茎瓜类 用作饲料的根茎瓜类饲料主要有马铃薯、甘薯、南瓜、胡萝卜、甜菜等（表3-1）。

表3-1 根茎瓜类饲料特点

名称	特点
甘薯	产量高，以块根中的干物质计算，比玉米、水稻产量高得多。茎叶是良好的青饲料。薯块含水分高且淀粉多，粗纤维少，是很好的能量饲料。但粗蛋白含量低，钙少，富含钾盐。猪喜食，生喂熟喂都行，对肥育猪和母猪有促进消化和增加乳量的效果。染有黑斑的甘薯不宜饲喂
木薯	是热带多年生灌木，薯块富含淀粉，叶片可以养蚕，制成干粉含有较多的蛋白质，可以用作猪饲料。木薯含有氰化物，食多可中毒。削皮或切成片浸在水中1～2天或切片晒干放在无盖锅内煮沸3～4h饲喂。猪饲料中木薯用量不能超过25%

（续）

名　称	特　点
马铃薯	块茎主要成分是淀粉，粗蛋白含量高于甘薯，其中非蛋白氮很多。含有有毒物质龙葵精（茄素）。喂猪时应去掉芽，并煮熟喂较好。煮熟可提高适口性和消化率，生喂不仅消化率低，还会影响生长
南瓜	多作蔬菜，也是喂猪的优质高产饲料。南瓜中无氮浸出物含量高，其中多为淀粉和糖类，含有丰富的胡萝卜素，各类猪都可喂，特别适用于繁殖和泌乳母猪。喂肥猪肉质具香味，但肉色发黄。南瓜应充分成熟后收获，过早收获，含水量大，干物质少，适口性差，不耐储藏
饲用甜菜	饲用甜菜中无氮浸出物主要是糖分，也含有少量淀粉与果胶物质。适用于饲喂肥猪。切碎或打浆饲喂。经过短暂储藏后再喂，使其中的大部分硝酸盐转化为天门冬酰胺。甜菜青贮，一年四季都可喂猪

【提示】 根茎瓜类含有较多的碳水化合物和水分，粗纤维和蛋白质含量低，适口性好，具有通便和调养作用，是猪的优良饲料。可以提高肉猪增重，对哺乳母猪有催乳作用。

2. 蛋白质饲料

猪的生长发育和繁殖以及维持生命都需要大量的蛋白质，需通过饲料供给。蛋白质饲料是指饲料干物质中粗蛋白质含量在20%以上（含20%），粗纤维含量在18%以下（不含18%）。可分为植物性蛋白质饲料、动物性蛋白质饲料和单细胞蛋白质饲料三大类（表3-2）。一般在日粮中占10%～30%。

表3-2　蛋白质饲料的类型及营养特点

类　型	来　源	营养特点
植物性蛋白质饲料	榨油工业副产品和叶蛋白质类	蛋白质含量高（20%～45%），饼类高于籽实。氨基酸平衡，蛋白质利用率高；无氮浸出物含量低（30%）；脂肪含量变化大，油籽类含量高，非油籽类含量低。饼粕类也有较大差异；粗纤维含量不高，平均为7%；矿物质含量与谷类籽实相似，钙少磷多，维生素含量较不平衡，B族维生素含量丰富，而胡萝卜素含量较少；使用量大，适口性较差

（续）

类　型	来　源	营养特点
动物性蛋白质饲料	屠宰厂、水产品加工厂和皮革厂的下脚料、鱼粉及蚕蛹等	蛋白质含量高。除肉骨粉（30.1%）外，粗蛋白质含量均在40%以上，高者可达90%。蛋白品质好，各种氨基酸含量较平衡，一般饲粮中易缺乏的氨基酸在动物性蛋白中含量都较多，且易于消化；糖类含量少。几乎不含粗纤维，粗脂肪含量变化大；矿物质、维生素含量和利用率高。动物蛋白质饲料中钙、磷含量较植物蛋白质饲料高，且比例适宜。B族维生素含量丰富，特别是核黄素、维生素B_{12}含量相当多；含有未知生长因子（UFG）。能促进动物对营养物质的利用和有利于动物生长
单细胞蛋白质饲料	包括一些微生物和单细胞藻类，如各种酵母、蓝藻、小球藻类等	蛋白质含量较高（40%～80%），但蛋氨酸、赖氨酸和胱氨酸受限；核酸含量较高，酵母类含6%～12%核酸，藻类含3.8%，细菌类含20%；维生素含量较丰富。特别是酵母，它是B族维生素最好的来源之一。矿物质含量不平衡，钙少磷多；适口性较差，如酵母带苦味，藻类和细菌类具有特殊的不愉快的气味。单细胞蛋白质饲料的营养价值较高，且繁殖力特别强，是蛋白质饲料的重要来源，很有开发利用价值。根据单细胞饲料的营养特点，猪配合饲料中宜与饼（粕）类饲料搭配使用，并注意平衡钙、磷比例。我国发展饲料酵母生产的资源丰富，各类糟渣均可用于生产酵母。酵母喂猪效果好。生长育肥猪前、后期饲粮中分别配用6%和4%的酒精酵母，可提高猪日增重和饲料利用率

（1）豆科籽实　籽实常用作饲料的豆科植物有大豆、豌豆和蚕豆（胡豆）。在我国大豆的种植面积较大，总产量比豌豆、蚕豆多，用作饲料约30%。这类饲料除具有植物性蛋白质饲料的一般营养特点外，最大的特点是蛋白质品质好，赖氨酸含量接近2%，与能量饲料配合使用，可弥补部分赖氨酸缺乏的弱点。但该类饲料含硫氨基酸受限。另一特点是脂溶性维生素A、维生素D较缺。豌豆、蚕豆的维生素A比大豆稍多，B族维生素也仅略高于谷实类。

豆科籽实含有抗胰蛋白酶、皂素、血细胞凝集素和产生甲状腺肿的物质，它们影响该类饲料的适口性、消化率以及动物的一些生理过程，这些物质经适当热处理即会失去作用。

【提示】 这类饲料应当熟喂，喂量不宜过高，一般在饲粮中配给10%～20%。否则，会使肉质变软，影响胴体品质。

(2) 大豆粕（饼） 是生产中应用最广泛的蛋白质补充料。因榨油方法不同，其副产物可分为豆饼和豆粕两种类型，含粗蛋白质40%～50%，各种必需氨基酸组成合理，赖氨酸含量较其他饼（粕）高，但缺乏蛋氨酸。适口性好。消化能13.18～14.65MJ/kg；钙、磷、胡萝卜素、维生素D、维生素B_2含量少；胆碱、烟酸的含量高。猪日粮中用量：生长猪5%～20%，仔猪10%～25%，肥育猪5%～16%，妊娠母猪4%～12%，哺乳母猪10%～12%。

【提示】 生长猪的玉米—豆饼型日粮中，宜补充动物蛋白饲料或添加合成氨基酸。

(3) 花生粕（饼） 花生饼的粗蛋白质含量略高于豆饼，为42%～48%，精氨酸和组氨酸含量高，赖氨酸含量低。粗纤维含量低，适口性好于豆饼，猪喜吃，与豆饼配合使用效果较好。但因其脂肪含量高，喂量不宜过多。生长育肥猪日粮用量不超过15%，否则胴体软化；仔猪、繁殖母猪的饲粮用量以低于10%为宜。

【提示】 花生饼脂肪含量高，不耐储藏，易染上黄曲霉而产生黄曲霉毒素，这种毒素对猪危害严重。因此，生长黄曲霉的花生饼不能喂猪。

(4) 棉籽粕（饼） 由于加工工艺不同分为饼（带壳榨油的称棉籽饼，脱壳榨油的称棉仁饼。棉籽饼含粗蛋白质17%～28%，棉仁饼含粗蛋白质39%～40%）和粕（浸提工艺），一般说的棉籽饼（粕）是指棉仁饼（粕）。棉籽粕（饼）氨基酸组成中赖氨酸缺乏，粗纤维含量高（10%～14%），含消化能12.13MJ/kg左右，矿物质含量很不平衡。

生长育肥猪不超过10%，母猪不用或很少量。限量喂猪时，添加0.13%～0.28%的赖氨酸，或与豆粕、血粉、鱼粉配合饲喂，能提高饲料营养价值。在生长肥育猪饲料中，棉籽饼（粕）与菜籽饼各以10%比例配合，可以代替20%的豆粕，且不降低肥育性能。若再添加适量的碘，可以抑制甲状腺肿大，维持机体正常基础代谢水平，从而提高猪的日增重和改善饲料转化率。此外还应注意补钙。

我国培育的低棉酚含量的棉花品种，含游离棉酚为0.009%～0.04%，在生长育肥猪和母猪日粮中，低棉酚棉籽饼（粕）可替代50%的大豆饼（粕）。

【提示】 在棉籽内，含有棉酚和环丙烯脂肪酸，对家畜健康有害。喂前应脱毒，可采用长时间蒸煮或0.05% $FeSO_4$ 溶液浸泡等方法，以减少棉酚对猪的毒害作用。

（5）菜籽粕（饼） 菜籽粕含粗蛋白质35%～40%，赖氨酸比豆粕低50%，氨基酸组成较为平衡，含硫氨基酸高于豆粕14%；粗纤维含量为12%，影响其有效能值，有机质消化率为70%。可代替部分豆饼喂猪。

【提示】 菜籽粕（饼）中含有毒物质（芥子苷），喂前宜采取脱毒措施。不脱毒用控制用量。

不脱毒的棉籽饼，配合饲料中用量一般为：生长育肥猪10%～15%；繁殖母猪3%～5%。脱毒菜籽饼（粕）适宜于各类猪。用减毒菜籽饼（粕）喂体重20kg左右仔猪，饲粮中的配合比例可以达到16%～25%，猪均无中毒性不良反应。用生物工程脱毒，可代替饲粮中的全部豆粕和鱼粉，配合比例高达27%，效果良好，经济效益显著。如能补充赖氨酸可提高菜籽饼（粕）的利用率。

（6）芝麻饼 芝麻饼是芝麻榨油后的副产物，含粗蛋白质40%左右，蛋氨酸含量高，适当与豆饼搭配喂猪，能提高蛋白质的利用率，一般在配合饲料中用量可占5%～10%。

【提示】 芝麻饼脂肪含量高，不宜久贮，最好现粉碎现喂。

（7）葵花饼 葵花饼有带壳和脱壳的两种。优质的脱壳葵花饼含粗蛋白质40%以上、粗脂肪5%以下、粗纤维10%以下，B族维生素含量比豆饼高。一般在配合饲料中用量可占10%。带壳的不宜超过5%。

【提示】 葵花饼可代替部分豆饼喂猪，不宜作为饲粮中蛋白质的唯一来源，与豆粕等配合可以提高饲养效果。

（8）亚麻籽饼（胡麻籽饼） 亚麻籽饼蛋白质含量在29.1%～38.2%之间，高的可达40%以上，但赖氨酸仅为豆饼的1/3。含有丰富的维生素，尤以胆碱含量为多，而维生素D和维生素E很少。营养价值高于芝麻饼和花生饼。母猪和生长肥育猪的平衡饲粮中用量为5%～8%，在浓缩料中可用到20%，与大麦、小麦配合优于与玉米配合使用。

【提示】 亚麻籽饼适口性不佳，具有清泻作用，用量过多，会降低猪脂硬度。

（9）鱼粉 鱼粉是最理想的动物性蛋白质饲料，其蛋白质含量高达45%～60%，而且在氨基酸组成方面，赖氨酸、蛋氨酸、胱氨酸和色氨酸含量高。鱼粉中含有丰富的维生素A和B族维生素，特别是维生素B_{12}。另外，鱼粉中还含有钙、磷、铁等。用它来补充植物性饲料中限制性氨基酸不足，效果很好。一般在配合饲料中用量可占2%～5%。

【提示】 由于鱼粉的价格较高，掺假现象较多，使用时应仔细辨别和化验。使用鱼粉要注意盐含量，盐分超过猪的饲养标准规定量，极易造成食盐中毒。

（10）血粉 血粉是屠宰场的另一种下脚料，是很有开发潜力的动物性蛋白质饲料之一。蛋白质的含量很高，为80%～82%，但血粉加工所需的高温易使蛋白质的消化率降低，赖氨酸受到破坏。生长肥育猪日粮中用量为3%～6%，添加异亮氨酸更好。

【提示】 血粉有特殊的臭味，适口性差。血粉发酵处理，既可以提高蛋白质的消化率，也可增加氨基酸的含量。日粮中加入3%～5%的发酵血粉，可提高日增重9%～12%，降低饲料消耗。血粉与花生饼（粕）或棉籽饼（粕）搭配效果更好。

（11）肉骨粉 肉联厂的下脚料及病畜的废弃肉经高温处理制成，是一种良好的蛋白质饲料。粗蛋白质含量达40%以上，蛋白质消化率高达80%，赖氨酸含量丰富，蛋氨酸和色氨酸较少，钙、磷含量高，比例适宜。肉骨粉用量可占日粮的5%～10%，最好与其他蛋白质饲料配合使用。

【提示】 肉骨粉易变质，不易保存。如果处理不好或者存放时间过长，会发黑、发臭，则不宜作饲料。

（12）蚕蛹粉 粗蛋白质含量68%左右，且蛋白质品质好，限制性氨基酸含量高，可代替鱼粉，并能提供良好的B族维生素。脂肪含量高（10%以上）。在配合饲料中用量：体重20～35kg生长肥育猪5%～10%，体重36～60kg猪2%～8%，体重60～90kg猪1%～5%。

【提示】 蚕蛹粉具有特殊气味，影响适口性，不耐储藏。产量少，价格高。

（13）羽毛粉 是禽类屠宰后干净及未变质的羽毛，经过高压处理的产品。羽毛的基本成分为蛋白质，其中主要为角蛋白，在天然状态下角蛋白不能在胃中消化。现代加工技术，将羽毛中的蛋白质局部水解，提高了适口性和消化率。一般在配合饲料中用量为3%～5%，过多会影响猪的生长和生产。

【注意】 羽毛粉在使用时要注意氨基酸平衡问题，应该与其他动物性饲料配合使用。

（14）油渣 油渣是皮革工业下脚料，是目前还未开发利用的一种动物性蛋白质饲料。我国皮革工业每年产出的油渣约15万t。据

报道，在生长育肥猪基础饲粮中加入10%左右的油渣和10%的大豆饼（粕），能取得明显的增重效果，可提高饲料利用率。

（15）酵母饲料 是在一些饲料中接种专门的菌株发酵而成，既含有较多的能量和蛋白质，又含有丰富的B族维生素和其他活性物质，蛋白质消化率高，能提高饲料的适口性及营养价值，一般含蛋白20%～40%。但如果用蛋白丰富的原料生产酵母混合饲料，再掺入皮革粉、羽毛粉或血粉之类的高蛋白饲料，也可使产品的蛋白质含量提高到60%以上。一般仔猪饲料中使用3%～5%。肉猪饲料中使用3%。

【提示】 酵母饲料中含有未知生长因子，有明显的促生长作用。但其味苦，适口性差。

3. 青饲料与青贮饲料

（1）青饲料 凡用作饲料的绿色植物，如人工栽培牧草、野草、野菜、蔬菜类、作物茎叶、水生植物等都可作为猪的青饲料。青饲料水分含量高。如陆生青饲料水分含量为75%～90%，水生植物性饲料水分含量约为95%以上；蛋白质含量高，品质较好。由于青饲料都是植物体的营养器官，所以养分较全，一般含赖氨酸较多，蛋白质品质优于谷实类饲料蛋白质。以鲜样计，禾本科牧草与蔬菜类的蛋白质含量为1.5%～3.0%，豆科牧草则为3.2%～4.4%；以干样计，禾本科牧草和蔬菜类粗蛋白质含量可达13%～15%，豆科牧草可高达18%～24%；含有精饲料所缺乏的钙、铁，还是猪维生素营养的来源，特别是胡萝卜素和B族维生素。但青饲料的能值低。鲜重含消化能为1.26～2.51MJ/kg，粗纤维含量变化大（10%～30%）。主要的青饲料及营养特点见表3-3。

表3-3 青饲料的营养特点

种　类	营养特点
天然牧草	天然牧草的利用因时因地而异。猪可利用的天然牧草主要有禾本科、豆科、菊科和莎草科四大类。禾本科和豆科牧草适口性好，饲用价值高；菊科和莎草科牧草粗蛋白质含量介于豆科和禾本科之间，但因菊科有特殊气味，莎草科牧草质硬且味淡，饲用价值较低

（续）

种　类	营养特点
栽培牧草	栽培牧草主要是豆科与禾本科牧草
豆科牧草	豆科牧草有苜蓿、紫云英、蚕豆苗、三叶草、苕子等。该类牧草除具有青饲料的一般营养特点外，钙含量高，适口性好。豆科牧草生长过程中，茎木质化较早、较快，现蕾期前后粗纤维含量急剧增加，蛋白质消化率急剧下降，从而降低营养价值。因此，用豆科牧草喂猪要特别注意适时刈割
禾本科牧草	禾本科牧草主要有青饲玉米、青饲高粱、燕麦、大麦、黑麦草等。该类牧草富含糖类，蛋白质含量较低，粗纤维含量因生长阶段不同而异，幼嫩期喂猪适口性好，这是猪喜食的青绿饲料，也是调制优质青贮饲料和青干草粉的好材料
紫草科	紫草科的聚合草、菊科的串叶松香草在我国各地也广泛种植，也是猪常用的优质青绿饲料。这两种牧草的蛋白质含量很高，干物质接近于30%。该类牧草可鲜生喂，切碎或打浆后拌适量粉料饲喂适口性好，一般成年母猪每头喂10kg/天左右，对繁殖性能有益。此外，还可制成品质优良的青贮饲料，或快速晒干制成干草粉喂猪
青饲作物	包括叶菜类（白菜、甘蓝、牛皮菜等）、根茎叶类（甘薯藤、甜菜叶茎、瓜类茎叶等）、农作物叶类（油菜叶等）。该类饲料干物质营养价值高，粗蛋白质含量占干物质的16%～30%，粗纤维含量变化较大，为12%～30%。粗纤维含量较低的叶菜类可生喂，粗纤维含量较高的茎叶类可青贮或制成干草粉饲喂
水生饲料	主要有水浮莲、水葫芦、水花生和水浮萍。含水量特别高，能量价值很低，只在饲料很紧缺时适当补饲，长期喂猪易发生寄生虫病

【提示】青饲料的化学性质为碱性，有助于日粮消化、肠道蠕动以及通便等，具有保健作用，可促进猪的发育，提高产仔率，改善肉质，预防胃溃疡等，适量喂给青饲料是必要的。建议饲粮中用量（干物质）：生长肥育猪3%～5%；妊娠母猪25%～50%；泌乳母猪15%～35%。在青饲料不充足的情况下，应优先保证种猪的饲喂量。

（2）青贮饲料 将青饲料在厌氧条件下，经乳酸菌发酵调制保存的青绿多汁饲料。青贮可以防止饲料养分继续氧化分解而损失，保质保鲜。青贮饲料水分含量高（为80%～90%），干物质能量价值高，消化能在12.14MJ/kg以上。粗纤维含量较高（12%～30%）。粗蛋白含量因原料种类不同而有差异，变化范围为16%～30%，大部分为非蛋白氮。生产中常用的青贮设施主要有青贮窖、青贮塔和青贮袋。对青贮设施的要求是不漏水，不透气，密封性好，内部表面光滑平坦。

【提示】 青贮饲料具芳香味，柔软多汁，适口性好。通过青贮可以让猪常年吃上青绿饲料。

1）青贮方法见表3-4。

表3-4 青贮方法

常规青贮	适时收割原料。青贮料的营养价值除与原料种类、品种有关外，收割时期也直接影响品质，适时收割能获得较高的收获量和最好的营养价值；然后切碎装填。切碎的目的是便于装填时压实，增加饲料密度，创造厌氧环境，促进乳酸菌生长发育，同时也提高了青贮设施的利用率，且便于取用和家畜采食。装填原料时必须用人力或借助机械层层压实，尤其是周边部位压得越紧越好。装填过程中不要带入任何杂质；装填完毕，立即密封、覆盖，隔绝空气，严禁雨水浸入。密封后尚需经常检查，发现漏气、漏水，立即修补
半干青贮	原料收割后适当晾晒，使原料含水量迅速降到45%～55%，切碎，迅速装填，压紧密封，控制发酵温度在40℃以下。日常管理同常规青贮。半干青贮能减少饲料营养损失，半干青贮兼有干草和常规青贮的优点，干物质含量比常规青贮饲料高一倍
混合青贮	混合青贮是将营养含量不同的青饲料合理搭配后进行青贮。常用的混合青贮法有干物质含量高、低搭配青贮和含可发酵糖太少的原料与富含糖的原料混合青贮两种方法
加添加剂青贮	除在装填原料时加入适当添加剂外，其他操作方法与常规青贮方法相同。使用添加剂的目的在于保证乳酸菌繁殖的条件，促进青贮发酵，改善青贮饲料的营养价值，有利于青贮饲料的长期保存。常用青贮添加剂有发酵促进剂、发酵抑制剂、好气性变质抑制剂和营养性添加剂四大类

2）青贮饲料的品质鉴定。青贮饲料在饲用前或饲用过程中要进行品质鉴定，确保饲用优良的青贮饲料。优质的青贮饲料 pH 为 3.8~4.2，游离酸含量 2% 左右，其中乳酸占 1/3~1/2，无腐败。颜色绿色或黄绿色，有芳香味，柔软湿润，保持茎、叶、花原状，松散；如严重变色或变黑，有刺鼻臭味，茎、叶结构保持性差，黏滑或干燥，粗硬，腐烂，pH 为 4.6~5.2 者为低劣青贮饲料，不能饲喂。

3）青贮饲料的饲用。青贮饲料是一种良好的饲料，但必须按营养需要与其他饲料搭配使用。青贮原料来源极广，常用的有甘薯藤叶、白菜帮、萝卜缨、甘蓝帮、青刈玉米、青草等。豆科植物如苜蓿、紫云英等含蛋白质多，含碳水化合物少，单独青贮效果不佳，应与可溶性碳水化合物多的植物，如甘薯藤叶、青刈玉米等混贮。单独用甘薯藤叶青贮时，因它含可溶性碳水化合物多，贮后酸度过大，应适当加粗糠混贮或分层加粗糠混贮。青贮 1 个月后即可开封启用，饲用量应逐渐增加。生长肥育猪用量以每头 1~1.5kg/天为宜，哺乳母猪以每头 1.2~2.0kg/天，妊娠母猪以每头 3.0~4.0kg/天为宜，妊娠最后 1 个月用量减半。

【注意】 仔猪和幼猪适宜喂块根、块茎类青贮饲料。青贮饲料不宜饲喂过多，否则可能因酸度过高而影响胃内酸度或体内酸碱平衡，降低采食量。质量差的青贮饲料按一般用量饲喂，也可能产生不适或引起代谢病。

4）青贮饲料的管理。青贮饲料一旦开封启用，就必须连续取用，用多少取多少。由表及里一层一层地取，使青贮料始终保持一个平面，切忌打洞取用。取料后立即封盖，以防二次发酵或雨水浸入，使料腐烂。发现霉烂变质的青贮饲料，应及时取出抛弃，防止猪食用后中毒。

4. 粗饲料

粗饲料是指粗纤维在 18% 以上的饲料，主要包括干草类、秸秆类、糠壳类、树叶类等。粗饲料来源广泛，成本低廉，但粗纤维含量高，不容易消化，营养价值低。粗饲料容积大，适口性差。经加

工处理，养猪还可利用一部分。尤其是其中的优质干草在粉碎以后，如豆科干草粉，仍是较好的饲料，是猪冬季粗蛋白质、维生素以及钙的重要来源。

【提示】粗纤维不易消化，因此其含量要适当控制，适宜比例是5%~15%。使用粗饲料，对于增加日粮容积，限制日粮的能量浓度，提高瘦肉率、预防妊娠母猪过肥有一定意义。

（1）青草粉 青草粉是将适时刈割的牧草快速干燥后粉碎而成的青绿色草粉，是重要的蛋白质、维生素饲料资源。优质青草粉在国际市场上的价格比黄玉米高20%左右。青草粉的营养特点：可消化蛋白含量高，为16%~20%，各种氨基酸齐全；粗纤维含量较高，为22%~35%，但消化率可达70%~80%，有机物质消化率46%~70%；矿物质、维生素含量丰富，豆科青草粉中，钙含量足以满足动物需要。含维生素的种类多，有叶黄素、维生素C、维生素K、维生素E、B族维生素等。此外，还含有微量元素及其他生物活性物质。有人把青草粉称为蛋白维生素补充料，质量优于精料，是猪配合饲料中不可缺少的部分。

根据草粉的营养特点，可与禾本科饲料为主的日粮配合，以提高饲粮的蛋白质含量。配合饲粮中加15%的青草粉，加些饼粕类或动物性饲料，粗蛋白质含量即可满足猪的需要，大大节省粮食。但青草粉粗纤维含量较高，配合比例不宜过大，2~4月龄断奶仔猪宜控制在10%以内为好。但也有报道在猪饲粮中加入20%~25%青草粉代替部分精料，取得了良好的饲喂效果。

（2）树叶粉

1）针叶粉。主要含维生素和一定量的蛋白质，尤其是胡萝卜素含量高。可以直接配入饲料中周期性饲喂，连续使用15~20天，然后间隔7~10天，以免影响猪肉品质。由于含有松脂气味和挥发性物质，添加量不宜过多，猪饲粮中一般用5%~8%。

2）阔叶粉。阔叶粉也可作为配合饲料的原料，按5%~10%的比例加入猪饲粮中，可以提高日增重和饲料利用率。据报道，用刺槐叶粉喂猪，饲粮中加入5%~10%可代替部分麸皮和提高棉籽饼

（粕）的营养价值。饲粮中加入10%～20%，不但可以取代相应比例的粮食，还可减少8%的饲料消耗。

【提示】 我国林业青绿饲料资源丰富，许多树叶可以制成树叶粉加以利用。

5. 糟渣类饲料

糟渣类饲料是禾谷类、豆科籽实和甘薯等原料在酿酒、制酱、制醋、制糖及提取淀粉过程中残留的糟渣产品，包括酒糟、酱糟、醋糟、糖糟、豆腐渣、粉渣等。它们的共同特点是水分含量较高（65%～90%）；干物质中淀粉较少；粗蛋白质等其他营养物质都较原料含量约增加2倍；B族维生素含量增多，粗纤维也增多。糟渣类饲料的营养价值因制作方法不同差异很大。干燥的糟渣有的可作蛋白质补充料或能量饲料，但有的只能作粗料。糟渣类饲料大部分以新鲜状态喂猪，随着配合饲料工业发展，我国干酒糟（DDGS）已开始在猪的配合饲料中应用。未经干燥处理得糟渣类饲料含水量较多，不易保存，非常容易腐败变质，而干制品吸湿性较强，容易霉烂，不易储藏，利用时应引起注意。

（1）粉渣 粉渣是淀粉生产过程中的副产物，干物质中主要成分为无氮浸出物、水溶性维生素，蛋白质和钙、磷含量少。鲜粉渣含可溶性糖，经发酵产生有机酸，pH一般为4.0～4.6，存放时间越长，酸度越大，易被腐败菌和霉菌污染而变质，丧失饲用价值。

猪的配合饲粮中，仔猪不超过30%，肥育猪不超过50%，哺乳母猪饲料中不宜加粉渣，尤其是干粉渣，否则乳中脂肪变硬，易引起仔猪下痢。

【注意】 用粉渣喂猪必须与其他饲料搭配使用，并注意补充蛋白质和矿物质等营养成分。鲜粉渣最好青贮保存，以防止霉败。

（2）豆腐渣 豆腐渣饲用价值高，干物质中粗蛋白质和粗脂肪含量多，适口性好，消化率高。但含有抗胰蛋白质酶等有害因子，宜熟喂。生长育肥猪饲粮中可加入30%的豆腐渣。

⚠【注意】鲜豆腐渣因水分高，易腐败，应加入5%～10%的碎秸秆青贮保存。

（3）啤酒糟 鲜啤酒糟的营养价值较高，粗蛋白质含量占干重的22%～27%，粗脂肪占6%～8%，无氮浸出物占39%～48%，亚油酸3.23%，钙多、磷少。鲜啤酒糟含水分80%左右，易发酵而腐败变质，直接就近饲喂效果最好，或青贮一段时间后饲喂，或将鲜啤酒糟脱水制成干啤酒糟再喂。在猪饲料中只能用15%左右，且宜与青、粗饲料搭配使用。

⚠【注意】啤酒糟具有大麦芽的芳香味，含有麦芽碱，适于生长育肥猪，不宜喂仔猪。

（4）白酒糟 白酒糟是原料发酵提取碳水化合物后的剩余物，粗蛋白质、粗脂肪、粗纤维等成分所占比例相应提高，无氮浸出物含量则相应较低，B族维生素含量较高。营养价值因原料和酿造方法不同而有较大差异。白酒糟作为猪饲料可鲜喂、打浆喂或加工成干酒糟粉饲喂生长育肥猪，饲粮中可加鲜酒糟20%，干酒糟宜控制在10%以内。若含有大量谷壳或麦壳的酒糟，用量减半。

【提示】酒糟喂猪，营养全，有“火性饲料”之称，喂量过多易引起便秘或酒精中毒。仔猪繁殖母猪和种公猪不宜喂酒糟，因酒精会影响仔猪生长发育和猪的繁殖力。

（5）酱糟及醋糟 这两种糟的营养价值也因原料和加工工艺不同而有差异，蛋白质、粗纤维、粗脂肪含量都较高，无氮浸出物含量较低，维生素也较缺乏。醋糟中含醋酸，有酸香味，能增进猪的食欲，但不能单独饲喂，最好与碱性饲料混喂，防止中毒。酱糟含盐量高，一般7%左右，适口性差，饲用价值低，但产量较高。

【提示】 酱糟喂猪宜与其能量饲料搭配使用，同时多喂青绿多汁饲料，防止食盐中毒，生长育肥猪饲粮中用量不超过10%。

（6）糖蜜 糖蜜是糖厂的副产品。我国的糖蜜资源主要有甘蔗糖蜜和甜菜糖蜜，产量为糖产量的25%～30%，是一种具有开发潜力的能量饲料资源。糖蜜含糖分高，是一种高能饲料，B族维生素含量高，微量元素较齐全，但可消化蛋白质极少。生长育肥猪饲粮中加10%～15%的糖蜜，可取得较好的饲喂效果。用糖蜜代替玉米可节约粮食，降低生产成本。

【提示】 酒糟残液主要用于补充维生素，在猪饲粮中加入适量酒糟残液，可起调味作用，并可促进生长，但用量不宜过大；糖蜜适口性好，猪喜食。

6. 矿物质饲料

猪的生长发育、机体的新陈代谢需要钙、磷、钠、钾、硫等多种矿物元素，上述青绿饲料、能量饲料、蛋白质饲料中虽均含有矿物质，但含量远不能满足猪的需要，因此在猪日粮中常常需要专门加入矿物质饲料。

（1）食盐 食盐主要用于补充猪体内的钠和氯，保证猪体正常新陈代谢，还可以增进猪的食欲，用量可占日粮的0.3%～0.5%。

（2）钙、磷补充饲料

1）骨粉或磷酸氢钙。含有大量的钙和磷，而且比例合适。添加骨粉或磷酸氢钙，主要用于饲料中含磷量不足。

2）贝壳粉、石粉、蛋壳粉。三者均属于钙质饲料。

【注意】 贝壳粉是最好的钙质矿物质饲料，含钙量高，又容易吸收；石粉价格便宜，含钙量高，但猪吸收能力差；蛋壳粉可以自制，将各种蛋壳经水洗、煮沸和晒干后粉碎即成。蛋壳粉的吸收率也较好，但要严防传播疾病。

7. 饲料添加剂

饲料添加剂是指在那些常用饲料之外，为补充满足动物生长、繁殖、生产各方面营养需要或为某种特殊目的而加入配合饲料中的少量或微量的物质。其目的是强化日粮的营养价值或满足猪的特殊需要，如保健、促生长、增食欲、防霉、改善饲料品质和畜产品质量。常用的饲料添加剂见表3-5。

表3-5 常用饲料添加剂

营养性饲料添加剂（指用于补充饲料营养成分的少量或微量物质）	维生素添加剂	在粗放条件下，猪能采食大量的青饲料，一般能够满足猪对维生素的需要。在集约化饲养下，猪采食高能高蛋白的配合饲料，猪的生产性能高，对维生素的需要量大大增加，因此，必须在饲料中添加多种维生素。添加时按产品说明书的要求用量，饲料中原有的含量只作为安全裕量，不予考虑。猪处于逆境时对这类添加剂需要量加大
	微量元素添加剂	主要是含有需要元素的化合物，这些化合物一般有无机盐类、有机盐类和微量元素—氨基酸螯合物。添加微量元素不考虑饲料中含量，把饲料中的作为“安全裕量”
	氨基酸添加剂	目前人工合成而作为饲料添加剂进行大批量生产的是赖氨酸、蛋氨酸、苏氨酸和色氨酸，前两者最为普及。以大豆饼为主要蛋白质来源的日粮，添加蛋氨酸可以节省动物性饲料用量，豆饼不足的日粮添加蛋氨酸和赖氨酸，可以大大强化饲料的蛋白质营养价值，在杂粕含量较高的日粮中添加赖氨酸和氨基酸可以提高日粮的消化利用率。赖氨酸是猪饲料的第一限制性氨基酸，故必须添加，仔猪全价饲料中添加量为0.1%～0.15%；育肥猪添加0.02%～0.05%。肥育猪饲料中添加赖氨酸，还能改善肉的品质，增加瘦肉率
非营养性饲料添加剂	抗生素添加剂	预防猪的某些细菌性疾病，或猪处于逆境，或环境卫生条件差时，加入一定量的抗生素添加剂有良好效果。常用的抗生素有青霉素、链霉素、金霉素、土霉素等

（续）

	中草药饲料添加剂	中草药饲料添加剂毒副作用小，不易在产品中残留，且具有多种营养成分和生物活性物质，兼具有营养和防病的双重作用。其天然、多能、营养的特点，可起到增强免疫作用、激素样作用、维生素样作用、抗应激作用、抗微生物作用等
非营养性饲料添加剂	酶制剂（酶是动物、植物机体合成、具有特殊功能的蛋白质。酶是促进蛋白质、脂肪、碳水化合物消化的催化剂，并参与体内各种代谢过程的生化反应）	在猪饲料中添加酶制剂，可以提高营养物质的消化率。目前，在生产中应用的酶制剂可分为两类：其一是单一酶制剂，如淀粉酶、脂肪酶、蛋白酶、纤维素酶和植酸酶等。豆粕、棉粕、菜粕和玉米、麸皮等作物籽实中的磷却有70%为植酸磷而不能被猪利用，白白地随粪便排出体外。这不仅造成资源的浪费，污染环境，并且植酸在动物消化道内以抗营养因子存在而影响钙、镁、钾、铁等阳离子和蛋白质、淀粉、脂肪、维生素的吸收。植酸酶则能将植酸（肌醇六磷酸）水解，释放出可被吸收的有效磷，这不但消除了抗营养因子，增加了有效磷，而且还提高了被拮抗的其他营养素的吸收利用率；其二是复合酶制剂。复合酶制剂是由一种或几种单一酶制剂为主体，加上其他单一酶制剂混合而成，或者由一种或几种微生物发酵获得。复合酶制剂可以同时降解饲料中多种需要降解的底物（多种抗营养因子和多种养分），可最大限度地提高饲料的营养价值。国内外饲料酶制剂产品主要是复合酶制剂。如以蛋白酶、淀粉酶为主的饲用复合酶，此类酶制剂主要用于补充动物内源酶的不足；以葡聚糖酶为主的饲用复合酶，此类酶制剂主要用于以大麦、燕麦为主原料的饲料；以纤维素酶、果胶酶为主的饲用复合酶，主要作用是破坏植物细胞壁，使细胞中的营养物质释放出来，易于被消化酶作用，促进消化吸收，并能消除饲料中的抗营养因子，降低胃肠道内容物的黏稠度，促进动物的消化吸收；以纤维素酶、蛋白酶、淀粉酶、糖化酶、葡聚糖酶、果胶酶为主的饲用复合酶，此类酶具有更强的助消化作用

（续）

非营养性饲料添加剂	微生态制剂（有益菌制剂或益生素）	将动物体内的有益微生物经过人工筛选培育，再经过现代生物工程工厂化生产，专门用于动物营养保健的活菌制剂。其内含有十几种甚至几十种畜禽胃肠道有益菌，如加藤菌、EM、益生素等，也有单一菌制剂，如乳酸菌制剂。不过，在养殖业中除一些特殊的需要外，都用多种菌的复合制剂。它除了以饲料添加剂和饮水剂饲用外，还可以用来发酵秸秆、畜禽粪便制成生物发酵饲料，既提高粗饲料的消化吸收率，又变废为宝，减少污染。微生态制剂进入消化道后，首先建立并恢复其内的优势菌群和微生态平衡，并产生一些消化菌、类抗生素物质和生物活性物质，从而提高饲料的消化吸收率，降低饲料成本；抑制大肠杆菌等有害菌感染，增强机体的抗病力和免疫力，可少用或不用抗菌类药物；明显改善饲养环境，使猪舍内的氨、硫化氢等臭味减少70%以上
	酸制（化）剂（用以增加胃酸，激活消化酶，促进营养物质吸收，降低肠道pH，抑制有害菌感染）	有机酸化剂：在以往的生产实践中，人们往往偏好有机酸，这主要源于有机酸具有良好的风味，并可直接进入体内三羧酸循环。有机酸化剂主要有柠檬酸、延胡索酸、乳酸、丙酸、苹果酸、戊酮酸、山梨酸、甲酸（蚁酸）、乙酸（醋酸）。不同的有机酸各有其特点，但使用最广泛的而且效果较好的是柠檬酸、延胡索酸
		无机酸化剂：无机酸包括强酸，如盐酸、硫酸，也包括弱酸，如磷酸。其中磷酸具有双重作用，即可作为日粮酸化剂，又可作为磷源。无机酸和有机酸相比，具有较强的酸性及较低成本
		复合酸化剂：复合酸化剂是利用几种特定的有机酸和无机酸复合而成，能迅速降低pH，保持良好的生物性能及最佳添加成本

（续）

非营养性饲料添加剂	低聚糖（寡聚糖）	由2~10个单糖通过糖苷键连接成直链或支链的小聚合物的总称。种类很多，如异麦芽糖低聚糖、异麦芽酮糖、大豆低聚糖、低聚半乳糖、低聚果糖等。它们不仅具有低热、稳定、安全、无毒等良好的理化特性，而且由于其分子结构的特殊性，饲喂后不能被单胃动物消化道的酶消化利用，也不会被病原菌利用，而是直接进入肠道被乳酸菌、双歧杆菌等有益菌分解成单糖，再按糖酵解的途径被利用，促进有益菌增殖和消化道的微生态平衡，对大肠杆菌、沙门氏菌等病原菌产生抑制作用。因此，亦被称为化学微生态制剂。但它与微生态制剂的不同点在于，它主要是促进并维持动物体内已建立的正常微生态平衡；而微生态制剂则是外源性的有益菌群，在消化道可重建、恢复有益菌群并维持其微生态平衡
	糖萜素	从油茶饼粕和菜籽饼粕中提取的，是由30%的糖类、30%的萜皂素和有机酸组成的天然生物活性物质。它可促进畜禽生长，提高日增重和饲料转化率，增强猪体的抗病力和免疫力，并有抗氧化、抗应激作用，降低畜产品中镉、铅、汞、砷等有害元素的含量，改善并提高畜产品色泽和品质
	大蒜素	餐桌上常备之物，有悠久的调味、刺激食欲和抗菌历史。有诱食、杀菌、促生长、提高饲料利用率和畜产品品质的作用。用于饲料添加剂的有大蒜粉和大蒜素
	驱虫保健剂	主要是一些抗球虫、绦虫和蛔虫等药物

（续）

非营养性饲料添加剂	防霉剂（饲料保存时期较长时，需要添加防霉剂）	防霉（腐）剂种类很多，如甲酸、乙酸、丙酸、丁酸、乳酸、苯甲酸、柠檬酸、山梨酸及相应酸的有关盐。饲料防霉剂主要有有机酸类（如丙酸、山梨酸、苯甲酸、乙酸、脱氢乙酸和富马酸等）、有机酸盐（如丙酸钙、山梨酸钠、苯甲酸钠、富马酸二甲酯等）和复合防霉剂。生产中常用的防霉剂有丙酸钙、丙酸钠、克饲霉、霉敌等
	抗氧化剂	饲料存放过程中易氧化变质，不仅影响饲料的适口性，而且降低饲用价值，甚至还会产生毒素，造成猪的死亡。所以，长期储存饲料，必须加入抗氧化剂。抗氧化剂种类很多，目前常用的抗氧化剂多由人工化学合成，如丁基化羟基甲苯（简称 BHT）、乙氧基喹啉（简称山道喹）、丁基化羟基甲氧基苯（简称 BHA）等，抗氧化剂在配合饲料中的添加量为0.01%～0.05%
	其他添加剂	除以上介绍的添加剂外，还有抗氧化剂（如乙氧基喹啉、丁基化羟基甲苯等）、调味剂（如乳酸乙酯、葱油、茴香油、花椒油等）、激素类等

【提示】饲料添加剂使用要正确选择、用量适当、搅拌均匀，并注意配伍禁忌和避免长时间储存。

二 猪的常用饲料营养成分

中国饲料成分及营养价值表（2012 年第 23 版）见表 3-6。

表3-6　中国饲料成分及营养价值表

饲料名称	饲料描述	猪消化能/(MJ/kg)	干物质(%)	粗蛋白质(%)	粗脂肪(%)	粗纤维(%)	赖氨酸(%)	蛋氨酸(%)	钙(%)	总磷(%)	有效磷(%)
玉米	成熟，高蛋白质，优质	14.39	86.0	9.4	3.1	1.2	0.26	0.19	0.09	0.22	0.09
玉米	成熟，高赖氨酸，优质	14.43	86.0	8.5	5.3	2.6	0.36	0.15	0.16	0.25	0.09
玉米	成熟，GB/T 17890—1990，1级	14.27	86.0	8.7	3.6	1.6	0.24	0.18	0.02	0.27	0.11
玉米	成熟，GB/T 17890—1990，2级	14.18	86.0	7.8	3.5	1.6	0.23	0.15	0.02	0.27	0.11
高粱	成熟，NY/T 1级	13.18	86.0	9.0	3.4	1.4	0.18	0.17	0.13	0.36	0.12
小麦	混合小麦，成熟GB 1351—2008，2级	14.18	88.0	13.4	1.7	1.9	0.35	0.21	0.17	0.41	0.13
大麦(裸)	裸大麦，成熟GB/T 11760—2008，2级	13.56	87.0	13.0	2.1	2.0	0.44	0.14	0.04	0.39	0.13
大麦(皮)	皮大麦，成熟GB 10367—89，1级	12.64	87.0	11.0	1.7	4.8	0.42	0.18	0.09	0.33	0.12
黑麦	籽粒，进口	13.85	88.0	9.5	1.5	2.2	0.35	0.15	0.05	0.30	0.11
稻谷	成熟，晒干NY/T 2级	11.25	86.0	7.8	1.6	8.2	0.29	0.19	0.03	0.36	0.15
糙米	除去外壳的大米，GB/T 18810—2002 1级	14.39	87.0	8.8	2.0	0.7	0.32	0.20	0.03	0.35	0.13
碎米	加工精米后的副产品，GB/T 5503—2009 1级	15.06	88.0	10.4	2.2	1.1	0.42	0.22	0.06	0.35	0.12

（续）

饲料名称	饲料描述	猪消化能/（MJ/kg）	干物质（%）	粗蛋白质（%）	粗脂肪（%）	粗纤维（%）	赖氨酸（%）	蛋氨酸（%）	钙（%）	总磷（%）	有效磷（%）
粟（谷子）	合格，带壳，成熟	12.93	86.5	9.7	2.3	6.8	0.15	0.25	0.12	0.30	0.09
木薯干	木薯干片，晒干 GB 10369—1989，合格	13.10	87.0	2.5	0.7	2.5	0.13	0.05	0.27	0.09	—
甘薯干	甘薯干片，晒干 NY/T 121—1989，合格	11.80	87.0	4.0	0.8	2.8	0.16	0.06	0.19	0.02	—
次粉	黑面，黄粉，下面 NY/T 211—1992，1级	13.68	88.0	15.4	2.2	1.5	0.59	0.23	0.08	0.48	0.15
次粉	黑面，黄粉，下面 NY/T 211—1992，2级	13.43	87.0	13.6	2.1	2.8	0.52	0.16	0.08	0.48	0.15
小麦麸	传统制粉工艺 GB 10368—1989，1级	9.37	87.0	15.7	3.9	6.5	0.63	0.23	0.11	0.92	0.28
小麦麸	传统制粉工艺 GB 10368—1989，2级	9.33	87.0	14.3	4.0	6.8	0.56	0.22	0.10	0.93	0.28
米糠	新鲜，不脱脂 NY/T 2级	12.64	87.0	12.8	16.5	5.7	0.74	0.25	0.07	1.43	0.20
米糠饼	未脱脂，机榨 NY/T 1级	12.51	88.0	14.7	9.0	7.4	0.66	0.26	0.14	1.69	0.24
米糠粕	浸提或预压浸提，NY/T，1级	11.55	87.0	15.1	2.0	7.5	0.72	0.28	0.15	1.82	0.25
大豆	黄大豆，成熟 GB 1352—1986，2级	16.61	87.0	35.5	17.3	4.3	2.20	0.56	0.27	0.48	0.14

（续）

饲料名称	饲料描述	猪消化能/（MJ/kg）	干物质（%）	粗蛋白质（%）	粗脂肪（%）	粗纤维（%）	赖氨酸（%）	蛋氨酸（%）	钙（%）	总磷（%）	有效磷（%）
全脂大豆	湿法膨化，GB 1352—1986，2级	17.74	88.0	35.5	18.7	4.6	2.20	0.53	0.32	0.40	0.14
大豆饼	机榨 GB 10379—1989，2级	14.39	89.0	41.8	5.8	4.8	2.43	0.60	0.31	0.50	0.17
大豆粕	去皮，浸提或预压浸提 NY/T，1级	15.06	89.0	47.9	1.5	3.3	2.99	0.68	0.34	0.65	0.22
大豆粕	浸提或预压浸提 NY/T，2级	14.26	89.0	44.2	1.9	5.9	2.68	0.59	0.33	0.62	0.21
棉籽饼	机榨 NY/T 129—1989，2级	9.92	88.0	36.3	7.4	12.5	1.40	0.41	0.21	0.83	0.28
棉籽粕	浸提 GB 21264—2007，1级	9.41	90.0	47.0	0.5	10.2	2.13	0.65	0.25	1.10	0.38
棉籽粕	浸提 GB 21264—2007，2级	9.68	90.0	43.5	0.5	10.5	1.97	0.58	0.28	1.04	0.36
棉籽蛋白	脱酚，低温一次浸出，分步萃取	10.25	92.0	51.1	1.0	6.9	2.26	0.86	0.29	0.89	0.29
菜籽饼	机榨 NY/T 1799—2009，2级	12.05	88.0	35.7	7.4	11.4	1.33	0.60	0.59	0.96	0.33
菜籽粕	浸提 GB/T 23736—2009，2级	10.59	88.0	38.6	1.4	11.8	1.30	0.63	0.65	1.02	0.35
花生仁饼	机榨 NY/T 2级	12.89	88.0	44.7	7.2	5.9	1.32	0.39	0.25	0.56	0.16
花生仁粕	浸提 NY/T 133—1989，2级	12.43	88.0	47.8	1.4	6.2	1.40	0.41	0.27	0.56	0.17
向日葵仁饼	壳仁比35∶65NY/T，3级	7.91	88.0	29.0	2.9	20.4	0.96	0.59	0.24	0.87	0.22

（续）

饲料名称	饲料描述	猪消化能/(MJ/kg)	干物质(%)	粗蛋白质(%)	粗脂肪(%)	粗纤维(%)	赖氨酸(%)	蛋氨酸(%)	钙(%)	总磷(%)	有效磷(%)
向日葵仁粕	壳仁比16:84NY/T，2级	11.63	88.0	36.5	1.0	10.5	1.22	0.72	0.27	1.13	0.29
向日葵仁粕	壳仁比24:76 NY/T，2级	10.42	88.0	33.6	1.0	14.8	1.13	0.69	0.26	1.03	0.26
亚麻仁饼	机榨 NY/T，2级	12.13	88.0	32.2	7.8	7.8	0.73	0.46	0.39	0.88	—
亚麻仁粕	浸提或预压浸提NY/T，2级	9.92	88.0	34.8	1.8	8.2	1.16	0.55	0.42	0.95	—
芝麻饼	机榨，CP40%	13.39	92.0	39.2	10.3	7.2	0.82	0.82	2.24	1.19	0.22
玉米蛋白	玉米去胚芽、淀粉后面的面筋部分CP60%	15.06	90.1	63.5	5.4	1.0	1.10	1.60	0.07	0.44	0.16
玉米蛋白粉	同上，中等蛋白质产品，CP 50%	15.61	91.2	51.3	7.8	2.1	0.92	1.14	0.06	0.42	0.15
玉米蛋白粉	同上，中等蛋白质产品，CP 40%	15.02	89.9	44.3	6.0	1.6	0.71	1.04	0.12	0.50	0.31
玉米蛋白	玉米去胚芽、淀粉后的含皮残渣	10.38	88.0	19.3	7.5	7.8	0.63	0.29	0.15	0.70	0.17
玉米胚芽	玉米湿磨后的胚芽，机榨	14.69	90.0	16.7	9.6	6.3	0.70	0.31	0.04	0.50	0.15
玉米胚芽粕	玉米湿磨后的胚芽，浸提	13.72	90.0	20.8	2.0	6.5	0.75	0.21	0.06	0.50	0.15
DDGS	玉米酒精糟及可溶物，脱水	14.35	89.2	27.5	10.1	6.6	0.87	0.56	0.05	0.71	0.48
蚕豆粉浆蛋白粉	蚕豆去皮制粉丝后的浆液，脱水	13.51	88.0	66.3	4.7	4.1	4.44	0.60	0.00	0.59	0.18

（续）

饲料名称	饲料描述	猪消化能/（MJ/kg）	干物质（%）	粗蛋白质（%）	粗脂肪（%）	粗纤维（%）	赖氨酸（%）	蛋氨酸（%）	钙（%）	总磷（%）	有效磷（%）
麦芽根	大麦芽副产品干燥	9.67	89.7	28.3	1.4	12.5	1.30	0.37	0.22	0.73	—
鱼粉（CP 67%）	进口 GB/T 19164—2003，特级	13.47	92.4	67.0	8.4	0.2	4.97	1.86	4.56	2.88	2.88
鱼粉（CP 60.2%）	沿海产的海鱼粉，脱脂，12 样平均值	12.55	90.0	60.2	4.9	0.51	4.72	1.64	4.04	2.90	2.90
鱼粉（CP 53.5%）	沿海产的海鱼粉，脱脂，11 样平均值	12.93	90.0	53.5	10.0	0.8	3.87	1.39	5.88	3.20	3.20
血粉	鲜猪血，喷雾干燥	11.42	88.0	82.8	0.4	0.0	6.67	0.74	0.29	0.31	0.31
羽毛粉	纯净羽毛，水解	11.59	88.0	77.9	2.2	0.7	1.65	0.59	0.20	0.68	0.68
皮革粉	废牛皮，水解	11.51	88.0	74.7	0.8	1.6	2.18	0.80	4.40	0.15	0.15
肉骨粉	屠宰下脚料，带骨干燥粉碎	11.84	93.0	50.0	8.5	2.8	2.60	0.67	9.20	4.70	4.70
肉粉	脱脂	11.30	94.0	54.0	12.0	1.4	3.07	0.80	7.69	3.88	3.88
苜蓿草粉（CP 19%）	一茬盛花期烘干 NY/T 1 级	6.95	87.0	19.1	2.3	22.7	0.82	0.21	1.40	0.51	0.51
苜蓿草粉（CP 17%）	一茬盛花期烘干 NY/T 2 级	6.11	87.0	17.2	2.6	25.6	0.81	0.20	1.52	0.22	0.22

（续）

饲料名称	饲料描述	猪消化能/(MJ/kg)	干物质(%)	粗蛋白质(%)	粗脂肪(%)	粗纤维(%)	赖氨酸(%)	蛋氨酸(%)	钙(%)	总磷(%)	有效磷(%)
苜蓿草粉（CP 14%~15%）	NY/T 3级	6.23	87.0	14.3	2.1	29.8	0.60	0.18	1.34	0.19	0.19
啤酒糟	大麦酿造副产品	9.41	88.0	24.3	5.3	13.4	0.72	0.52	0.32	0.42	0.14
啤酒酵母	啤酒酵母菌粉，QB/T 1940—1994	14.81	91.7	52.4	0.4	0.6	3.38	0.83	0.16	1.02	0.46
乳清粉	乳清，脱水低乳糖含量	14.39	94.0	12.0	0.7		1.10	0.20	0.87	0.79	0.79
酪蛋白	脱水	17.27	91.0	84.4	0.6		6.99	2.57	0.36	0.32	0.32
明胶	食用	11.72	90.0	88.6	0.5		3.62	0.76	0.49		
牛奶乳糖	进口，含乳糖80%以上	14.10	96.0	3.5	0.5		0.14	0.03	0.52	0.62	0.62
乳糖	食用	14.77	96.0	0.3							
葡萄糖	食用	14.06	90.0	0.3							
蔗糖	食用	15.90	99.0						0.04	0.01	0.01
玉米淀粉	食用	16.74	99.0	0.3	0.2					0.03	0.01
牛脂		33.47	99.0		98.0*						
猪油		34.69	99.0		98.0*						
家禽脂肪		35.65	99.0		98.0*						
鱼油		35.31	99.0		98.0*						

（续）

饲料名称	饲料描述	猪消化能/(MJ/kg)	干物质(%)	粗蛋白质(%)	粗脂肪(%)	粗纤维(%)	赖氨酸(%)	蛋氨酸(%)	钙(%)	总磷(%)	有效磷(%)
菜籽油		36.65	99.0		98.0*						
椰子油		36.61	99.0		98.0*						
玉米油		35.11	99.0		98.0*						
棉籽油		35.98	99.0		98.0*						
棕榈油		33.51	99.0		98.0*						
花生油		36.53	99.0		98.0*						
芝麻油		36.61	99.0		98.0*						
大豆油	粗制	36.61	99.0		98.0*						
葵花油		36.65	99.0		98.0*						

注：以上表中，“—”表现未测值；“＊”代表典型值；空格的数据代表为“0”。所有数值，无特别说明者，均表示为饲喂状态的含量数值。

第三节　猪的营养标准

猪的营养需要受到猪的品种、生产性能、饲料条件、环境条件等多种因素影响，选择标准应充分考虑。各类猪的饲养标准见表3-7～表3-10,以供参考。

表3-7　瘦肉型生长肥育猪每千克日粮养分含量（88%干物质）

指　　标	体重/kg				
	3～8	8～20	20～35	35～60	60～90
日增重/(kg/天)	0.24	0.44	0.61	0.69	0.80
采食量/(kg/天)	0.30	0.74	1.43	1.90	2.50
饲料/增重	1.25	1.59	2.34	2.75	3.13
饲粮消化能含量/MJ	14.02	13.60	13.39	13.39	13.39
饲粮代谢能含量/MJ	13.46	13.60	12.86	12.86	12.86

（续）

指　　标		体重/kg				
		3~8	8~20	20~35	35~60	60~90
粗蛋白质（CP,%）		21.0	19.0	17.8	16.4	14.5
能量/蛋白/(kJ/%)		668	716	752	817	923
赖氨酸/能量/(g/MJ)		1.01	0.85	0.68	0.61	0.55
氨基酸（%）	赖氨酸	1.42	1.16	0.90	0.82	0.70
	蛋氨酸	0.40	0.030	0.24	0.22	0.19
	蛋氨酸+胱氨酸	0.81	0.66	0.52	0.48	0.40
	苏氨酸	0.94	0.76	0.58	0.56	0.49
	色氨酸	0.27	0.21	0.16	0.15	0.13
	异亮氨酸	0.79	0.64	0.48	0.46	0.39
	亮氨酸	1.42	1.13	0.85	0.78	0.63
	精氨酸	0.56	0.46	0.35	0.30	0.21
	缬氨酸	0.98	0.80	0.61	0.57	0.47
	组氨酸	0.45	0.36	0.28	0.26	0.21
	苯丙氨酸	0.85	0.69	0.52	0.48	0.40
	苯丙氨酸+酪氨酸	1.33	1.07	0.82	0.77	0.64
矿物质	钙（%）	0.88	0.74	0.62	0.56	0.49
	总磷（%）	0.74	0.58	0.53	0.48	0.43
	非植酸磷（%）	0.54	0.36	0.35	0.20	0.17
	钠（%）	0.25	0.15	0.12	0.10	0.10
	氯（%）	0.25	0.15	0.10	0.09	0.08
	镁（%）	0.04	0.04	0.04	0.04	0.04
	钾（%）	0.30	0.26	0.24	0.23	0.18
	铜/mg	6.00	6.00	4.50	4.00	3.50
	碘/mg	0.14	0.14	0.14	0.14	0.14
	铁/mg	105	105	70	60	50
	锰/mg	4	4	3	2	2
	硒/mg	0.30	0.30	0.30	0.25	0.25
	锌/mg	110	110	70	60	50

（续）

指　　标		体重/kg				
		3~8	8~20	20~35	35~60	60~90
维生素和脂肪酸	维生素A/国际单位	2200	1800	1500	1400	1300
	维生素D_3/国际单位	220	200	170	160	150
	维生素E/国际单位	16	11	11	11	11
	维生素K/mg	0.50	0.50			
	硫胺素/mg	1.50	1.00	1.00	1.00	1.00
	核黄素/mg	4.00	3.50	2.50	2.00	2.00
	泛酸/mg	12.00	150	10.00	8.50	7.50
	烟酸/mg	20.00	15.00	10.00	8.50	7.50
	吡哆醇/mg	2.00	1.50	1.00	1.00	1.00
	生物素/mg	0.08	0.05	0.05	0.05	0.05
	叶酸/mg	0.30	0.30	0.30	0.30	0.30
	维生素B_{12}/μg	20.0	17.50	11.00	8.00	6.00
	胆碱/g	0.60	0.50	0.35	0.30	0.30
	亚油酸（%）	0.10	0.10	0.10	0.01	0.10

注：①瘦肉型是指瘦肉率高于56%的公母混养（阉公猪与青年猪各一半）；②代谢能为消化能的96%。③3~20kg猪的赖氨酸百分比是根据试验和经验数据的估测值，其他氨基酸需要根据其与赖氨酸的比例（理想蛋白质）的估测值；20~90kg猪的赖氨酸需要量是结合生长模型、试验数据和经验数据的估测值，其他氨基酸需要量是根据其与赖氨酸的比例（理想蛋白质）的估测值。④矿物质需要量包括饲料原料中提供的矿物质量；对于发育公猪和后备母猪，钙、总磷和有效磷的需要量应提高0.05~0.1个百分点。⑤维生素需要量包括饲料原料中提供的维生素量。⑥1国际单位维生素A=0.344μg维生素A醋酸酯。1国际单位维生素D_3=0.025μg胆钙化醇。1国际单位维生素E=0.67mgD-α-生育酚或1mgDL-α生育酚醋酸酯。

表 3-8 肉脂型生长肥育猪每千克日粮养分含量

（一型标准，自由采食，88%干物质）

指标		体重/kg				
		3～8	8～20	20～35	35～60	60～90
日增重/(kg/天)		5～8	8～15	15～30	30～60	60～90
采食量/(kg/天)		0.22	0.39	0.50	0.60	0.70
饲料/增重		0.40	0.87	1.36	2.02	2.94
饲粮消化能含量/MJ		1.80	2.30	2.73	3.35	4.20
饲粮代谢能含量/MJ		13.90	13.60	12.95	12.95	12.95
粗蛋白质（CP,%）		21.0	18.2	16.0	14.0	13.0
能量/蛋白/(kJ/%)		667	747	800	925	996
赖氨酸/能量/(g/MJ)		0.97	0.77	0.66	0.53	0.46
氨基酸（%）	赖氨酸	1.34	1.05	0.85	0.69	0.60
	蛋氨酸+胱氨酸	0.65	0.52	0.43	0.38	0.34
	苏氨酸	0.77	0.62	0.50	0.45	0.39
	色氨酸	0.19	0.15	0.12	0.11	0.11
	异亮氨酸	0.73	0.59	0.47	0.43	0.37
矿物质	钙（%）	0.86	0.74	0.64	0.55	0.46
	总磷（%）	0.67	0.60	0.55	0.46	0.37
	非植酸磷（%）	0.42	0.32	0.29	0.21	0.14
	钠（%）	0.20	0.15	0.09	0.09	0.09
	氯（%）	0.20	0.15	0.07	0.07	0.07
	镁（%）	0.04	0.04			
	钾（%）	0.29	0.26	0.24	0.21	0.16
	铜/mg	6.00	5.5	4.5	3.7	3.0
	碘/mg	0.13	0.13	0.13	0.13	0.13
	铁/mg	100	92	74	55	37
	锰/mg	4	3	3	2	2
	硒/mg	0.30	0.27	0.23	0.14	0.09
	锌/mg	100	90	75	55	46

（续）

指　标		体重/kg				
		3~8	8~20	20~35	35~60	60~90
维生素和脂肪酸	维生素 A/国际单位	2100	2000	1600	1200	1200
	维生素 D_3/国际单位	210	200	180	140	140
	维生素 E/国际单位	15	15	10	10	10
	维生素 K/mg	0.50	0.50	0.50	0.50	0.50
	硫胺素/mg	1.50	1.00	1.00	1.00	1.00
	核黄素/mg	4.00	3.50	3.00	2.00	2.00
	泛酸/mg	12.00	14.00	8.00	7.00	6.00
	烟酸/mg	20.00	14.00	12.00	9.00	6.50
	吡哆醇/mg	2.00	1.50	1.50	1.00	1.00
	生物素/mg	0.08	0.05	0.05	0.05	0.05
	叶酸/mg	0.30	0.30	0.30	0.30	0.30
	维生素 B_{12}/μg	20.00	16.50	14.50	10.00	5.00
	胆碱/g	0.50	0.40	0.30	0.30	0.30
	亚油酸（%）	0.10	0.10	0.10	0.10	0.10

注：一型标准瘦肉率52% ±1.5%，达90kg体重时间为175天左右。其他注同瘦肉型。

表3-9　后备母猪日粮中养分含量

指　标	小型猪体重/kg			大型猪体重/kg		
	10~20	20~35	35~60	20~35	35~60	60~90
消化能/(MJ/kg)	12.55	12.55	12.13	12.55	12.34	12.13
代谢能/(MJ/kg)	11.63	11.72	11.34	11.63	11.51	11.34
粗蛋白（%）	16	14	13	16	14	13
赖氨酸（%）	0.70	0.62	0.52	0.62	0.53	0.48
蛋氨酸+胱氨酸（%）	0.45	0.40	0.34	0.40	0.35	0.34

（续）

指　　标	小型猪体重/kg			大型猪体重/kg		
	10～20	20～35	35～60	20～35	35～60	60～90
苏氨酸（%）	0.45	0.40	0.34	0.40	0.34	0.31
异亮氨酸（%）	0.50	0.45	0.38	0.45	0.38	0.34
钙（%）	0.6	0.6	0.6	0.6	0.6	0.6
磷（%）	0.5	0.5	0.5	0.5	0.5	0.5
食盐（%）	0.4	0.4	0.4	0.4	0.4	0.4
铁/(mg/kg)	71	53	43	53	44	38
锌/(mg/kg)	71	53	43	53	44	38
铜/(mg/kg)	5	4	3	4	3	3
锰/(mg/kg)	2	2	2	2	2	2
碘/(mg/kg)	0.14	0.14	0.14	0.14	0.14	0.14
硒/(mg/kg)	0.15	0.15	0.15	0.15	0.15	0.15
维生素A/(国际单位/kg)	1560	1250	1120	1160	1120	1110
维生素D/(国际单位/kg)	178	178	130	178	130	115
维生素E/(国际单位/kg)	10	10	10	10	10	10
维生素K/(mg/kg)	2	2	2	2	2	1
维生素B_1/(mg/kg)	1	1	1	1	1	1.9
维生素B_2/(mg/kg)	2.7	2.3	2.0	2.3	2.0	1.9
烟酸/(mg/kg)	16	12	10	12	10	9
泛酸/(mg/kg)	10	10	10	10	10	10
维生素B_{12}/(mg/kg)	13	10	10	10	10	10
生物素/(mg/kg)	0.09	0.09	0.09	0.09	0.09	0.09
叶酸/(mg/kg)	0.5	0.5	0.5	0.5	0.5	0.5

表3-10 种猪日粮中养分含量

指　　标	妊娠前期母猪	妊娠后期母猪	哺乳母猪	种公猪
消化能/(MJ/kg)	11.72	11.72	12.13	12.55
代谢能/(MJ/kg)	11.09	11.09	11.72	12.05
粗蛋白/%	11	12	14	12（90kg以下为14）
赖氨酸/%	0.35	0.36	0.5	0.38
蛋氨酸+胱氨酸/%	0.19	0.19	0.31	0.20
苏氨酸/%	0.28	0.28	0.37	0.30
异亮氨酸/%	0.31	0.31	0.33	0.33
钙/%	0.61	0.61	0.64	0.66
磷/%	0.49	0.49	0.46	0.53
食盐/%	0.32	0.32	0.44	0.35
铁/(mg/kg)	65	65	70	71
锌/(mg/kg)	42	42	44	44
铜/(mg/kg)	4.0	4.0	4.4	5.0
锰/(mg/kg)	8	8	8	9
碘/(mg/kg)	0.11	0.11	0.12	0.12
硒/(mg/kg)	0.13	0.13	0.09	0.13
维生素A/(国际单位/kg)	3200	3300	1700	3531
维生素D/(国际单位/kg)	160	160	172	177
维生素E/(国际单位/kg)	8	8	9	8.9
维生素K/(mg/kg)	1.7	1.7	1.7	1.8
维生素B_1/(mg/kg)	0.8	0.8	0.9	2.6
维生素B_2/(mg/kg)	2.5	2.5	2.6	0.9
烟酸/(mg/kg)	8	8	9	8.9
泛酸/(mg/kg)	9.7	9.8	10.0	10.6
维生素B_{12}/(mg/kg)	12	13	13	13.3
生物素/(mg/kg)	0.08	0.08	0.09	0.09
叶酸/(mg/kg)	0.50	0.50	0.50	0.52

第四节　猪的日粮配合

一　配合饲料的种类

1. 添加剂预混料

添加剂预混料是由营养物质添加剂（维生素、氨基酸和微量元素）和非营养物质添加剂（抗生素、抗氧化剂、驱虫剂等），并以石粉或小麦粉为载体，按规定量进行预混合的一种不完全饲料，可供养殖场平衡混合料之用。另外还有单一的预混料，如微量元素预混料、维生素预混料、复合预混料等。

【提示】预混料是全价配合饲料的重要组成部分，虽然只占全价配合饲料的0.25%～3%，却是提高饲料产品质量的核心部分。预混料不能直接饲喂。

2. 浓缩饲料

浓缩饲料又称平衡用配合饲料，是由添加剂预混料、蛋白质饲料、常量矿物质饲料等按比例配合而成的。蛋白质含量一般为30%～75%。浓缩饲料常见的有一九料（1份浓缩饲料与9份能量饲料混合）、二八料（2份浓缩饲料与8份能量饲料混合）、三七料（3份浓缩饲料与7份能量饲料混合）和四六料（4份浓缩饲料与6份能量饲料混合）。

【提示】浓缩饲料不能直接饲用，必须与一定比例的能量饲料混匀后才能使用。

3. 全价配合饲料

全价配合饲料是根据猪的需要，把多种饲料原料和添加剂预混料按一定的加工工艺配制而成的均匀一致、营养价值完全的饲料。浓缩料加上能量饲料就配成全价饲料。

配合饲料的料型有粉状、颗粒状和液状，一般以粉状为主。粉料中各单种饲料的粉碎细度应一致，才能均匀配合成营养全面的配合饲料，适用于自动喂食装置。颗粒料是将全价配合饲料经加热压缩而成一定的颗粒，有圆筒形，也有圆形或角状的。颗粒料容易采

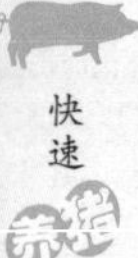

食，多用于哺乳仔猪和断奶仔猪。液状料多用于乳猪的代乳料饲用。

> 【提示】 全价配合饲料可直接饲喂，无需添加任何饲料或添加剂。

二 猪日粮配合的原则

1. 营养原则

配合日粮时，应该以猪的饲养标准为依据。但猪的营养需要是个极其复杂的问题，饲料的品种、产地、保存好坏会影响饲料的营养含量，猪的品种、类型、饲养管理条件等也能影响营养的实际需要量，温度、湿度、有害气体、应激因素、饲料加工调制方法等也会影响营养需要和消化吸收。因此，在生产中原则上按饲养标准配合日粮，也要根据实际情况作适当的调整。

2. 生理原则

配合日粮时，必须根据各类猪的不同生理特点，选择适宜的饲料进行搭配和合理加工调制。如哺乳仔猪，粗纤维含量应控制在5%以下。豆类饲料应炒熟粉碎，增加香味和适口性。成年猪对粗纤维的消化能力增强，可以提高粗饲料用量，扩大粗饲料选择范围。还要注意日粮的适口性、容重和稳定性。要注意饲料原料的多样化，既能提高适口性，又能充分利用饲料营养的互补性，见表3-11。

表3-11 不同饲料在配合饲料中的适宜参考用量（%）

饲料	妊娠料	哺乳料	开口料	生长育肥料	浓缩料
动物脂（稳定化）	0	0	0~4	0	0
大麦	0~80	0~80	0~25	0~85	0
血粉	0~3	0~3	0~4	0~3	0~10
玉米	0~80	0~80	0~40	0~85	0
棉籽饼	0~5	0~5	0	0~5	0~20
菜籽饼	0~5	0~5	0~5	0~5	0~5
鱼粉	0~5	0~5	0~5	0~12	0~40
亚麻饼	0~5	0~5	0~5	0~5	0~20
骨肉粉	0~10	0~5	0~5	0~5	0~30
高粱	0~80	0~80	0~30	0~85	0

（续）

饲　料	妊娠料	哺乳料	开口料	生长育肥料	浓缩料
糖蜜	0~5	0~5	0~5	0~5	0~5
燕麦	0~40	0~15	0~15	0~20	0
燕麦（脱壳）	0	0	0~20	0	0
脱脂奶	0	0	0~20	0	0
大豆饼	0~20	0~20	0~25	0~20	0~85
小麦	0~80	0~80	0~30	0~85	0
麦麸	0~30	0~10	0~10	0~20	0~20
酵母	0~3	0~3	0~3	0~3	0~5
稻谷	0~50	0~50	0~20	0~50	0

3. 经济原则

养猪的饲料费用一般要占养猪成本的70%~80%。因此，配合日粮时，充分利用饲料的替代性，就地取材，选用营养丰富、价格低廉的饲料原料来配合日粮，以降低生产成本，提高经济效益。同时，配合饲料必须注意混合均匀，才能保证配合饲料的质量。

4. 安全性原则

饲料安全关系到猪群健康，更关系到食品安全和人民健康。所以，配制的饲料要符合国家饲料卫生质量标准，饲料中含有的物质、品种和数量必须控制在安全允许的范围内，有毒物质、药物添加剂、细菌总数、霉菌总数、重金属等不能超标。

三 猪饲料配方的设计

1. 不同生理阶段猪的配方设计要点

（1）乳猪（3~5周龄以前）**、仔猪**（6~8周龄以前）**和生长猪**（20~50kg体重）**配合饲料配方设计**　重点是考虑消化能、粗蛋白、赖氨酸和蛋氨酸的数量和质量。3~5周龄以前的乳猪更应坚持高消化能、高蛋白质质量的配方设计原则。低于50kg的猪，生产性能的80%~90%靠这些营养物质发挥作用。此外，尽可能考虑使用生长促进剂和与仔猪健康有关的保健剂，有利于最大限度提高乳、仔猪

和生长猪生长速度和饲料利用效率。

（2）肥育猪的饲料配方设计 首先考虑满足猪生长所需要的消化能，其次是满足粗蛋白质需要。微量营养物质和非营养性添加剂可酌情考虑。肥育最后阶段的饲料配方应考虑饲料对胴体质量的影响，保证适宜胴体质量具有重要商品价值，但需要选用符合安全肉猪生产有关规定的添加剂。

（3）妊娠母猪饲料配方设计 可以参考肥育猪日粮配方设计。微量营养素与泌乳母猪明显不同。应根据妊娠母猪的限制饲养程度，保证在有限的采食量中能供给充分满足需要的微量营养物质，特别要注意有效供给与繁殖有关的维生素A、维生素D、维生素E、生物素、叶酸、烟酸、维生素B_6、胆碱及微量元素锌、碘、锰等。

（4）泌乳母猪饲料配方设计 考虑的营养重点是消化能、蛋白质和氨基酸的平衡。泌乳高峰期更要保证这些营养物质的质量，否则会造成母猪动用体内储存的营养物质维持泌乳，导致体况明显下降，严重影响下一周期的繁殖性能。泌乳母猪泌乳量大，采食量也大，微量营养素特别是微量元素供给不超过需要量。

2. 猪日粮配方设计方法

日粮配合时首先要有配方，有了配方，然后“照方抓药”。猪日粮配方的设计方法很多，如四角法、线性规划法、试差法、计算机法等。目前多采用试差法和计算机法。

（1）试差法 试差法是生产中常用的一种方法。此法是根据饲养标准及饲料供应情况，选用数种饲料，先初步确定用量进行试配，然后将其所含养分与饲养标准对照比较，差值可通过调整饲料用量使之符合饲养标准的规定。试差法需要经过反复调整、计算和对照比较。

【例】 肉脂型生长肥育猪体重为35～60kg，现用玉米、大麦、大豆饼、棉籽饼、小麦麸、大米糠、国产鱼粉、贝壳粉、骨粉、食盐和1%的预混剂等饲料设计一个饲料配方。

第一步：根据饲养标准，查出35～60kg育肥猪的营养需要（表3-12）。

表 3-12　35～60kg 育肥猪日粮的营养含量

消化能/(MJ/kg)	粗蛋白(%)	钙(%)	磷(%)	赖氨酸(%)	蛋氨酸+胱氨酸(%)	食盐(%)
12.97	14	0.50	0.41	0.52	0.28	0.30

第二步：根据饲料原料成分表查出所用各种饲料的养分含量，见表 3-13。

表 3-13　各种饲料的养分含量

饲料	消化能/(MJ/kg)	粗蛋白(%)	钙(%)	磷(%)	赖氨酸(%)	蛋氨酸+胱氨酸(%)
玉米	14.27	8.7	0.02	0.27	0.24	0.38
大麦	12.64	11	0.09	0.33	0.42	0.36
豆粕	13.51	40.9	0.30	0.49	2.38	1.20
棉粕	9.92	40.05	0.21	0.83	1.56	2.07
小麦麸	9.37	15.7	0.11	0.92	0.59	0.39
大米糠	12.64	12.8	0.07	1.43	0.74	0.44
国产鱼粉	13.05	52.5	5.74	3.12	3.41	1.00
贝壳粉			32.6			
骨粉			30.12	13.46		

第三步：初拟配方。根据饲养经验，初步拟定一个配合比例，然后计算能量蛋白质营养物质含量。初拟的配方和计算结果如表 3-14所示。

表 3-14　初拟配方及配方中能量蛋白质含量

饲料	比例(%)	代谢能/(MJ/kg)	粗蛋白(%)
玉米	58	8.277	5.046
大麦	10	1.264	1.10
豆粕	6	0.811	2.434
棉粕	4	0.397	1.620
小麦麸	10	0.937	1.57
大米糠	6	0.758	0.768
国产鱼粉	4	0.522	2.10
合计	98	12.966	14.638

第四步：调整配方，使能量和蛋白质符合营养标准。由表3-12和表3-14中可以算出能量比标准少0.004MJ/kg，蛋白质多0.638%，用能量较高的玉米代替鱼粉，每代替1%可以增加能量0.012MJ/kg[(14.27－13.05)×1%]，减少蛋白质0.438%[(52.5－8.7)×1%]。替代后能量为12.987MJ/kg，蛋白质为14.20%，与标准接近。

第五步：计算矿物质和氨基酸的含量，如表3-15所示。

表3-15　矿物质和氨基酸含量（%）

饲料成分	比例	钙	磷	赖氨酸	蛋氨酸+胱氨酸
玉米	59	0.012	0.159	0.142	0.224
大麦	10	0.009	0.035	0.042	0.036
豆粕	6	0.018	0.029	0.143	0.072
棉粕	4	0.008	0.033	0.062	0.083
小麦麸	10	0.011	0.092	0.059	0.039
大米糠	6	0.004	0.086	0.044	0.026
国产鱼粉	3	0.172	0.094	0.102	0.03
合计	98	0.234	0.528	0.594	0.510

根据上述配方计算得知，饲粮中钙比标准低0.266%，只需要添加0.8%(0.266÷32.6×100%)的贝壳粉。磷符合标准。赖氨酸和蛋+胱氨酸超过标准，不用添加。补充0.3%的食盐和1%的预混剂。最后配方总量为100.1%，可在玉米减去0.1%，不用再计算。一般能量饲料调整不大于1%的情况下，日粮中的能量、蛋白质指标引起的变化不大，可以忽略。

第六步：列出配方和主要营养指标。

饲料配方：玉米58.9%、大麦10%、豆粕6%、棉粕4%、小麦麸10%、大米糠6%、国产鱼粉3%、贝壳粉0.8%、食盐0.3%、预混剂1%，合计100%。

营养水平：消化能 12.987MJ/kg、粗蛋白 14.22%、钙 0.50%、磷 0.52%、蛋氨酸+胱氨酸 0.51%、赖氨酸 0.59%。

（2）计算机法 应用计算机设计饲料配方可以考虑多种原料和多个营养指标，且速度快，能调出最低成本的饲料配方。现在应用的计算机软件，多是应用线性规划，就是在所给饲料种类和满足所求配方的各项营养指标的条件下，能使设计的配方成本最低。但计算机也只能是辅助设计，需要有经验的营养专家进行修订、原料限制，以及最终的检查确定。

（3）四角法 又称对角线法，此法简单易学，适用于饲料品种少，指标单一的配方设计。特别适用于使用浓缩料加上能量饲料配制成全价饲料。其步骤是：

1）划一个正方形，在其中间写上所要配的饲料的粗蛋白质百分含量，并与四角连线。

2）在正方形的左上角和左下角分别写上所用能量饲料（玉米）、浓缩料的粗蛋白质百分含量。

3）沿两条对角线用大数减小数，把结果写在相应的右上角及右下角，所得结果便是玉米和浓缩料配合的份数。

4）把两者份数相加之和作为配合后的总份数，依次作除数，分别求出两者的百分数，即为它们的配比率。

第五节 猪的实用配方

一 猪复合预混料配方举例

猪复合预混料配方举例，见表 3-16、表 3-17。

表 3-16 2%仔猪复合预混料配方

原料名称	每吨全价料中的添加量/kg	每千克预混料中有效成分含量/g	组成百分比（%）
华罗多维	0.300	30	1.5
50%氯化胆碱	0.800	80	4
富思特微矿	0.500	50	2.5
98.5%赖氨酸	1.00	100	5.0

（续）

原料名称	每吨全价料中的添加量/kg	每千克预混料中有效成分含量/g	组成百分比（%）
5%喹乙醇	2.00	200	10.0
10%阿散酸	8.00	800	40
25%乙氧基喹啉	0	1	0.05
油脂	0	2	0.1
次粉	0	737	36.85
合计		2000	100

表3-17　1%生长猪复合预混料配方

原料名称	每吨全价料中的添加量/kg	每千克预混料中的有效成分含量/g	组成百分比（%）
华罗多维	0.250	25	2.5
50%氯化胆碱	0.250	25	2.5
富思特微矿	0.200	20	2.0
98.5%赖氨酸	0.700	70	7.0
4%黄霉素	0.050	5	0.5
50% BHT	0	0.25	0.025
油脂	0	2	0.2
次粉	0	852.75	85.275
合计		1000	100

注：BHT为2，6-二叔丁基-4-甲基苯酚，是一种抗氧化剂。

二　猪全价配合饲料配方举例

1. 乳猪（哺乳仔猪）料配方（表3-18～表3-20）

表3-18　乳猪（哺乳仔猪）料配方（%）

饲料原料	1	2	3	4	5	6	7
黄玉米粉	28.15	26.75	32.75	16.45	44.2	17.85	31.65
豆粕	15.10	14.10	30.05	24.2	22.75	25.2	30.10
脱脂奶粉	40.0	40.0	10.0	20.0	10.0	20.0	10.0
乳清粉	0	0	20.0	20.0	10.0	20.0	20.0

（续）

饲料原料	1	2	3	4	5	6	7
进口鱼粉	2.5	2.5	2.5	2.5	0	2.5	0
糖	10.0	10.0	5.0	10.0	10.0	10.0	5.0
苜蓿烘干草粉	0	2.5	0	2.5	0	0	0
油脂	2.5	2.5	2.5	2.5	0	2.5	1.0
碳酸钙	0.4	0.4	0.5	0.5	0.7	0.5	0.5
脱氟磷酸氢钙	0.1	0	0.5	0.1	1.1	0.2	0.5
碘化食盐	0.25	0.25	0.25	0.25	0.25	0.25	0.25
仔猪预混剂	1.0	1.0	1.0	1.0	1.0	1.0	1.0

表 3-19　乳猪（哺乳仔猪）料配方（2~3 周）（%）

饲料原料	1	2	3	4	5	6	7
黄玉米粉	43.75	47.5	49.15	51.85	55.0	54.5	44.5
豆粕	25.8	24.5	27.8	25.2	22.0	27.5	37.5
脱脂奶粉	0	5.0	0	5.0	0	0	0
乳清粉	15.0	10.0	15.0	10.0	20.0	15.0	15.0
进口鱼粉	2.5	2.5	0	0	0	0	0
糖	5.0	5.0	5.0	5.0	0	0	0
苜蓿烘干草粉	2.5	0	0	0	0	0	0
油脂	2.5	2.5	0	0	0	0	0
碳酸钙	0.75	0.7	0.75	0.7	0.75	0.5	0.5
脱氟磷酸氢钙	0.95	1.05	1.05	1.0	1.0	1.25	1.25
碘化食盐	0.25	0.25	0.25	0.25	0.25	0.25	0.25
仔猪预混剂	1.0	1.0	1.0	1.0	1.0	1.0	1.0

表 3-20　乳猪（哺乳仔猪）料配方（5~10kg 体重）（%）

饲料原料	1	2	3	4	5	6	7
黄玉米	60.5	54.3	53.8	60.0	64	65.0	60.3
麸皮	0	0	0	0	7.4	5.0	3.0
豆粕	31.0	39.8	37	34.6	22.0	25.0	25
石粉	0.2	0.6	1.6	1.0	0	0	0

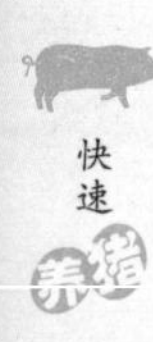

（续）

饲料原料	1	2	3	4	5	6	7
磷酸氢钙	2.1	2.0	2.1	1.1	1.5	0	1.5
食盐	0.3	0.3	0.5	0.3	0	0	1.2
进口鱼粉	0	0	0	0	3.0	4.0	7.0
酵母	0	0	0	0	0	0	1.0
乳清粉	0	0	0	0	0	0	0
柠檬酸	2.0	2.0	2.0	2.0	0	0	0
油脂	2.9	0	2.0	0	0	0	0
复合添加剂	1.0	1.0	1.0	1.0	1.0	1.0	1.0
复合霉制剂	0	0	0	0	1.1	0	0

2. 保育仔猪料配方（见表3-21、表3-22）

表3-21 保育仔猪料配方（10~20kg）（%）

饲料原料	1	2	3
玉米	58.9	60.83	59.66
次粉	15.0	15.0	0
麸皮	0	0	0
豆粕	4.7	0	11.8
进口鱼粉	3.0	0	14.9
国产鱼粉	0	8.0	3.0
菜籽饼	1.0	8.3	0
棉籽饼	5.0	5.0	5.0
豆油	0	0	2.3
赖氨酸	0.2	0.5	0.3
蛋氨酸	0	0.17	0.14
石粉	1.5	0.7	0.8
磷酸氢钙	0.5	0.2	0.9
食盐	0.2	0.3	0.2
复合添加剂	1.0	1.0	1.0

表 3-22　保育仔猪料配方（10~20kg）（%）

饲料原料	1	2	3	4	5	6
玉米	59.31	62.40	59.85	43.89	65.25	56.62
炒小麦	0	0	0	13.18	0	0
麸皮	10.23	6.54	10.97	0	0	6.94
豆粕	0	16.21	19.57	11.68	0	16.13
膨化大豆	24.27	5.40	0	6.34	9.35	0
乳清粉	0	0	0	10.85	17.01	9.77
CP60%的鱼粉	4.04	1.89	4.66	6.34	3.23	6.15
蚕蛹	0	1.35	0	0	2.55	0
菜籽饼	0	2.16	0	3.5	0	0
饲料酵母	0	0	0	1.81	0	0
油脂	0	1.44	2.70	1.25	0	0
碳酸钙	0.65	0.58	0.59	0.51	0.45	2.65
磷酸氢钙	0.91	1.30	0.89	0.21	1.34	0.46
食盐	0.20	0.10	0.30	0.20	0.30	0.54
碳酸氢钠	0	0.25	0	0.20	0	0.20
赖氨酸	0.02	0.08	0.02	0	0	0
蛋氨酸	0.02	0.01	0.01	0	0.03	0
预混料	0.30	0.30	0.30	0.30	0.30	0.30
复合多维	0.03	0.03	0.10	0.03	0.03	0.03
生长促进剂	0.01	0.01	0.01	0.01	0.01	0.01
调味剂	0.05	0.04	0	0.1	0.15	0

注：预混料组成，硫酸亚铁7.8594%、硫酸锌6.9435%、硫酸铜8.2722%、硫酸锰3.0972%、碘化钾0.0045%、亚硒酸钠0.0117%、碳酸氢钠3.8115%；生长促进剂可选用土霉素、喹乙醇或其他抗生素。

3. 生长育肥猪饲料配方（表3-23、表3-24、表3-25、表3-26）

表 3-23　生长育肥猪饲料配方（20~60kg）（%）

饲料原料	1	2	3	4	5	6
玉米	31.48	61.58	56.45	36.01	57.65	58.50
大麦	41.87	0	0	0	0	0

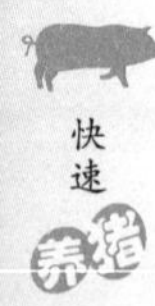

（续）

饲料原料	1	2	3	4	5	6
高粱	0	0	0	0	0	0
小麦	8.37	7.17	0	0	0	0
稻谷	0	0	11.27	0	0	0
细米糠	0	0	12.40	0	7.43	9.74
麸皮	0	10.25	0	13.25	13.2	13.31
豆粕	5.85	4.65	6.94	6.85	5.49	4.39
膨化大豆	0	5.41	0	0	4.94	4.83
棉籽饼	0	0	0	5.71	3.28	0
CP60%的鱼粉	3.30	3.09	0	0	0	2.63
蚕蛹	0	0	4.63	4.77	0	0
菜籽饼	0	0	5.78	0	4.40	3.35
油脂	1.56	1.79	0	0	0	0
碳酸钙	0.58	0.73	0.97	0.87	1.06	1.05
磷酸氢钙	0.54	0.51	0.60	0.75	0.42	0.05
食盐	0.30	0.30	0.30	0.30	0.30	0.30
赖氨酸	0.13	0.11	0.12	0.18	0.17	0.11
蛋氨酸	0	0.01	0	0.02	0.02	0
碳酸氢钠	0.20	0.20	0.20	0.20	0.20	0.20
预混料	0.30	0.30	0.30	0.30	0.30	0.30
复合多维	0.03	0.03	0.03	0.03	0.03	0.03
生长促进剂	0.01	0.01	0.01	0.01	0.01	0.01

注：预混料组成，硫酸亚铁7.8594%、硫酸锌6.9435%、硫酸铜8.2722%、硫酸锰3.0972%、碘化钾0.0045%、亚硒酸钠0.0117%、碳酸氢钠3.8115%；生长促进剂可选用土霉素、喹乙醇或其他抗生素。

表3-24　生长肥育猪饲料配方（%）

饲料原料	20～35kg体重				35～60kg体重				60～90kg体重			
	1	2	3	4	1	2	3	4	1	2	3	4
玉米	53.0	37.0	37.7	20.0	59.3	42.0	40.4	22.0	42.0	62.4	46.9	30.0
豆粕	19.0	0	14.4	0	12.4	0	10.8	0	0	9.1	4.3	0

（续）

饲料原料	20～35kg 体重				35～60kg 体重				60～90kg 体重			
	1	2	3	4	1	2	3	4	1	2	3	4
小麦麸	20.0	15.0	33.0	14.0	20.0	15.0	34.0	15.0	15.0	20.0	34.0	5.0
三七统糠	6.5	0	13.0	4.0	6.8	0	13.0	0	0	7.2	13.0	8.0
花生饼	0	12.0	0	10.0	0	6.0	0	3.0	2.0	0	0	5.0
稻谷	0	0	0	0	0	0	0	0	0	0	0	0
木薯干粉	0	2.0	0	5.0	0	2.0	0	8.0	7.0	0	0	35.0
小麦	0	0	0	30.0	0	0	0	35.0	0	0	0	0
进口鱼粉	0	5.0	0	5.0	0	5.0	0	5.0	4.0	0	0	5.0
蚕豆粉	0	0	0	10.0	0	0	0	10.0	0	0	0	10.0
碎米	0	27.0	0	0	0	27.0	0	0	27.0	0	0	0
石粉	0	1.5	0	0	0	2.0	0	0	2.0	0	0	0
贝壳粉	1.2	0	1.4	1.5	1.2	0	1.3	1.5	0	1.0	1.3	1.5
食盐	0.3	0.5	0.5	0.5	0.3	1.0	0.5	0.5	1.0	0.3	0.5	0.5
合计	100	100	100	100	100	100	100	100	100	100	100	100

注：此配方偏重于肉脂型猪。维生素添加剂和微量元素添加剂按照说明添加。

表 3-25　生长肥育猪饲料配方（瘦肉型）（%）

饲料原料	20～35kg 体重				35～60kg 体重				60～90kg 体重			
	1	2	3	4	1	2	3	4	1	2	3	4
玉米	52.0	59.0	55.0	62.6	63.5	61.0	61.5	50.0	67.0	65.0	66.0	79.0
高粱	10.0	5.5	7.0	10.0	0	5.0	8.0	13.0	0	0	10.0	0
小麦麸	10.0	8.0	12.0	5.0	10.0	11.0	13.4	16.0	22.0	5.0	13.5	10.0
豆粕	25.6	17.0	0	18.1	20.0	15.0	12.2	12.0	0	10.0	6.0	3.0
豆饼	0	0	0	0	0	0	0	0	3.0	0	0	5.0
葵花籽饼	0	0	0	0	0	2.5	0	0	5.0	0	0	0
菜籽饼	0	9.0	10.0	0	0	0	0	2.0	0	0	0	0
花生饼	0	0	0	0	0	3.0	0	0	0	0	0	0
胡麻饼	0	0	4.0	0	0	0	0	0	0	0	0	0
豌豆	0	0	0	0	0	0	0	0	0	0	0	0
青干草粉	0	0	5.5	0	3.5	0	0	0	0	3.0	0	0
血粉	0	0	4.0	0	0	0	3.0	0	0	0	3.0	0
鱼粉	0	0	0	3.5	0	0	0	0	0	0	0	0

（续）

饲料原料	20～35kg 体重				35～60kg 体重				60～90kg 体重			
	1	2	3	4	1	2	3	4	1	2	3	4
豆腐渣	0	0	0	0	0	0	0	5.0	0	0	0	0
大麦	0	0	0	0	0	0	0	0	0	15.0	0	0
石粉	0	0	0	0	0	0	0.5	0.6	0	0	0	0
贝壳粉	0	0	0	0.5	1.0	0	0	0	1.0	0	0	1.0
骨粉	0.5	0.5	0	0	0	1.0	0	0	1.0	1.0	0.7	1.0
食盐	0.4	0.5	0.5	0.3	0.5	0.5	0.4	0.4	0.5	0.5	0.3	0.5
添加剂	1.5	0.5	2.0	0	1.5	1.0	1.0	1.0	0.5	0.5	0.5	0.5
合计	100	100	100	100	100	100	100	100	100	100	100	100

注：添加剂含有维生素和微量元素。

表 3-26　育肥猪饲料配方（60～90kg）（%）

饲料原料	1	2	3	4	5	6
玉米	73.31	57.41	36.30	57.68	70.91	74.75
大麦	0	20.13	0	0	0	0
高粱	0	0	40.35	0	0	0
小麦	0	0	0	8.5	0	0
统糠	0	0	0	0	7.4	0
细米糠	5.02	4.02	0	9.71	0	0
麸皮	4.09	0	5.19	10.12	6.07	5.11
豆粕	0	0	5.25	0	0	0
膨化大豆	2.92	5.82	0	0	0	6.72
棉籽饼	6.43	5.45	5.67	0	0	5.11
蚕蛹	0	0	0	0	3.03	0
菜籽饼	5.85	4.77	4.72	11.24	9.86	4.21
油脂	0	0	0	0	0	1.63
碳酸钙	0.53	0.43	0.53	0.67	0.75	0.39
磷酸氢钙	0.86	1.02	0.96	1.03	0.98	1.13

（续）

饲料原料	1	2	3	4	5	6
食盐	0.30	0.30	0.30	0.30	0.30	0.30
赖氨酸	0.16	0.12	0.19	0.21	0.17	0.12
蛋氨酸	0	0	0.01	0.01	0	0
碳酸氢钠	0.20	0.20	0.20	0.20	0.20	0.20
预混料	0.30	0.30	0.30	0.30	0.30	0.30
复合多维	0.03	0.03	0.03	0.03	0.03	0.03

注：预混料组成，硫酸亚铁4.7156%、硫酸锌4.8605%、硫酸铜0.4136%、硫酸锰3.26136%、碘化钾0.0053%、亚硒酸钠0.0134%、碳酸钙铁16.378%。

4. 种猪的饲料配方（表3-27）

表3-27 种猪的饲料配方（%）

饲料原料	妊娠饲料配方			泌乳饲料配方			种公猪	
	1	2	3	1	2	3	非配种期	配种期
玉米	75.52	74.50	59.01	76.03	65.42	62.79	60.5	68
统糠	0	0	6.43	0	6.99	7.52	0	0
麸皮	10.54	8.13	12.18	3.79	9.41	10.2	15	1.0
鱼粉	3.69	5.06	5.62	3.03	5.07	3.33	0	1.2
豆粕	4.22	0	6.56	6.06	0	0	19	25.3
饲料酵母	0	0	0	0	4.34	0	0	0
葵花籽饼	0	0	0	0	0	2.83	0	0
棉籽饼	0	0	0	0	0	5.10	0	0
苜蓿	3.26	4.34	8.43	0	0	0	3.0	2.0
菜籽饼	0	0	0	3.93	7.24	5.67	0	0
大豆	0	5.79	0	4.92	0	0	0	0
碳酸钙	0.02	0.34	0.12	0.24	0.20	0.42	0	0
磷酸氢钙	1.67	1.16	1.00	1.68	0.61	0.80	2.0	2.0
食盐	0.30	0.30	0.30	0.30	0.30	0.30	0.5	0.5
赖氨酸	0	0.02	0.13	0.13	0.07	0.09	0	0

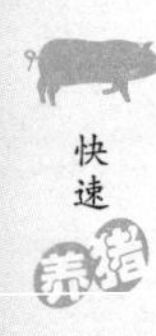

（续）

饲料原料	妊娠饲料配方			泌乳饲料配方			种公猪	
	1	2	3	1	2	3	非配种期	配种期
蛋氨酸	0	0. 01	0. 06	0. 06	0	0	0	0
预混料	0. 30	0. 30	0. 30	0. 30	0. 30	0. 30	0	0
复合多维	0. 04	0. 04	0. 04	0. 04	0. 04	0. 04	0	0
抗生素	0. 01	0. 01	0. 01	0. 01	0. 01	0. 01	100	100

注：① 预混料组成，硫酸亚铁 5. 2305%、硫酸锌 3. 23462%、硫酸铜 0. 3306%、硫酸锰 0. 8748%、碘化钾 0. 0052%、亚硒酸钠 0. 0119%、碳酸钙 20. 0828%；抗生素选用四环素类，如土霉素、金霉素等。

② 公猪料需另外添加维生素和微量元素。

③ 鱼粉的蛋白质含量为 60%。

第四章
种猪的饲养管理

核心提示

种猪是猪场生产的基础，种猪饲养管理的好坏直接影响到育肥猪的数量和生产水平。一是要选择优质的后备猪，加强后备猪饲养管理，培育体格健壮、发育良好、具有品种典型特征和种用价值高种猪；二是注重公猪的管理，如保证公猪适宜的体况，加强卫生管理，保持适当运动和使用频率等；三是加强母猪各个时期的饲养管理，如及时配种，合理饲喂，做好接产工作等，增加产仔数，提高仔猪成活率等。

第一节　后备猪的饲养管理

后备猪（青年猪）是猪场的后备力量，及时选留高质量的后备猪，能保持种猪群较高的生产性能。根据种猪生长发育的特点做好后备猪的选择工作，适时掌握配种月龄，并制定后备猪的免疫程序。

从仔猪育成阶段到初次配种，是后备猪的培育阶段，培育后备猪的任务是获得体格健壮、发育良好、具有品种典型特征和种用价值高的种猪。

后备猪与商品猪不同，商品猪生长期短，饲喂方式为自由采食，体重达到 90 ~ 105kg 即可屠宰上市，追求的是高速生长的发达的肌肉组织，而后备猪是作为种用的，不仅生存期长（3 ~ 5 年），而且

还担负着周期性强和较重的繁殖任务。因此，应根据种猪的生活规律，在其生长发育的不同阶段控制饲料类型、营养水平和饲喂量，使其生殖器官能够正常地生长发育，这样，可以使后备猪发育良好，体格健壮，形成发达且机能完善的消化系统、血液循环系统和生殖器官，以及结实的骨骼、适度的肌肉和脂肪组织。

【注意】 过高的日增重、过度发达的肌肉和大量的脂肪沉积都会影响后备猪的繁殖性能。

一 后备猪的选择

选择好后备猪，是养猪场保持较高生产水平的关键，后备猪的选择标准见表4-1。

表4-1 后备猪的选择标准

类 型	指 标	标 准
后备公猪	体型外貌	要求头和颈较轻细，占身体的比例小，胸宽深，背宽平，体躯要长，腹部平直，肩部和臀部发达，肌肉丰满，骨骼粗壮，四肢有力，体格强健，符合本品种的特征。即毛色、体型、头形、耳形要一致
	繁殖性能	要求生殖器官发育正常，不能有遗传疾病，如疝气、隐睾、偏睾、乳头排列不整齐、瞎乳头等。遗传疾病的存在，首先影响猪群生产性能的发挥，其次是给生产管理带来许多不便，严重的可造成猪死亡，有缺陷的公猪要淘汰；对公猪精液的品质进行检查，要求精液质量优良，性欲良好，配种能力强
	生长肥育性能	生长发育正常，精神活泼，健康无病，膘情适中。要求生长快，一般瘦肉型公猪体重达100kg的日龄在170天以下；耗料省，生长育肥期每千克增重的耗料量在2.8以下；背膘薄，100kg体重测量时，倒数第三到第四肋骨离背中线6cm处的超声波背膘厚在15mm以下；同窝猪产仔数在10头以上，乳头在6对以上，且排列均匀，四肢和蹄部良好，行走自如，体长，臀部丰满，睾丸大小适中，左右对称

（续）

类 型	指 标	标 准
后备母猪	体型外貌	外貌与毛色符合本品种要求。乳房和乳头是母猪的重要特征表现，除要求具有该品种所应有的奶头数外，还要求乳头排列整齐，有一定间距，分布均匀，无瞎、内翻乳头。外生殖器官正常，四肢强健，四肢有问题的母猪会影响以后的正常配种、分娩和哺育功能。体躯有一定深度
	繁殖性能	后备种猪在6~8月龄时配种，要求发情明显，易受孕。淘汰那些发情迟缓、阴门较小、久配不孕或有繁殖障碍的母猪。当母猪有繁殖成绩后，要重点选留那些产仔数高、泌乳力强、母性好、仔猪育成多的种母猪。根据实际情况，淘汰繁殖性能表现不良的母猪
	生长肥育性能	可参照公猪的方法，但指标要求可适当降低，可以不测定饲料转化率，只测定生长速度和背膘厚。后备母猪选留的数量要根据公猪的配种能力来确定，不能一次选留太多，造成配种困难，每月要均衡选留

二 后备猪的饲养

后备猪的饲养要求是能正常生长发育，保持不肥不瘦的种用体况。适当的营养水平是后备猪生长发育的基本保证，过高、过低都会造成不良影响。后备猪正处于骨骼和肌肉生长迅速时期，因此，饲粮中应特别注意蛋白质和矿物质中钙、磷的供给，切忌用大量的能量饲料喂猪，从而形成过于肥胖、四肢较弱的早熟型个体。决不能将后备猪等同于成年猪或育肥猪饲养。后备猪在3~5月龄或体重35kg以前，精料比例可高些，青粗饲料宜少。当体重达到35kg以后，则应逐渐增加青粗饲料的喂量。特别是在5~6月龄以后，后备猪就有大量贮积体脂肪的倾向，这时如不减少含能量高的精饲料，增加青粗饲料的比例，就会使后备猪过肥，种用价值降低。青粗饲料既能给幼猪提供营养，又能使消化器官得到应有的锻炼，提高耐粗能力。所以，利用青绿多汁饲料和粗饲料，适当搭配精料是养好后备猪的基本保证。但后备公猪饲粮中的青粗饲料比例，应少于后

备母猪，以免形成草腹大肚，影响以后配种。

可以根据后备猪的粪便状态判断青粗饲料喂量是否适当及有无过肥倾向。如果粪便比较粗大，则是青粗饲料喂量合适的表现，消化器官已得到充分发育，体内无过多的脂肪沉积，今后体格发育较长、大。相反，如粪便细小则说明青粗饲料喂得不够，或者猪过肥，将来体格发育较短、小。

后备猪的生长发育有阶段性，一般6~8月龄以前较快，以后则逐渐减慢。2~4月龄阶段的生长发育对后期发育影响很大。如果前期生长发育受阻，后期生长发育就会受到严重影响。因此，养好断奶后头两个月的幼猪，是培育后备猪的关键。如果地方品种4月龄体重能达到20~25kg，培育品种4月龄体重达到或超过35~40kg，以后的发育就会正常。2~4月龄阶段发育不好，以后就很难正常发育。

【特别提示】>>>>

对青年母猪在配种前7~10天，进行短期优饲，即在原饲料基础上适当增加精料喂量，可增加母猪的排卵数，从而提高产仔数。配种结束后则应恢复到原来的饲养水平，去掉增喂的精料。

后备猪饲喂湿拌料，日喂3次为宜。日粮多样化，有利于提高营养价值和利用率。后备猪的饲喂方案见表4-2。

表4-2 后备猪的饲养方案

月龄		2	3	4	5	6	7	8
体重/kg	大	20	30	45	60	80	100	130
	小	15	25	35	50	65	80	100
风干饲料给量占体重（%）		5	4.8	4.5	4.0	3.5	3.5	3.0
粗蛋白比例（%）		17	16	15	14	14	14	13
日给料次数/(次/天)		6	5	4	4	3	3	3

> ⚠【注意】种公猪的饲料严禁发霉变质和有毒有害，要适口性好，体积不能过大（过大造成公猪腹大影响配种）。

三 后备种猪的管理

1. 分群管理

为提高后备猪的均匀整齐度，可按性别（公母猪分开）、体重大小分成小群饲养，每圈可养4～6头，饲养密度适当。饲养密度过高影响生长发育，出现咬尾、咬耳等恶癖。小群饲养有两种饲喂方式：一是小群分格饲喂（可自由采食，可限量饲喂），这种喂法优点是猪只争抢吃食快，缺点是强弱吃食不均，容易出现弱猪。二是单槽饲喂小群运动，优点是吃食均匀，生长发育整齐，但栏杆食槽设备投资较大。

2. 运动

为了促进后备猪骨骼发育，体质健康，猪体发育匀称均衡，特别是四肢灵活坚实，要适度运动。伴随四肢运动，全身有75%的肌肉和器官同时参加运动，尤其是放牧运动可呼吸新鲜空气和接受日光浴，拱食泥土和青绿饲料，对促进生长发育和抗病力有良好的作用。为此，国外有些国家又开始提倡实施放牧运动和自由运动。

3. 调教

后备猪从小要加强调教管理。从幼猪阶段开始，利用称量体重、喂食等程序进行口令和触摸等亲和训练，严禁粗暴的打骂它们，建立人与猪的和睦关系，便于将来采精、配种、接产、哺乳等繁殖时的操作管理。怕人的公猪性欲差，不易采精，母猪常出现流产和难产现象；训练良好的生活规律，规律性的生活猪感到自在舒服，有利于生长发育；经常对耳根、腹侧和乳房等敏感部位触摸训练，这样既便于以后的管理、疫苗注射，还可促进乳房的发育。

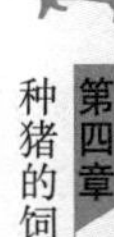

4. 定期称重

后备猪不同的月龄都有相对应的体重范围，最好按月龄进行个体称量体重，了解后备猪生长发育情况。根据各月龄体重变化，适时调整饲料的饲养水平和饲喂量，达到品种发育要求。

5. 日常管理

后备猪需要防寒保温、防暑降温、清洁卫生等环境条件的管理。

⚠【注意】 后备公猪要达到性成熟后，会烦躁不安，经常互相爬跨，不好好采食，生长迟缓，尤其是早熟品种更突出。为克服这种现象，后备公猪性成熟后实行单圈饲养，合群运动，除自由运动以外，还要进行放牧或驱赶运动，这样既可保证食欲，增强体质，又可避免造成自淫的恶癖。

第二节 种公猪的饲养管理

种公猪要有良好的繁殖性能。为了提高与配种母猪的受胎率和产仔头数，对种公猪要进行良好的饲养管理。

一 种公猪的饲养

1. 供给营养良好的日粮

种公猪的一次射精量通常有 200 ~ 500mL，精液含干物质约 4.6%，在干物质中约有 80% 以上为蛋白质，精子的活力和密度越高，受胎率就越高。影响精液质量的重要因素是公猪的营养水平和健康状况。在公猪的各种营养中，首要的是蛋白质，维生素 A、钙和磷。

在公猪的日粮中，必须保证蛋白质水平不低于 18%。在非配种期，精蛋白质水平不低于 14%，要求蛋白质中所含必需氨基酸达到平衡。在配种期的日粮中，应适宜搭配 5% ~ 10% 的动物性蛋白饲料，这对提高精液品质有显著影响。建议种公猪日粮营养水平：消化能 12.54MJ/kg，粗蛋白质 13% ~ 14.5%，钙 0.75% ~ 0.85%，磷 0.5% ~ 0.6%，食盐 0.35% ~ 1.4%。

⚠【注意】 公猪的日粮以含蛋白质的精料为主，保证日粮的各种营养达到平衡，不宜喂过多的青粗饲料或以完全碳水化合物饲料组成的日粮，以免公猪腹大、肥胖，导致体质虚弱，生殖机能减退，甚至完全丧失生殖能力。

2. 合理饲喂

应根据公猪的体重、季节、肥瘦、配种强度等实际情况做相应的饲喂调整，以使其终年保持健康结实、性欲旺盛、精力充沛的体质，并提高精液的品质。如采用季节配种时，配种前1~1.5个月应逐渐增加营养，待配种结束后再恢复原来饲养水平；在公猪配种期应适当加大动物性蛋白质饲料的供给（如加喂鸡蛋、鱼粉等）；寒冷季节时，提高日粮营养水平。

种公猪每天一般喂两次，给饲量约占体重2.5%~3%，如体重90~150kg的猪，日喂量为2~2.5kg/头；或在非配种期每天给饲量2.5kg，配种期每天给饲量3kg，每次饲喂至七八成饱即可。

> **【注意】** 膘情较好的适量少喂，膘情较差的适量多喂。冬季应该增喂饲料5%~10%。饲喂时还应该注意同时供给充足而清洁的饮水。

二 种公猪的管理

1. 一般管理

（1）单圈饲养 种公猪（尤其是开始配种利用的种公猪）应该单圈饲养，以减少公猪与其他猪间的直接接触，减少相互的咬斗和干扰，并防止公猪因爬跨和自淫而影响其种用价值。

（2）保持圈舍和猪体卫生 公猪舍应每天定时清扫，保持圈舍的清洁卫生和干燥；每天刷拭公猪皮毛，保持猪体卫生，防止皮肤病和体表寄生虫病发生；公猪的犬齿生长很快，尖且锐利，极易伤害管理人员和母猪，所以要求兽医定期剪除。

（3）保持适宜的环境 公猪对冷的适应性比耐热性强，炎热的夏季，公猪食欲不振，性欲不强，精子数减少，异常精子增加，受胎率低，因此，必须切实搞好防暑降温，猪舍周围植树遮阴，舍内保持清洁，通风良好定时洒水。炎热夏季应对公猪淋浴，这样即可以减轻热应激，有利于猪体卫生。

（4）适量运动 通过适量运动可以促进种公猪的食欲、增强体质、减少体内脂肪、改善精液质量。种猪舍应设置运动场地让猪只自由运动，或可每天进行强迫驱赶运动。

▲【注意】要求种公猪每天上午和下午坚持运动各1次，每次运动0.5~1h，行程约2~3km。夏季宜早晚运动，冬季宜中午运动。运动后不宜立即洗澡和饲喂。配种旺盛期要减少运动，非配种期适当增加运动。

2. 配种管理

（1）适配年龄和配种次数 后备公猪的初情期一般为6~7月龄，但适配年龄应不小于9月龄。公猪开始利用时强度不宜过大，采用本交时每头公猪可负担20~30头母猪的配种任务，一般要求青年公猪每周配种次数不超过2次，成年公猪每周最多不超过5次，每天只能使用1次，连续使用不超过3天，成年公猪每1~2天使用一次较为适宜，如果连续交配，精子数必定减少，精子活力也会降低，从而降低受胎率和产仔数。若采用人工授精，则可成倍减少公猪的饲养数量，并且可节省公猪的饲养费用。公猪的使用年限一般为3~4年，规模化猪场的公猪淘汰率约为25%~35%。

（2）定时定点配种 定时定点配种的目的在于培养种公猪的配种习惯，有利于安排作业顺序。于早晚喂食前进行配种，配种前后0.5h内不供给水和料，不饮用冷水或用冷水冲洗猪体。同时应注意周边环境的安静，减少配种时的意外损伤，保证顺利配种。

（3）消毒 在每次配种前最好用0.1%高锰酸钾溶液或其他无刺激消毒液对公猪的包皮和母猪的外阴部进行清洗消毒，而后再进行配种。配种结束后，要做好公猪配种记录。

（4）检查精液品质 配种开始前1~1.5个月应对每头种猪的精液品质进行检查，着重检查精子的数量、活力，从中发现问题，以便及时改进。

第三节 母猪配种期的饲养管理

后备母猪配种前第10天左右、经产母猪从仔猪断奶至发情配种期间的主要任务是保持母猪正常的种用体况（七八成膘为宜），能正常发情、排卵，并能及时配上种。此期应特别重视日粮中蛋白质的

数量和质量，并保证维生素及矿物质的充分供应，并适当搭配部分青绿多汁饲料。

一 母猪的发情期与配种适宜时间

1. 母猪的发情期

母猪的发情期一般1~5天，平均3~4天，发情周期为15~25天，平均为21天，母猪的年龄和品种不同，发情期的长短也有差异，青年母猪一般发情期稍长，老龄母猪稍短，瘦肉型猪如长白猪、约克夏猪等，发情期较长，可达5~7天，地方猪种发情期短，此外，母猪发情期的长短和发期周期的长短，又往往与饲养条件有关。

2. 母猪的排卵潜力

母猪一次发情可排卵16~18个，多的可达35个以上，母猪所排的卵并非都能受精，大约只有85%~95%的卵能正常受精，有5%~15%的卵不能受精，另外，卵子从其受精开始直到形成胎儿，或者直到胎儿出生，还要死亡35%~40%。受精卵死亡的原因有两个，一是卵子在受精后的第10~13天，在子宫壁着床的过程中，部分受精卵未能顺利着床发育而死亡；二是已着床的受精卵，发育到60~70天时，由于着床子宫的位置不同，获得母体的营养不均衡，营养竞争失利者首先死亡，到胎儿出生时，又可能死亡1~2头，结果真正活着的仔猪只占受精卵的60%左右。

3. 母猪配种的适宜时期

为了掌握母猪的准确配种时间，一定要了解母猪发情与排卵的关系，也应了解母猪发情与排卵的关系。实践证明，瘦肉型猪一般在发情后24~56h内排卵，卵子排出后能存活12~24h，但保持受精活力时间仅为8~12h，精子在母体内能存活15~20h，能达到受精部位即输卵管的上1/3处，需2~3h，按此推算，配种最适宜的时期大约在发情后24~36h之内。从母猪发情的外部表现看，只要让公猪爬跨，阴门流出的黏液能拉成丝，情绪比较安定，用手按其背呆立不动，正是配种的好时机。为了多产仔，可在第一次配种后，间隔8~12h，再复配1次，一般对提高受精率有良好的效果，大约能多生1~2头仔猪。对于杂种母猪（杂交一代），在进行三元杂交时，

可以作为母本猪来用。这种母猪一般发情明显，而且发情期较短，应在发情后12～24h内配种。另外，经产母猪生过几次胎后，应提前配种，青年猪初次发情，应稍晚点配种，即所谓老配早、小配晚、不老不小配中间。有的猪种如北京黑猪，初配期发情不明显，稍不注意就会失配，故应注意观察。

空怀母猪生产力的好坏，主要看其是否能按时正常发情与配种后配准率及受胎率高低。

> **【注意】** 在农村，公、母猪往往来自同窝，相互配种，造成近亲繁殖，产生怪胎，仔猪生活力不强，容易死亡，应尽力避免这种情况发生。

二 母猪配种期饲养

对于配种前的后备母猪，体重100kg时每天必须供给质量好的干料3kg（消化能13～13.5MJ/kg和赖氨酸0.65%～0.75%、钙0.9%、磷0.75%），在配种前2周，喂料量增至3.5～3.75kg/天，这样可促进排卵量。配种后将饲料立即降为1.8kg/天，采用妊娠期饲料，在怀孕30天后逐渐增至2.5kg/天，防止此期胚胎着床失败和胎儿生长发育缓慢，怀孕后期增加饲料至3.0～3.5kg/天。

泌乳后期母猪膘情较差，过度消瘦的，特别是那些泌乳力高的个体失重更多。乳房炎发生机会不大，断奶前后可少减料或不减料，干乳后适当增加营养，使其尽快恢复体况，及时发情配种。断奶前膘情相当好、泌乳期间食欲好、带仔头数少或泌乳力差、泌乳期间掉膘少，这类母猪断奶前后都要少喂配合饲料，多喂青粗饲料，加强运动，使其恢复到适度膘情，及时发情配种。"空怀母猪七八成膘，容易怀胎产仔高"。

目前，许多国家把沿着母猪最后肋骨在背中线下6.5cm的P2点（腰间椎结合处）的脂肪厚度作为判定母猪标准体况的基准。作为高产母猪应具备的标准体况，母猪断奶后应在2.5，在妊娠中期应为3，产仔期应为3.5。母猪体型评分见表4-3。

表 4-3　母猪的体型评分

分　值	体　况	P2点脂肪厚度/mm	髋骨突起的感觉	体　型
5	明显肥胖	>25	用手触摸不到	圆形
4	肥	21	用手触摸不到	近乎圆形
3.5	略肥		用手触摸不明显	长筒形
3	正常	18	用手能摸到	长筒形
2.5	略瘦		手摸明显，可观察到突起	狭长形
1~2	瘦	<15	能明显观察到	骨骼明显突出

三　母猪配种期管理

1. 配种管理

配种期内加强母猪发情的观察和试情工作，适时配种，定期称重和检查公猪精液品质，并作好配种记录并妥善保存。

（1）适时配种　母猪交配时间是否适当，是决定能否受胎与产仔数多少的关键一环。

【提示】 每天检查母猪是否发情。母猪发情时表现精神不安，呼叫，外阴部充血红肿，食欲减退或废绝，阴门有浓稠样黏液分泌物流出，并出现"静立反射"，即母猪站立不动，接受公猪爬跨，用双手按压其背部仍静立不动。有此现象后再过半天，即可进行配种或输精。

一般老母猪发情时间短，配种时间要适当提前；小母猪发情时间长，配种时间可适当推迟；引入的培育品种小母猪发情时间短，应酌情确定配种时间。一般说"老配早，小配晚，不老不小配中间"，就生动反映了我国猪种发情排卵的规律。就猪种来说，培育品种早配，本地猪种晚配，杂种猪居中间。本地猪一般发情明显，外国猪则不明显，但只要认真观察也不难发现。为了使发情不明显的母猪不致漏配，可利用试精公猪在配种期内，每日早、午、晚进行三次试情。

断奶后的空怀母猪可饲养在大圈内，加强运动和与公猪试情。一般母猪断奶后3~7天，即开始发情并可配种，流产后第一次发情

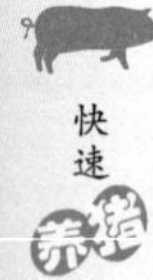

不予配种，生殖道有炎症的母猪治疗后再配种，配种宜在早晚进行，每个发情期应配 2～3 次，第一次配种用生产性能好、受胎率高的公猪配，第二次配种可用稍次的公猪配。一天两次检查母猪发情，本交以母猪有压背反射后半天进行第一次配种，间隔 12～18h 后进行第二次配种，定期补充后备母猪到配种舍。

【提示】配种后 21 天未发现发情者，可初步确认为妊娠，可将之转入怀孕舍饲养。

（2）交配方法

1）本交。本交可分为自由交配和辅助交配。公猪交配的时间应在饲喂前或饲喂后 2h 进行。交配完毕，忌让公猪立即下水洗澡或卧在阴湿地方，遇风雨天交配宜在室内进行，夏天宜在早晚凉爽时进行。

自然交配：它是让公猪直接完成交配，自然交配又分为自由交配和人工辅助交配两种。自由交配的方法是让公猪和发情的母猪同关在一圈内，让其自由交配，自由交配的方法省事，但不能控制交配的次数，不能充分利用优秀公猪个体，同时很容易传播生殖道疾病，本法不宜推广使用。人工辅助交配是在人工辅助下，让公猪完成交配，方法是选择远离公猪舍，安静、平坦的场地为交配场；先将母猪赶入场地，然后赶入指定的与配公猪，当公猪爬上母猪后，将母猪尾巴拉向一侧，便于公猪阴茎插入阴道，必要时还可人工助其插入，如果公母猪体格大小相差较大，为防止意外事故，交配场地可选择一斜坡，若母猪体格大，公猪站在高处，母猪体格小，让公猪站在低处。在公猪爬跨上母猪时，必要时辅以人工扶持，以防止公猪压伤母猪。

2）人工授精。采用人工授精是加快养猪业发展的有效措施之一，其优点是可以提高优良公猪的利用率，减少公猪的饲养头数；可以克服公母猪大小比例悬殊时进行本交的困难，有利于杂交改良工作的进行；可提高母猪的受胎率，增加产仔数和窝重；避免疫病传播；还可解决多次配种所需要的精液。

2. 日常管理

（1）清扫卫生 清理清扫猪栏、走道和配种间的污物，保持舍

内清洁卫生和猪体卫生。

（2）舍内适宜的环境 根据舍内温度和空气状况，控制舍内的通风换气。保持舍内空气流通、采光良好、温湿度适宜。

（3）查情 准确有效判断母猪发情是一项重要的日常工作，也是一项重要的技术工作，一般在早上8：30和下午4：30进行。对所有断奶的母猪、复配的母猪、后备母猪进行查情，并做出标记，以利于配种。

3. 不发情母猪的处理

无生殖道疾病，断奶后两周不发情的母猪应采取以下措施：减料50%或一天不给料，仅给少量水，使之有紧迫感，一般3~5天可再发情；或注射催情药物，前列腺素（PG）或其类似物，促卵泡素（FSH），促黄体素（LH），孕马血清（PMSG），绒毛膜促性腺激素（HCG）。

4. 合理淘汰母猪

根据母猪的生产性能和胎次进行合理的淘汰，以提高母猪群的繁殖能力。连续返情2次以上的母猪、腿病造成无法配种且治疗无效、体况过肥或过瘦（进行饲喂和运动调整两周以上仍不能配上种）、连续两胎产仔数在5头以下、产后无乳、6胎以上体况不好或繁殖性能下降、断奶后产道不明原因的炎症且1周内不能痊愈的等，都应该淘汰。

第四节 妊娠（怀孕）母猪的饲养管理

母猪妊娠期从卵子受精开始至分娩结束，平均114天（111~117天）。胎儿的生长发育完全依靠母体，对妊娠母猪良好地饲养管理，可使母猪在妊娠期间体重适量增加，保证胎儿良好的生长发育，最大限度地减少胚胎的死亡，能生产出头数多、初生体重大、生命力强的仔猪，而且产后母猪有健康体况和良好的泌乳性能，从而提高养猪生产水平。

一 妊娠母猪的生理特点

1. 代谢旺盛

母猪在妊娠期间，由于孕激素的大量分泌，机体的代谢活动加

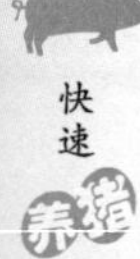

强，在整个妊娠期代谢率增加10%～15%，后期可高达30%～40%。新陈代谢机能旺盛，对饲料的利用率提高，蛋白质的合成增强。怀孕母猪和空怀母猪饲喂同一种饲料，喂量相同，怀孕母猪不仅可生产一窝仔猪，而且可增加体重。

2. 体重增加

妊娠增重是动物的一种适应性反应，母猪不仅自身增重，而且还有胎儿、胎盘和子宫的增重。在妊娠期间，胎儿的生长有一定的规律。妊娠开始至60～70天，是前期阶段，此时主要形成胚胎的组织器官。胎儿本身绝对增重不大，而母猪自身增重较多，妊娠70天至妊娠结束为后期阶段，此阶段胎儿增重加快，初生仔猪重量的70%～80%是在妊娠后期完成的，并且胎盘、子宫及其内容物也在不断增长。同时，乳腺细胞也是在妊娠的最后阶段形成的。

母猪妊娠期有适度的增重比例，如初产母猪体重的增加为配种时体重的30%～40%，而经产母猪则为20%～30%。另外，母猪妊娠期增重比例与配种时的体重和膘情有关。

二 妊娠母猪的妊娠诊断

母猪配种后，尽早进行妊娠诊断，对于保胎、减少空怀、提高母猪繁殖力是十分必要的。经过妊娠检查，确定已怀孕时，就要按妊娠母猪对待，加强饲养管理；如确定未怀孕，可及时找出原因，采用适当方法加以补配。

1. 外部观察法

外部观察法是一种简易常用方法。母猪配种后，经一个发情周期（1～23天）未发现母猪有发情表现，且食欲旺盛、性情温顺、动作稳重嗜睡、皮毛发亮、尾巴下垂、阴户收缩等，可认为已经妊娠。但这种方法并不十分准确，因为配种后不再发情的母猪不一定都妊娠，如有的母猪发情周期不正常，有的母猪卵子受精后胚胎在发育中早期死亡被吸收而造成不发情。

2. 诱导发情检查法

配种后16～18天注射1mg己烯雌酚（现已禁用），未孕母猪一般2～3天后都能表现明显发情症状，孕猪则无反应。但采用此法，时间必须准确，尤其不能过早。

3. 公猪试情法

配种后18~24天，用性欲旺盛的成年公猪试情，若母猪拒绝公猪接近，并在公猪两次试情后3~4天始终不发情，可初步确定为妊娠。

4. 超声波妊娠诊断仪诊断法

利用超声波感应效果测定动物胎儿心跳数，从而进行早期妊娠诊断。试验证明配种后20~29天诊断的准确率约为80%，40天以后的准确率为100%。将探触器贴在猪腹部（右侧倒数第二个乳头）体表发射超声波，根据胎儿心跳感应信号，或脐带多普勒信号音而判断母猪是否妊娠。

三 妊娠母猪的饲养

1. 营养特点

妊娠初期胎儿发育较慢，营养需要不多，但在配种后21天左右，必须加强妊娠母猪的护理并要注意饲料的全价性，否则就会引起胚胎的早期死亡。因为卵子受精后，受精卵沿着输卵管向子宫移动，附着在子宫黏膜上，并在周围形成胎盘，这个过程需时约3周。受精卵在子宫壁附着初期还未形成胎盘前，由于没有保护物，对外界条件的刺激很敏感，这时如果喂给母猪发霉变质或有毒的饲料，胚胎易中毒死亡。如果母猪日粮中营养不全面，缺乏矿物质、维生素等，也会引起部分胚胎发育中途停止而死亡。由此可见，加强母猪妊娠初期的饲养，是保证胎儿正常发育的第一个关键时期。

妊娠后期，尤其是怀孕后的最后1个月，胎儿的发育很快，日粮中精料的比例应逐渐增加，以保证胎儿对营养的需要，也可用体积蓄一定的养分，以供产后泌乳的需要。因此，加强妊娠后期的饲养，是保证胎儿正常发育的第二个关键性时期。

【提示】 妊娠母猪饲养要“抓两头”。

2. 妊娠母猪的饲养方式

我国人民在生产实践中，根据妊娠母猪的营养需要、胎儿发育规律以及母猪的不同体况，分别采取以下不同的饲养方式。

(1) “抓两头带中间”的饲养方式 对断奶后膘情差的经产母

猪，从配种前几天开始至怀孕初期阶段加强营养，前后共约1个月加喂适量精料，特别是富含蛋白质的饲料。通过加强饲养，使其迅速恢复繁殖体况，待体况恢复后再回到青粗饲料为主饲养，到妊娠80天后，由于胎儿增重速度加快，再次提高营养水平，增加精料量，既保证胎儿对营养的要求又使母猪为产后泌乳储备一定量的营养。

（2）“步步登高”的饲养方式 对处于生长发育阶段的初产母猪和生产任务重的哺乳期间配种的母猪，整个妊娠期的营养水平及精料使用量，按胎儿体重的增长，随妊娠期的增进而逐步提高。

（3）“前粗后精”的饲养方式 对配种前膘况好的经产母猪可以采取这种饲养方式。即在妊娠前期胎儿发育慢，母猪膘情又好者可适当降低营养水平，日粮组成以青粗饲料为主，相应减少精料喂量；到妊娠后期胎儿发育加快，需要营养增多，再按标准饲养，以满足胎儿迅速生长的需要。

（4）“低妊娠，高泌乳”的饲养方式 近20年来在母猪营养需要和生理特点研究的基础上，探索出“低妊娠，高泌乳”的饲养方式，即对妊娠母猪采取限量饲养，使妊娠期母猪的增重控制在20kg左右，而哺乳期则实行充分饲养。既符合妊娠母猪的生理特点，又可以最大限度地减少饲料消耗，提高饲养效果。因为，过去认为母猪在妊娠期体内的营养贮备有利于哺乳期泌乳，现在则认为妊娠期在体内贮备营养供给产后泌乳，造成营养的二次转化，要多消耗能量，不如哺乳期充分饲养经济，同时，由于妊娠期母猪代谢机能强，如果营养水平过高，母猪增重过多，体内会有大量脂肪沉积，使母猪过于肥胖，这不仅造成饲料的浪费，而且母猪妊娠期过于肥胖还会造成难产，产后易出现食欲不振、仔猪生后体弱、泌乳量不高等不良后果。资料表明，“高妊娠，高泌乳”的饲养方式比“低妊娠，高泌乳”饲养方式，养分损失要高出1/4以上。所以，近年来国内外普遍推行对妊娠母猪采取限量饲养，哺乳母猪则实行充分饲养的方法。

3. 妊娠母猪的饲喂方法

大型妊娠母猪的前期，每天平均饲喂配合饲料2kg，体型小的喂1.5kg，青绿多汁饲料3～4kg。大型妊娠母猪后期每天喂饲料3～

3.5kg，体型小的喂 2kg，青绿饲料 2kg。为了受精卵在子宫顺利着床，应在母猪妊娠的最初半个月加强饲养，每天多喂 0.5kg 饲料，这叫胎儿初发支持饲料，或叫坐胎支持饲料。

妊娠母猪应定时定量饲喂，以免过肥，不利于胎儿生长和发育，让猪充分饮水，特别是较热天气，母猪饮水量大增。

对妊娠前期的母猪，可把谷类饲料和饼类饲料的配比降低 15% 左右，把麸皮、优质草粉提高配比 15% ~20%。这样既适宜妊娠前期的营养要求，又能提高饲料单位重量的体积，有利于猪的饱腹感。

妊娠后期母猪的饲养，要将营养水平提高，每千克日粮含有粗蛋白质 15% ~16%。根据地方饲料资源，力求饲料多样化。

四 妊娠母猪的管理

妊娠母猪管理好坏直接影响胚胎存活和产仔数。因此，在生产上须注意以下几方面的管理工作。

1. 避免机械损伤

妊娠母猪在妊娠后期宜单圈饲养，防止相互咬架、挤压造成死胎和流产。不可鞭打、追赶和惊吓怀孕母猪，以免造成机械性损伤，引起死胎和流产。

2. 注意环境卫生，预防疾病

凡是引起母猪体温升高的疾病如子宫炎、乳房炎、乙型脑炎、流行性感冒等，都是造成胎儿死亡的重要原因。故要做好圈舍的清洁消毒和疾病预防工作，防止子宫感染和其他疾病的发生。

3. 保持适宜温度

夏季环境温度高，营养胚胎发育，容易引起流产和死胎，做好防暑降温尤其重要。降温措施一般有洒水、洗浴、搭凉棚、通风等。冬季要搞好防寒保温工作，防止母猪感冒发热造成胚胎死亡或流产。

4. 加强消毒工作

妊娠母猪常规每周带猪消毒 3 次，采取隔日消毒。消毒药物有氯制剂、酸制剂、碘制剂、季铵盐类、甲醛、高锰酸钾等。带猪要喷雾消毒，消毒要彻底，不留死角。带猪消毒切记浓度过大，一定要按标准配制消毒液。

【提示】 老场要用强消毒剂消毒；季铵盐类消毒剂多用于母猪床上清洗及新场的日常消毒。空舍净化消毒，其程序为：清理—火碱闷—冲洗—熏蒸—消毒剂消毒。

5. 做好妊娠母猪的驱虫、灭虱工作

蛔虫、猪虱最容易传染给仔猪，在母猪配种前应进行一次药物驱虫，并经常做好灭虱工作。

6. 防止突然更换饲料

妊娠后更换母猪料，产前 10 ~ 15 天起将饲料更换成产后饲料。更换饲料切忌突然更换，一般要有 5 ~ 7 天的过渡期，避免饲料发霉变质，以防引起母猪便秘、腹泻，甚至流产。

7. 适当增加饲喂次数

母猪妊娠后期应适当增加饲喂次数，每次不能喂得过饱，以免增大腹部容积，压迫胎儿造成死亡。母猪产前减料是防止母猪乳房炎和仔猪下痢的重要环节，必须引起足够重视。

8. 适当运动

妊娠母猪要给予适当的运动。无运动场的猪舍，要赶到圈外运动。在产前 5 ~ 7 天应停止驱赶运动。

9. 防止化胎，死胎和流产

母猪每次发情期排出的卵，大约有 10% 不能受精，有 20% ~ 30% 的受精卵在胚胎发育过程中死亡，出生的活仔猪数只有排卵数的 60% 左右。防止化胎、死胎和流产的措施如下：

1）合理饲养妊娠母猪，营养全面，尤其注意供给足量的维生素、矿物质和优质蛋白质。但不要把母猪饲养得过肥。

2）不喂发霉变质、有毒、有刺激性的饲料和冰冻饲料。冬季要饮温水。

3）妊娠母猪的饲料不要急剧变化或经常变换，妊娠后期要增加饲喂次数，每次给料量不宜太多，避免胃肠内容物过多而挤压胎儿，产前要给母猪减料。

4）注意防止母猪互相拥挤、咬斗、跳沟、滑倒等，不要追赶和鞭打母猪，妊娠后期一定要单圈饲养。

五 母猪分娩前后的饲养管理

1. 分娩前的准备

（1）预产期的推算 猪的妊娠期是111～117天，平均114天。推算出每头妊娠母猪的预产期，是做好产前准备工作的重要步骤之一。

如果粗略地计算，一般是在配种月份上加4，在配种日上减6，就是产仔日期。例如配种期是4月20日，4+4=8，20-6=14，所以预产期是8月14日。但由于月份有大月、小月之分，所以精确日期应是8月12日。

（2）母猪临产症状 母猪妊娠期是114天，但实际产仔日期可能提早或延迟几天，临产前的母猪在生理和行为方面有很多变化，观察这些症状，要有专人照看，准备接产。产前表现与产仔时间见表4-4。引进的品种表现不明显。初产母猪比经产母猪做窝早。母猪起卧不安、不吃食、呼吸急促、排尿频繁、阴道流出黏液，就是即将临产的症状。

表4-4 产前表现与产仔时间表

产前表现	距产仔时间
乳房胀大（乳房基部与腹部之间出现明显界限）	15天左右
阴户红肿，尾根两侧下陷（塌胯）	3～5天
挤出乳汁（前部乳头能挤出奶时，乳汁透亮）	1～2天（从前排乳头开始）
衔草做窝	8～16h
乳汁乳白色（最后一对乳头能挤了奶时）	6h
每分钟呼吸90次左右	4h左右
躺下、四肢伸直、阵缩间隔时间逐渐缩短	10～90min
阴户流出分泌物	1～20min

（3）接产的准备工作 在母猪分娩前10天，就应准备好产房。产房应当阳光充足，空气新鲜，温暖干燥（室温保持20℃以上，相对湿度在80%以上）。在寒冷地区要堵塞缝隙，生火或3%～5%苯酚消毒地面，用生石灰液粉刷圈墙。产前3～5天在产房铺上新的清

洁干草，把母猪赶进产房，让它习惯新的环境。用温水洗刷母猪，尤其是腹部、乳房和阴户周围更应保持清洁，清洗后用毛巾擦干。母猪多在夜间产仔。接产用具如护仔箱、毛巾、消毒药、耳号钳、称仔猪用的秤、手电筒和风灯等，都要准备齐全，放在固定位置。

2. 接产

初生仔猪的体重只占母猪的1%，一般情况下都不会难产，不论头先露或臀先露都能顺利产出。母猪整个分娩过程约为2~5h，个别长的可达十几个小时。每5~30min产一头仔猪。仔猪全部产出后约10~30min后排出两串胎衣，分娩过程结束。

仔猪产出后就应立即将仔猪口、鼻的黏液擦净，用毛巾将仔猪全身擦干，在距离腹部5cm处用手指将脐带揪断，比用剪刀剪断容易止血。用5%的碘酒浸一下脐带断处，使脐带得到消毒；并易干燥收缩，三五天后会自然脱落。消毒脐带之后称重，打耳号，把仔猪放到护仔箱里，以免在母猪继续分娩的过程中被踩伤或压死。

有的仔猪生后不呼吸，但心脏仍在跳动，这种情况叫做“假死”。假死仔猪经过及时抢救，是能够成活的。抢救的方法是先将仔猪口、鼻的黏液掏了、擦净，然后将仔猪朝下倒提，继续使黏液空出，并用手连续拍打仔猪胸部，直到发了叫声，也可以将仔猪四肢朝上，一手托肩部，一手托臀部，一伸一屈，反复压迫和舒张胸部，进行人工呼吸，直到仔猪发出叫声为止。

母猪分娩时间较长，可以在分娩间歇中把小仔猪放入护仔箱里拿了来吃奶，保证仔猪在生后1h吃到初乳。仔猪吮奶的刺激不但不会妨碍母猪分娩，而且有利于子宫收缩。

【提示】 猪是两侧子宫角妊娠的，产出全部仔猪之后，先后有两串胎衣排出。接产员应检查一下胎衣是否全部排出，如果胎衣的最后端形成堵头，或胎衣上的脐带数与产仔头数一致，表示胎衣已经排尽。将胎衣和脏的垫草一起清除出去，防止母猪吞食胎衣形成恶癖。

3. 母猪分娩前后饲养

（1）分娩前的饲养 体况良好的母猪，在产前5~7天应逐步减

少饲料20%～30%，到产前2～3天进一步减少30%～50%，避免产后最初几天泌乳量过多或乳汁过浓引起仔猪下痢或母猪发生乳房炎；体况一般的母猪不减料；体况较瘦弱的母猪可适当增加优质蛋白质饲料，以利母猪产后泌乳。

【提示】临产前母猪的日粮中，可适量增加麦麸等带轻泻性饲料，可调制成粥料饲喂，并保证供给饮水，以防猪便秘导致难产。产前2～3天不宜将母猪喂得过饱。

（2）分娩当天的饲养 母猪在分娩当天因失水过多，身体虚弱疲乏，此时可补喂2～3次麦麸盐水汤，每次麦麸250g，食盐25g，水2kg左右。

（3）分娩后的饲养 在分娩后2～3天内，由于母体虚弱，消化机能差，不可多喂精料，可喂些稀拌料（如稀麸皮料），并保证清洁饮水的供应，以后渐加料，经5～7天后按哺乳母猪标准饲喂。

4. 母猪分娩前后的管理

临产前应在圈内铺上清洁干燥的垫草，母猪产仔后立即更换垫草，清除污物，保持垫草和圈舍的干燥清洁。要防止贼风侵袭，避免母猪感冒引起缺奶造成仔猪死亡。保持母猪乳房和乳头的清洁卫生，减少仔猪吃奶时的污染。产后2～3天不让母猪到户外活动，产后第四天无风时可让母猪到户外活动。让母猪充分休息，尽快恢复体力。哺乳母猪舍要保持安静，有利于母猪哺乳。

【提示】要注意对产后母猪的观察，如有异常及时请兽医诊治。

第五节 哺乳母猪的饲养管理

一 哺乳母猪的饲养

母乳是仔猪生后3周内的主要营养来源，是仔猪生长的物质基础。养好哺乳母猪，保证它有充足的乳汁，才能使仔猪健康成长，提高哺乳仔猪断奶窝重，并保证母猪有良好的体况，仔猪断奶后母猪能及时发情配种，顺利进入下一个繁殖周期。如果哺乳期体重下降幅度太大，则会影响断奶后的正常发情配种和下一胎的产仔成绩。因此，无论是从保护母猪的正常体况，还是从提高仔猪的断奶窝重考虑，都必须加强哺乳母猪的饲养。

1. 营养需要

哺乳母猪的营养需要量因品种、体重、带仔数不同而有差异。日粮营养水平建议为消化能 3100～3200kcal/kg，粗蛋白质 15%～17%，钙 0.75%～0.90%，磷 0.5%～0.65%，食盐 0.35%～0.45%，赖氨酸 0.75%～0.90%。

2. 饲喂

哺乳母猪的饲料，要严防发霉变质，以免母猪发生中毒或导致仔猪死亡。在产后喂粥料 3～4 天，以后逐渐改喂干料或湿拌料，断奶前 3～5 天可减料 1/3 或 1/5。如果提早 30～35 天断奶，减料可以提前，逐渐改喂空杯母猪料。

根据哺乳母猪带仔的多少确定喂料量。每多带一头仔猪，按每猪维持料加喂 0.3～0.4kg 料。母猪的维持需要料量，一般按每 100kg 体重 1.1kg 料。例如，150kg 体重的母猪带 8 头仔猪，则每天平均喂 4.7～4.8kg 饲料，如果只带 5 头仔猪，则每天只喂 3.3kg 料即可满足。每日一般饲喂 3 次，有条件的可搭配青绿多汁饲料，有较明显的催乳作用。

保证母猪充足的泌乳量，必须做好两个关键时期的饲养：一是母猪妊娠后期饲养。妊娠后期胎儿发育很快，母猪的乳腺也同时发育。如果营养不足，母猪乳腺发育不好，产仔后泌乳量就少。因此妊娠后期要加强营养使母猪乳腺得到充分发育，为产仔后的泌乳打下基础。二是母猪产后需要营养。母猪产后 20 天左右达到泌乳高峰，以后逐渐下降。从产后第五天恢复正常喂量起，到产后 30 天以内，应给以充分饲养，母猪能吃多少精料就给多少精料，不限制其采食量，使它的泌乳能力得到充分发挥，仔猪才能增重量快、健康、整齐。猪乳中的蛋白质，钙、磷和维生素，都是从饲料中得到的。饲料中的蛋白质不但数量要够，而且品质要好。钙和磷不足能引起泌乳期母猪瘫痪和跛行。饲料中的维生素丰富，通过乳汁供给仔猪的维生素也多，能促使仔猪健康发育。

⚠【注意】 生产中许多猪场存在母猪产前产后减料（为避免母猪产前产后消化不良、便秘等）和断奶前后减料（为减少断奶母猪乳房炎等病的发生）两大误区。结果导致哺乳母猪在整个哺乳期至少有一周左右的时间是吃不饱的，满足不了哺乳期的营养需要。所以，母猪产前产后和母猪断奶前是不需要刻意去大幅度减少饲料的。

二 哺乳母猪的管理

哺乳母猪的正确管理，对保证母仔的健康，提高泌乳量极为重要，应做好如下管理工作。

1. 保持适宜的环境

哺乳母猪舍一定要保持清洁干燥和通风良好，冬季要注重防寒保暖。母猪舍肮脏潮湿常是引起母、仔患病的原因，特别是舍内空气湿度过高，常会使仔猪患病和影响增重，应引起足够重视。

2. 注意运动，多晒太阳

合理运动和让猪多晒太阳是保证母仔健康，促进乳汁分泌的重要条件。产后3~4天开始让母猪带领仔猪到运动场内活动。

3. 保护好哺乳母猪的乳房和乳头

仔猪吸吮对母猪乳房、乳头的发育有很大影响。特别是头胎母猪一定要注意让所有乳头都能均匀利用，以免未被利用的乳房发育不好，影响以后的泌乳量。当新生仔猪数少于母猪乳头数时，应训练仔猪吃两个乳头的乳，以防剩余的乳房萎缩。经常检查乳房，如发现乳房因仔猪争乳头而咬伤或被母猪后蹄踏伤时，应及时治疗，冬天还要防止乳头冻伤。腹部下垂的母猪，在躺卧时常会把下面一排乳头压住，造成仔猪吃不上奶，可用稻草捆成长60cm左右的草把，垫在母猪腹下，使下面的乳头露出来，便于仔猪吮乳。腹部过分下垂的母猪，乳头经常拖在地上，应注意地面的平整；并经常保持地面清洁。

⚠【注意】 注意观察母猪膘况和仔猪生长发育情况。如果仔猪生长健壮，被毛有光泽，个体之间发育均匀，母猪体重虽逐渐减轻但不过瘦，说明饲养管理合适。如果母猪过肥或过瘦，仔猪瘦弱生长不良，说明饲养管理存在问题，应及时查明原因，采取补救措施。

三 生产实践中存在的问题

1. 母猪缺乳或无乳

在哺乳期内，有个别母猪在产后缺乳或无乳，导致仔猪发育不良或饿死。如遇到这种情况，应查明原因，及时采取相应措施加以解决，见表4-5。

2. 母猪拒绝哺乳仔猪

母猪产后拒绝哺乳仔猪有下列几种情况：一是母猪缺乳或少乳，仔猪总缠着母猪吮吸乳头，使母猪不安，或乳头发痛而拒绝哺乳。此种情况需要提高母猪饲料营养水平，加充足的催乳饲料，母猪乳汁分泌量增加，拒乳现象可以消失；二是母猪的乳房或乳头擦伤，或因个别仔猪犬齿太长、太尖，泌乳时乳房疼痛而拒乳，此种情况需请兽医及时治疗；三是初产猪没有哺乳经验而不哺乳，对仔猪吸吮刺激总是处于兴奋和紧张状态而拒绝哺乳。生产上可采取醉酒法，用2~4两白酒拌适量料一次喂给哺乳母猪，然后把仔猪捉去吃奶，或者肌内注射盐酸氯丙嗪（冬眠灵），每千克体重注射2~4mg，使母猪睡觉，也可在母猪卧时，用手轻轻抚摸母猪腹部和乳房，然后再让仔猪吸乳。经这次哺乳，母猪习惯后，就不会拒绝哺乳。

3. 母猪吃仔猪

生产中个别母猪有吃仔猪的现象，是因为母猪吃过死仔猪、胎衣或温水中的生骨肉（初生仔猪的味道与其相似）；母猪产仔后，异常口渴，又得不到及时饮水，别窝仔猪串圈入此圈，母猪闻出味不对，先咬伤、咬死，后吃掉；或者由于母猪缺乳，造成仔猪争乳而咬伤乳头，母猪因剧痛而咬仔猪，有时咬伤、咬死后吃掉。消除母猪吃仔猪的办法：供给母猪充足营养，适当增加饼类饲料，多喂青绿多汁饲料，每天喂骨粉和食盐，母猪产仔后，及时处理掉胎衣和

死仔猪，不喂有生骨肉的温水，让母猪产前、产后饮足水，不使仔猪串圈等。

表 4-5　母猪无乳和缺乳的原因和对策

原　因	措　施	催乳方法
妊娠母猪饲养管理不当，尤其是后期营养水平低，能量和蛋白质不足，母猪消瘦，乳房发育不良。营养不全面，能量水平高而蛋白质水平低，体内沉积了过多的脂肪，母猪过肥，泌乳很少	加强妊娠后期的营养，保持能量与蛋白质的适宜比例。对分娩后瘦弱缺奶或无奶的母猪，增加营养，多喂些虾、鱼等动物性饲料，也可以将胎衣煮给母猪吃，喂给优质青绿饲料等。对过肥无奶的母猪，要减少能量饲料，适当增加青饲料，同时还要增加运动	①先将母猪与仔猪暂时分开，每头母猪用 20 万 ~ 30 万单位催产素肌内注射，用药 10min 后让仔猪自行吃乳，一般用 1 ~ 2 次即可达到催乳效果；②在煮熟的豆浆中，加入适量的荤油，连喂 2 ~ 3 天；③花生仁 500g，鸡蛋 4 枚，加水煮熟，分 2 次喂给，1 天后就可下乳；④海带 250g 泡涨后切碎，加入荤油 100g，每天早晚各 1 次，连喂 2 ~ 3 天；⑤白酒 200g，红糖 200g，鸡蛋 6 枚。先将鸡蛋打碎加入糖搅匀，然后倒入白酒，再加少量精料搅拌，一次性喂给哺乳母猪，一般 5h 左右产乳量大增；⑥将各种健康家畜的鲜胎衣（母猪自己的也可以），用清水洗净，煮熟剁碎，加入适量的饲料和少许盐，分 3 ~ 5 次喂完；⑦将活泥鳅或鲫鱼 1500g 加生姜、大蒜适量及通草 5kg 拌料连喂 3 ~ 5 天，催乳效果很好；⑧用王不留行 35g、通草 20g、穿山甲 20g、白术 30g、白芍 20g、黄芪 30g、当归 20g、党参 30g，水煎加红糖喂服
母猪年老或配种过早。年老母猪体弱，消化机能减退，饲料利用率低，自身营养不良；小母猪过早配种，身体还在生长，需要很多营养，配种易造成营养不足，生长受阻，乳腺发育不良，泌乳量低	要及时淘汰老龄母种猪，第七胎以后的母猪，繁殖机能下降，泌乳量低，要及时用青年母猪更新。在调整营养的基础上，给母猪喂催奶药	
母猪产后高烧造成缺奶或无奶，发生乳房炎或子宫炎等都影响泌乳，使泌乳量下降	母猪患病要及时治疗	

第五章

仔猪的饲养管理

核心提示

仔猪阶段是猪一生中生长发育最迅速、物质代谢最旺盛、对营养不全最敏感的阶段。饲养管理的好坏直接影响到仔猪的成活率、断奶窝重，影响到肥猪的出栏时间以及培育新母猪的繁殖力。根据仔猪不同时期内生长发育特点及对饲养管理的要求，生产中通常分为两个阶段，即依靠母乳生活的哺乳仔猪阶段和由母乳过渡到独立生活的断奶仔猪阶段。哺乳仔猪阶段要抓好“三关”，提高成活率；断奶仔猪阶段要保持适宜的环境条件，合理分群，增加采食量，控制疾病，促进生长和仔猪健康。

第一节 哺乳仔猪的饲养管理

哺乳仔猪饲养管理的任务是获得最高的成活率和最大断乳窝重与个体重。为了达到目标，必须掌握仔猪的生长发育规律及其生理特点，采用相应的饲养管理措施。

一 哺乳仔猪的生理特点

1. 生长发育快、机体代谢旺盛

猪出生时体重较小，但出生后生长发育特别快。仔猪初生重一般在1kg左右，10日龄时体重达初生重的2倍以上，30日龄达5~6

倍，60 日龄体重达 17～19kg，是初生重的 17 倍左右，如按月龄的生长强度计算，第一个月的生长强度最大。

【提示】 仔猪生长发育迅速，物质代谢旺盛，对营养物质需求高，必须供给充足的、全面的平衡日粮。

2. 消化器官容积小、消化机能差

猪的消化器官在出生时相对重量和容积较小，机能发育不完善。消化器官发育的晚熟，导致消化腺分泌及消化机能不完善。初生仔猪胃内仅有凝乳酶，而唾液酶和胃蛋白酶很少，约为成年猪的 1/4～1/3。同时，胃底腺不发达，不能制造盐酸，缺乏游离的盐酸，胃蛋白酶就没有活性，呈胃蛋白酶元状态，不能消化蛋白质，特别是植物蛋白，这时只有肠腺和胰腺的发育比较完全，肠淀粉酶、胰蛋白酶和乳糖酶活性较高，食物主要是在小肠内消化，所以初生仔猪可以吃乳，而不能利用植物性饲料。

在胃液的分泌上，成年猪由于条件反射作用，即使胃内没有食物，同样能大量分泌胃液。而仔猪的胃和神经系统之间的联系还没有完全建立，缺乏条件反射性的胃液分泌，只有食物进入胃内直接刺激胃壁后，才分泌少量胃液。到 35～40 日龄时，胃蛋白酶才表现出消化能力，仔猪才可利用乳汁以外的多种饲料，并进入“旺食”阶段。直到 2.5～3 月龄，盐酸的浓度才接近成年猪的水平。哺乳仔猪消化机能不完善的又一表现是食物通过消化道的速度太快。

【提示】 哺乳仔猪消化器官容积小，消化液分泌少，消化机能差，构成了它对饲料的质量、形态和饲喂方法、次数等饲养上要求的特殊性，生产中必须按照仔猪的营养特点进行科学的饲喂。

3. 调节体温的机能发育不全、抗寒能力差

仔猪出生时，大脑皮层发育不全，垂体和下丘脑的反应能力以及为下丘脑所必需的传导结构的机能较低，体温调节能力差；初生仔猪对体温的调节主要是靠皮毛、肌肉颤抖、竖毛运动和挤堆共暖等物理作用，但被毛稀疏、皮下脂肪少，保温、隔热能力差。初生仔猪体内的能源贮备也是很有限的，每 100mL 血液中，血糖的含量

是100mg，如吃不到初乳，两天可降到10mg或更少，即可因发生低血糖症而出现昏迷。

【提示】初生仔猪在冷的环境中，不易维持正常体温，易被冻僵、冻死，故有仔猪怕冷的说法。对初生仔猪保温是养好仔猪的特殊护理要求。

【小知识】>>>>

仔猪到第6天时化学的调节能力仍然很差，从第9天起才得到改善，20日龄接近完善。仔猪化学调节体温机能的发育可以分为3个时期：贫乏调节期——出生后至第6天；渐近发育期——第7～20天；充分发育期——20日龄以后。

4. 缺乏先天免疫力、容易得病

免疫抗体是一种大分子的r-球蛋白，猪的胚胎构造复杂，在母猪血管与胎儿脐血管之间被6～7层组织隔开限制了母猪体抗体通过血液向胎儿转移，因而仔猪出生时没有先天免疫力。只有吃到初乳后，靠初乳把母体的抗体传递给仔猪，并过渡到自体产生抗体而获得免疫力。

仔猪出生后24h内，由于肠道上皮处于原始状态，球蛋白质有可渗透性。同时乳清蛋白和血清蛋白的成分近似。因此，仔猪吸食初乳后，可不经转化即能直接吸收到血液中，使仔猪血清r-球蛋白的水平很快提高，免疫力迅速增加，肠壁的吸收能力随肠道的发育而使渗透性改变，36～72h后显著降低，所以仔猪出生后首先要让仔猪吃到初乳。

初乳中免疫球蛋白的含量虽高，但降低很快，而且，如IgG的半衰期为14天，IgM为5天，IgA是2.5天。仔猪10日龄以后才开始自产免疫抗体，到30～35日龄前数量还很少，直到5～6月龄才达成年猪水平（每100mL含r-球蛋白65mg），因此，这前3周是免疫空白期，仔猪不仅易患下痢，而且由于仔猪开始吃食，胃液又缺乏游离盐酸，对随饲料、饮水进入胃内的病原微生物没有抑制作用，也成为仔猪的多病时期。

【提示】哺乳仔猪的生长发育快和生理上的不成熟性，决定了仔猪难养，成活率低，所以，必须根据其生理特点要求，提供良好的营养和适宜的环境条件。

二 养好仔猪的关键

1. 抓好初生关，提高仔猪成活率

仔猪生后20天内主要靠母乳生活，又怕冷、易生病，因此，使仔猪获得充足的母乳，维持适宜的温度和减少踩死是促使仔猪成活和健壮发育的关键措施。

固定乳头，吃足初乳 母猪产后3天内分泌的乳汁，称为初乳。初乳酸度高，有利于消化活动。初乳中的各种养分，在小肠内几乎能全部吸收。初乳对仔猪有特殊的生理作用，能增强仔猪的抗病能力、增进健康，提高抗寒能力，促进胎便排泄。仔猪出生后，即应放在母猪身边吃初乳。如果初生仔猪吃不到初乳，则很难成活，所以初乳对仔猪是不可缺少和替代的。

【提示】仔猪在生后前几天，进行固定乳头的训练，乳头一旦固定下来，一般到断奶很少更换。实行固定乳头措施，既能保证每头仔猪吃足初乳，同时又能提高全窝仔猪的均匀度。

初生仔猪开始吃乳时，往往互相争夺乳头，强壮的仔猪占据前边的乳头，而弱小的往往吃不上或造成争夺咬伤母猪乳头或仔猪颊部，引起母猪烦躁不安，影响母猪正常放乳或拒绝哺乳，最后强壮的仔猪强占出乳多的乳头，甚至1头仔猪强占2个乳头，弱小仔猪只能吸吮出乳少的乳头，结果就会形成一窝仔猪中强的愈强，弱的愈弱，到断乳时体重相差悬殊，严重的甚至会造成弱小仔猪死亡。使全窝仔猪生长均匀健壮，提高成活率，应在仔猪出生后2～3天内，进行人工辅助，固定乳头，让仔猪吃好初乳。即母猪分娩后，第一次哺乳时，先用湿毛巾擦净母猪腹部和乳房、乳头，挤掉乳头内前几滴乳，再将仔猪放在母猪身边，让仔猪自寻乳头，待多数仔猪找到乳头后，对个别弱小或强壮争夺乳头的仔猪再适当调整。将

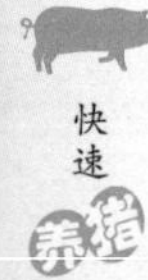

发育较差、初生重较小的仔猪放在前边乳头上吮乳，使其多吃初乳，以弥补其先天不足，体大强壮的仔猪固定在后边乳汁较少的奶头上。饲养员监视吮乳仔猪，不许打乱次序，每次哺乳都坚持既定顺序，经过几天的调教，仔猪就能按固定的顺序吮乳。这样不仅可以减少弱小仔猪死亡，而且还可使全窝仔猪发育匀称。对于初产母猪，此法可促使其后部乳房的发育，对提高以后的泌乳量和增加带仔数有重要作用。

人工固定乳头，一般采用“抓两头顾中间”的办法比较省事。把一窝中最强的、最弱的和最爱抢奶的仔猪控制住，强制其吃指定的乳头。至于一般的仔猪则可以让其自由选择乳头。在固定奶头时，最好先固定下边的一排，然后再固定上边的一排，这样既省事也容易固定好。此外，在乳头未固定前，让母猪朝一个方向躺卧，以利于仔猪识别自己吸吮的乳头。给仔猪固定乳头是一项细致的工作，特别是开始阶段，一定要细心照顾，必要时，可用各种颜色在仔猪身上打记号，便于辨认每头仔猪，以缩短固定乳头的时间。

2. 加强保温和防寒

母猪冬春季节分娩造成仔猪死亡的主要原因是冻死或被母猪压死。尤其是出生后 5 天内，仔猪受冻变得呆笨、行动不灵、不会吸乳、好钻草堆，更易被母猪压死或引起低血糖、感冒、肺炎等病。因此，加强护理，作好防冻保温和防压至关重要。

> **【提示】** 仔猪的适宜温度，生后 1 ~ 3 日龄是 30 ~ 32℃，4 ~ 7 日龄是 28 ~ 30℃，15 ~ 30 日龄是 22 ~ 25℃，2 ~ 3 月龄是 22℃，成年猪是 15℃。实际上，仔猪总是群居的，可以挤堆共暖，室温还可以略低些。

保温的办法很多，可根据自己的条件选择。为避免在严寒或酷暑季节产仔，可采用 3 ~ 5 月及 9 ~ 10 月间分娩的季节产仔制；如全年产仔制，应设产房，堵塞风洞，铺垫草，保持室内干燥。使舍温保持至 28℃以上，相对湿度 70% ~ 80%。据研究，猪的失热关键在地面导热，用 1.2cm 厚的木板代替 2.5cm 厚的水泥地面，等于提高地温 12℃，如风速从每分钟 6m 加快到 18m，等于降温 5.6℃。所以，

水泥地面一定要铺垫草。在密闭的猪舍内，用厚垫草（5 ~ 10cm）、高密度的办法养育仔猪，猪舍内不生火加温也可取得良好效果。

仔猪的供温方式有：①红外取暖器保温，方法简单，在产栏内安装木箱，或塑料箱挂上这些取暖设备，箱内温度高低可靠调节热源的高低来解决，效果良好，不仅保证了适宜温度，而且红外线对仔猪皮肤也很有好处；②在箱内挂白炽灯泡，箱口用麻袋或薄膜覆盖即可，甚至100W 的灯泡即可解决取暖问题；③仔猪保温箱内放置电热板；④安装热风炉提高舍内温度；⑤地板下水暖保证仔猪活动区适宜温度。

3. 防压、防踩

仔猪生后 1 周内，压死、踩死数占总死亡数的绝大部分。这是由于初生仔猪体质较弱，行动不灵活，不会吸乳以及对复杂的外界环境不适应，特别是寒冷季节，喜挤在一起，好钻草堆或钻入母猪腹底部取暖，稍有不慎，就有可能被母猪压死、踩死；但在分娩后的第一天，由于母猪过分疲劳而不愿意活动，故很少压死仔猪，母猪压死仔猪的现象一般是在母猪排粪的时候。据观察，母猪通常一昼夜排粪 6 ~ 7 次，其中白天 4 ~ 5 次，平均 4 次，夜晚 2 次，即半夜及快天亮时各排 1 次。因此，初生仔猪的管理中，一定要掌握母猪的排粪习性，加强管理，防止仔猪受压被踩。

⚠【注意】 大型母猪或过肥的母猪，体格笨重，腹大下垂，起卧时更易踩死、压死仔猪。此外，初生仔猪个体小，生活力弱或患病，也易造成压死。

防止母猪踩、压死仔猪，可以采取以下措施。

1）保持母猪安静，减少母猪压死仔猪的机会。仔猪出生后如让其自由哺乳，容易发生仔猪争夺乳头咬架，造成母猪烦躁不安，时起时卧，易压死、踩死仔猪。故应在第一次哺乳时就需人工辅助固定乳头哺乳，是防止仔猪争夺乳头的有效措施。

2）剪掉仔猪獠牙。仔猪吸乳时，往往由于尖锐的獠牙咬痛母猪的乳头或仔猪面颊，造成母猪起卧不安，容易压死、踩死仔猪。故仔猪出生后，应及时用剪子或钳子剪掉仔猪獠牙，但要注意断面的

整齐。

3）保持环境安静。防止突然声响，避免母猪受惊，踩压仔猪。

4）设置护仔间或护仔栏。中小型养猪场，最好有专用产房，产房内设有铝合金材料或镀锌管弯接焊合成的分娩栏，每头母猪都安置在分娩栏内，从而可大大降低踩死、压死仔猪的可能性。在不采用分娩栏产仔的猪舍，除应保持圈舍的安静，注意提高产房的温度，地面平整，防止垫草过长、过厚外，可在栏圈内设置护仔间（以后可供补饲用），定时放出喂奶，这是保温和防止仔猪被压、被踩的有效办法。如果没有护仔间，也可在头5天内采用护仔筐，将母仔分开，每隔60～90min哺乳1次。还可在猪床靠墙的一面或三面用钢管、圆木或毛竹（直径5～10cm）在离墙和地面各25～30cm外装设护仔栏，以防母猪靠墙卧时，将仔猪挤压到墙边或身下致死。如发现母猪压住仔猪，可拍打母猪耳根，或提起母猪尾巴，令其站起，救出仔猪。

4. 寄养并窝

一头母猪所能哺乳的仔猪数受其有效乳头数的限制，同时也受到营养状态的限制。当分娩仔猪数超过母猪的有效乳头数，或因母猪分娩后死亡、缺乳等，可以采取寄养或并窝的措施，以提高仔猪的成活率。并窝就是将母猪产仔数较少的2～3窝仔猪合并起来，给其中一头产乳性能好的母猪哺育，让其他母猪提早发情。而寄养则是将一头或数头母猪所产的多余的仔猪，另找一头母猪哺养，或者将全窝仔猪分别由其他几头母猪哺养。

（1）并窝寄养的时机 在出现下列情况时，应该实行寄养并窝。

1）母猪无乳。母猪丧失泌乳能力或产后因病不能养育仔猪和母猪死亡等情况，均需要给仔猪寻找代哺母猪，实施寄养。

2）母猪寡产或产仔过多。母猪产仔少或母猪产仔过多超过了母猪的有效乳头数，则需要将多余的仔猪寄养给其他代哺母猪。

3）仔猪弱小。种猪场或母猪专业户，在分娩母猪多而且集中的情况下，将初生日龄相近的仔猪，让其吃足初乳后，按体质强弱由一头母猪哺养，就可以避免因弱小仔猪抢不着乳头，形成“乳僵”猪或因吸不到母乳而饿死。

（2）并窝寄养的方法 并窝寄养时，可能发生被寄养的仔猪不认代哺乳母猪而拒绝吃乳，一般多发生于先产的仔猪往后产的窝里寄养，其处理办法是，把寄养的仔猪暂停止哺乳2～3h，待仔猪感到饥饿时，就会自己寻找代哺乳母猪的多余乳头吃乳。如果个别仔猪再继续拒绝吃乳，可人工辅助把乳头放入其仔猪口中，强制挤奶哺乳，这样强化2～3次，寄养可获得成功。另外，也可能发生代哺乳母猪不认寄养仔猪而拒绝哺乳并追咬仔猪的情况。母猪主要是靠嗅觉来辨别自己的仔猪和别的仔猪。因此，在寄养时可先将母猪隔开，然后把寄养的和原有的仔猪放在一起0.5～1h，使两窝仔猪的气味一致后，而且这时母猪的乳房已膨胀，仔猪已有饥饿感，再将其放出哺乳，即易寄养成功。或将寄养的仔猪与原有仔猪同放一窝内，向窝内喷洒少量的酒，混淆仔猪间的气味，然后再让代哺母猪哺乳。

（3）并窝寄养的注意事项 由于母猪多余的乳头在3天内会丧失泌乳能力，为使寄养并窝成功，以免发生以大欺小、以强凌弱的现象，或者大的仔猪霸占两个以上乳头，致使弱小仔猪抢不到乳头变成“乳僵”猪或被饿死。同时，过继的仔猪一定要吃到初乳。若是将没吃到初乳的仔猪寄养给3天以后的母猪身边，这些仔猪将不能成活。另外，所选择的代哺母猪必须要母性强，性情温顺，泌乳量高。不宜选择性情粗暴的母猪作代哺母猪，否则寄养并窝将难以成功。

（4）无寄养并窝条件的处理 在母猪产仔多而又无寄养并窝条件时，可采用轮流哺乳方法。把仔猪分为两组，其中一组与母猪乳头数相等，两组轮流哺乳，必要时加喂牛乳或羊乳，并进行早期断乳。这种方法较费劳力，工作繁重，夜间尚需值班人员照顾仔猪。对于超过了母猪的有效乳头数的多产仔猪或因疾病等母猪死亡的初生仔猪，在无寄养条件时，在24h以内送到初生仔猪交易市场进行交易。对于产仔数少于母猪有效乳头数的，则需要购买同期出生的仔猪进行代哺乳，以提高母猪的年生产力和仔猪的育成率。为了避免血统混杂，寄养时需要给仔猪打耳号，以便识别。

三 抓好补料关，提高仔猪断奶重

仔猪是生长最快，饲料用率高和单位增重耗料低的关键时期。随着仔猪日龄的增加，其体重及营养需要每日俱增。母猪的泌乳量虽在第3~4周达高峰以后逐渐下降，但自第2周以后，仍不能满足仔猪体重的日益增长要求，第3周母乳只能满足95%左右，第4周只能满足80%左右。前4周龄仔猪每千克增重需0.8kg乳的干物质，如不能及时补料，弥补营养之不足，就会影响仔猪的正常生长。

【注意】 传统方法是仔猪20~30日龄时才给补饲，由于补饲时间迟，在母猪泌乳下降时，仔猪还不能采食饲料，不能从饲料中得到足够的营养补充，因而营养不足，体重下降，瘦弱，抗病力下降，易发生血痢等疾病。严重影响仔猪发育，甚至形成僵猪。

“提前诱食，早期补饲”。即在仔猪出生后7~8天开始用诱食料（或称“开口料”），引诱仔猪开口吃饲料，逐渐养成采食饲料的习惯，待母猪泌乳下降时，仔猪已能大量采食饲料，这时通过补饲供给仔猪快速生长的营养所需，以弥补母乳的不足。只有提前诱食和早期补食，才能最大限度地提高哺乳仔猪断奶重。

1. 补充矿物元素

（1）补铁和铜 铁是造血和防止营养性贫血必需的元素。仔猪出生时体内铁的总贮量约为50mg，每日生长约需7mg，至3周龄开始吃料前，共需200mg，而母乳中含铁量很少（每100g乳中含铁0.2mg），仔绪从母乳中每日仅能获得约1mg铁的补充，而给母猪补饲铁也不能提高乳中铁的含量。仔猪体内的铁贮量很快耗尽，若得不到补充，一般10日龄前后会因缺铁而出现食欲减退、被毛散乱、皮肤苍白、生长停止和发生白痢等，甚至死亡。因此，仔猪生后2~3天应补铁；铜也是造血和酶必需的原料，有促进生长之效，因此，给仔猪补铁的同时也需补铜。常用的补铁和铜的方法有以下几种。

1）铁铜合剂补饲。仔猪生后3日起补饲铁铜合剂。把2.5g硫酸亚铁和1g硫酸铜研面溶于1000mL水中，装于瓶内，当仔猪吸乳时，将合剂刷在乳头上令仔猪吸食或用小奶瓶喂给它，每日1~2次共 10mL 左右。当仔猪会吃料后，可将合剂拌入料中喂给。此法简便易行，价格便宜，适合专业小户或农户。

2）牲血素注射。仔猪生后 2～3 日，必须注射牲血素，这种针剂类型很多，有国产、进口、名字不一、容量（10～100mL）不一、含量不一等类型。一次性皮下或肌内注射（按说明用），目前进口的质量比较好。

3）矿物质舔剂。为了满足猪对微量元素的需要，在仔猪生后第二天就开始在保温栏内设大盘子（平底），内装新鲜红土、骨粉、食盐、木炭粉和铁铜合剂混合物，任仔猪自由舔食，甚至可以人工抹入口内。这种方法效果良好。

（2）补硒 硒作为谷胱甘肽过氧化酶的成分，能防止细胞线粒体的脂类过氧化，与维生素一起保护细胞膜的正常功能起重要作用。当饲料中缺硒时，会导致仔猪拉稀、肝坏死和白肌病发生。我国大部分地区由于土壤中硒的含量相当的稀少，影响到饲料中硒的含量，所以目前饲料添加剂内都加入了硒。补硒的方法是生后 3 日内肌内注射 0.1% 亚硒酸钠 0.5mL，断乳时再注射 1 次。

2. 补充水

仔猪生长迅速，代谢旺盛，如 5～8 周龄仔猪需水量为本身体重的 1/5。同时，母猪乳中含脂率高，仔猪常感口渴，需水量较多，如不喂给清水，仔猪就会喝脏水或尿液，容易引起下痢。因此，仔猪生后 3～5 日龄起就可在栏内设水槽，经常更换清洁水或加甜味剂。有条件的话可安装自动饮水器效果更好。

另外，由于哺乳仔猪缺乏盐酸，3～20 日龄的仔猪（20 日龄后改用清水）饮用 0.8% 的盐酸水，有补充胃液分泌不全、活化胃蛋白酶之效，60 日龄体重可提高 13%。每头仔猪仅需盐酸 100g，成本很低。

3. 补充饲料

补料目的除补充母乳之不足，促进胃肠发育外，还有解除仔猪牙床发痒，防止下痢的作用。仔猪开始吃食的早晚与其体质、母猪乳量、饲料的适口性及诱导训练方法有关。仔猪出生

时已有上下第三门齿及犬齿共8枚，6~7日龄后前臼齿开始发生，牙床发痒，这时仔猪可离开母猪单独活动，对地面上的东西用闻、拱、咬进行探究，特别喜欢啃咬垫草、木屑和母猪粪便中的谷粒等硬物、脏物消除牙痒。同时，仔猪对这种探究行为有很大的模仿性，只要有一头猪开始拱咬，别的猪也很快来追逐，因此，我们可以利用仔猪这种探究行为和模仿争食的习性来引导其吃食。

(1) 诱食 诱食可从5~7日龄开始，经过7~14天的诱食训练，仔猪吃料，进入旺食期。诱食的方法有以下几种。

1）饲喂甜食。仔猪喜食甜食，对5~7日龄的仔猪诱食时，应选择香甜、清脆、适口性好的饲料，如带甜味的南瓜、胡萝卜切成小块，或将炒焦的高粱、玉米、大麦粒、豆类等喷上糖水或糖精水，并裹上一层配合饲料，拌少许青饲料，于上午9：00至下午3：00放在仔猪经常游玩的地方，任其自由采食。

2）强制采食。这种方法适用于优秀母猪的子女，因母乳充裕，一般诱导法不起作用，为使仔猪胃肠发育、早日开食，人工用稀粥状、甜味浓、适口易消化的料强制填塞；往往要配合母猪减水减料。

3）母教仔。这种方法适用于一些专业户和农户，在没有补饲间的情况下，把舍内地面冲洗干净、消毒，把饲料（母猪料）均匀撒在地面上，让母猪延长吃料时间，仔猪跟着母猪在地面上学吃料，短时间即可学会吃料。

4）大带小。有不少小规模猪场采用此法。仔猪1周龄可以自由活动时，即把母猪圈打开，将人行道的只允许仔猪出入的洞打开，在人行道上设补料槽。为已会吃料的仔猪补料，1周龄的仔猪出来后，模仿较大的猪吃料，较大的猪会不让仔猪吃料，越是这样，仔猪越好奇，短时间之内也可学会吃料。

5）铁片上喂料。把给仔猪诱食的饲料撒在铁片上，或放在金属的浅盘内，利用仔猪喜欢舔食金属的习性，达到诱食的目的。

6）少喂勤添。仔猪具有“料少则抢，料多则厌”的特性，所以诱食的饲料要少喂勤添，促进仔猪吃料而不浪费饲料。

【提示】仔猪开始吃得很少，只是把食物当玩具，拱拱咬咬。当它吃进一点后，很快就可引起吃食的欲望和反射，为了加速仔猪采食反射的建立，应注意饲料、食槽及补饲地点不要轻易变更，且要选择仔猪喜食的饲料。

(2) 补料 目前，乳猪料多是全价颗粒料，具有价高质优、适口性好的特点。每日饲喂 4 ~ 6 次，饲喂量由少到多，进入旺食期后，夜间多喂一次。母猪泌乳量高时，应有意识地进行“逼料”，即每次喂乳后，将仔猪关进补料间，时间为 1 ~ 1.5h，仔猪产生饥饿感后会对补料间的饲料产生一定兴趣，逼其吃料。仔猪 35 天后，生长快，采食量大增，此时除白天增加补饲外，在晚上 9：00 ~ 12：00 增喂 1 次饲料。

四 去势

商品猪场的小公猪和种猪场不能做种用的小公猪，都在哺乳期间进行去势，3 ~ 5 日龄去势，用 75% 的酒精和 5% 的碘酊消毒。早去势，抓猪比较容易，可减少猪应激，在断奶前伤口就愈合，但仔猪下痢，去势要推迟。

五 疾病防治

初生仔猪抗病能力差，消化机能不完善，容易患病死亡。对仔猪危害最大的是腹泻病，仔猪腹泻病是一个总称，包括了多种肠道传染病，最常见的有仔猪红痢、仔猪黄痢、仔猪白痢和传染性胃肠炎等。

仔猪红痢病是因产气荚膜梭菌侵入仔猪小肠，引起小肠发炎造成的。本病多发生在生后 3 天以内的仔猪，最急性的病状不明显，突然不吃奶，精神沉郁，不见拉稀即死亡。病程稍长的，可见到不吃奶，精神沉郁，离群，四肢无力，站立不稳，先拉灰黄或灰绿色稀便，后拉红色糊状粪便，故称红痢。仔猪红痢发病快，病程短，死亡率高。

仔猪黄痢病是由大肠杆菌引起的急性肠道传染病，多发生在生后 3 日龄左右，仔猪突然拉稀，粪便稀薄如水，呈黄色或灰黄色，

有气泡并带有腥臭味。本病发病快，其死亡率随仔猪日龄的增长而降低。

仔猪白痢病是仔猪腹泻病中最常见的疾病，多发生在30日龄以内的仔猪，以出生后10～20日龄发病最多，病情也较严重。主要症状为下痢，粪便呈乳白色、灰白色或淡黄白色，粥状或稍糊状，有腥臭味。诱发和加剧仔猪白痢病的因素很多，如母猪饲养管理不当、膘情肥瘦不一、乳汁多少、浓稀变化很大，或者天气突然变冷，湿度加大，都会诱发白痢病的发生。

仔猪传染性胃肠炎是由病毒引起的，不限于仔猪，各种猪均易感染发病，但仔猪死亡率高。症状是粪便很稀，严重时腹泻呈喷射状，伴有呕吐，脱水而死亡。

预防仔猪腹泻病的发生，是减少仔猪死亡、提高猪场经济效益的关键，预防措施如下。

1. 养好母猪

加强妊娠母猪和哺乳母猪的饲养管理，保证胎儿的正常生长发育，产出体重大、健康的仔猪，母猪产后有良好的泌乳性能。哺乳母猪饲料稳定，不吃发霉变质和有毒的饲料，保证乳汁的质量。

2. 保持猪舍清洁卫生

产房实行全进全出，前批母猪仔猪转走后，地面、栏杆、网床、空间要进行彻底清洗、严格消毒，消灭引起仔猪腹泻的病菌病毒，特别是被污染的产房消毒更应严格，最好是经过取样检验后再进母猪产仔。妊娠母猪进产房前对体表要进行喷淋刷洗消毒，临产前用0.1%高锰酸钾溶液擦洗乳房和外阴部，减少母体对仔猪的污染。产房的地面和网床上不能有粪便存留，随时清扫。

3. 保持良好的环境

产房应保持适宜的温度、湿度，控制有害气体的含量，使仔猪生活得舒服，体质健康，有较强的抗病能力，可防止或减少仔猪腹泻等疾病的发生。

4. 采用药物预防和治疗

对仔猪危害很大的黄痢病目前可用药物预防和治疗。口服药物预防治疗，可用增效磺胺甲氧嗪注射液，仔猪生后在第一次吃初乳

前口腔滴服0.5mL，以后每天两次，连续3天。如有发病的猪，继续投药，药量加倍。也可选用硫酸庆大霉素注射液，仔猪生后第一次吃初乳前口腔滴服10万国际单位，以后每天两次，连服3天，如有猪发病继续投药。

仔猪黄痢也可用疫苗进行预防。但必须根据大肠杆菌的结构注射相对应的菌苗才会有效。

第二节　断奶仔猪的饲养管理

断奶仔猪是指仔猪断奶后（一般28~35日龄）至70日龄左右的仔猪。就体重而言，一般为6~7kg到20kg左右的仔猪。由于断奶仔猪不再哺乳，从而失去了由母乳提供的营养，同时还要转圈分群，进行合群饲养，造成饲料和环境条件的巨大变化，对仔猪是一个极大应激，如果管理不善，很容易导致仔猪消化不良，采食不足，精神紧张，进而严重影响仔猪的生长发育，甚至发病死亡。因此，做好饲料、环境、管理制度的过渡，是养好断奶仔猪的关键。

一　仔猪断奶的适宜日龄

随着畜牧科学技术的发展，人们为了提高母猪的繁殖效率和提高仔猪的成活率和饲料效率，仔猪的断奶日龄在不断提早。由传统的45~60日龄断奶已逐渐提早到21~35日龄，甚至更早日龄，如超早期断奶（8~12日龄）等。

在生产实践中，确定仔猪断奶的时间应根据哺乳仔猪的发育状况、采食量、环境控制的条件及饲养管理水平等因素而决定。一般要求断奶时仔猪体重应达到5kg以上，日采食量应在25g以上。但对于一般猪场，以35日龄断奶较为稳妥，因这时的仔猪所需营养已有50%左右来自饲料，日采食量已达200g以上，个体重已达8.5kg以上，适应和抵御逆境的能力已较强，不会因断奶遭受较大影响。

二　仔猪断奶的方法

仔猪断奶的常见方法见表5-1。

表 5-1 仔猪断奶的方法

一次断奶	当仔猪达到预定的断奶日期，断然将母猪与仔猪分开。由于突然断奶，仔猪因食物和环境的突然改变，引起消化不良，情绪不安，增重缓慢或生长受阻，又易使母猪乳房胀痛或致乳房炎。但这一方法简单，使用时应于断奶前 3～5 天减少母猪的饲料喂量，加强母猪和仔猪的护理
分批断奶	按仔猪的发育、食量和用途分别先后断奶。一般是将发育好、食欲强、作肥育用的仔猪先断奶，体格弱、食量小、留作种用的仔猪适当延长哺乳期。这一方法的缺点是断奶拖长了时间，先断奶仔猪所吸吮的乳头成为空乳头，易患乳房炎
逐渐断奶	在仔猪预定断奶日期前 4～6 天，把母猪赶到较远的圈里，定时赶回让仔猪哺乳，哺乳次数逐日减少，至预定日期停止哺乳。这一方法可缓解突然断奶的刺激，称此为安全断奶

【注意】

断奶应激对仔猪影响很大，在生产中需选择适宜的方法。

三 仔猪断奶前的准备

断奶前的准备是一项细致而繁琐的工作，目的是为断奶仔猪提供一个清洁、干燥、温暖、舒适、安全的生长环境，尽量减少对仔猪的各种应激。

1. 圈舍清洁消毒

（1）清洁 断奶仔猪舍（保育舍）宜采用全进全出制生产方式。一批猪保育期结束后全部转入育成猪舍或育肥猪舍，之后彻底清理和冲洗圈舍，将地面、墙壁、屋顶及栏杆、料槽、漏缝地板等舍内设施的粪便、污物、灰尘用清洗机彻底冲刷干净，不留任何死角，同时将地下管道集中处理干净，并结合冲圈进行灭蝇和灭寄生虫工作，还要注意节约用水。

（2）消毒 圈舍冲洗干净后对圈舍及舍内设施分别用火碱、新过氧乙酸、灭毒威（酚类消毒剂）进行 3 次喷雾消毒，每次消毒间隔 12～24h，最后用石灰乳对网床、地面及墙壁进行涂刷消毒，必要时还需熏蒸消毒。做以上工作后关闭门窗，待干燥后进猪。

2. 设备用具的准备

安装好加温设备，可采用火炉和红外线或热风炉供热保暖；接猪前一天应将洗刷干净、晾干的灯泡、灯罩安装并调试好，开始升温预热房间，使舍内温度达到28℃左右。

准备好饲喂饮水用具以及消毒防疫用具。

四 断奶仔猪的饲养

断奶仔猪处于强烈的生长发育阶段，各组织器官还需进一步发育，机能尚需进一步完善，特别是消化器官更突出。猪乳汁极易被仔猪消化吸收，其消化率可高达100%，而断奶后所需的营养物质完全来源于饲料。主要能量来源的乳汁由谷物淀粉所替代，可以完全被消化吸收的酪蛋白变成了消化率较低的植物蛋白，并且饲料中还含有一定量的粗纤维。据研究表明，断奶仔猪采食较多饲料时，其中的蛋白质和矿物质容易与仔猪胃内的游离盐酸相结合，不能充分抑制消化道内大肠杆菌的繁殖，常引起腹泻疾病。

为了使断奶仔猪能尽快地适应断奶后的饲料，减少断奶造成的不良影响，除对哺乳仔猪进行早期强制性补料和断奶前减少母乳（断奶前给母猪减料）的供给，迫使仔猪在断奶前就能进食较多补充饲料外，还要使仔猪进行饲料的过渡和饲喂方法的过渡。饲料的过渡就是仔猪断奶两周之内应保持饲料不变（仍然饲喂哺乳期补充饲料），并添加适量的抗生素、维生素和氨基酸，以减轻应激反应，两周之后逐渐过渡到吃断奶仔猪饲料。饲喂方法的过渡，仔猪断奶后3~5天最好限量饲喂，平均日进食量为160g，5天后实行自由采食。

断奶仔猪栏内最好安装自动饮水器，保证随时供给仔猪清洁饮水，并在饮水中添加抗应激药物（如葡萄糖、电解多维、补液盐）以缓解断奶应激对仔猪的影响。断奶仔猪采食大量干饲料，常会感到口渴，需要饮用较多的水，如供水不足不仅会影响仔猪正常的生长发育，还会因饮用污水造成拉痢等病。保证充足的饮水位置，每8头猪要有一个饮水点，最好每栏内再加一个方形饮水槽。不同体重仔猪的饮水器与地面高度见表5-2。

表 5-2 不同体重仔猪的饮水器与地面高度

仔猪体重/kg	饮水器与地面高度/cm
5	10 ~ 13
5 ~ 15	13 ~ 30
15 ~ 35	30 ~ 46

五 断奶仔猪的管理

1. 分群

仔猪栏多为长方形，长度约 1.8 ~ 2.0m，宽度约 1.7m，面积为 3.06 ~ 3.40m^2。每栏饲养幼猪 8 ~ 10 头。仔猪断奶后第 1 ~ 2 天很不安定，经常嘶叫寻找母猪，尤其是夜间更甚。为了稳定仔猪不安情绪，减轻应激损失，最好采取不调离原圈、不混群并窝的饲养方法。

仔猪到断奶日龄时，将母猪调回空怀母猪舍，仔猪仍留在产房饲养一段时间，待仔猪适应后再转入保育舍。由于是原来的环境和原来的同窝仔猪，可减少断奶刺激。此种方法缺点是降低了产房的利用率，需要较多的产栏。

工厂化养猪生产采取全年均衡生产方式，各工艺阶段设计严格，实行流水作业。仔猪断奶立即转入仔猪培育舍，产房内的猪全进全出，猪转走后立即清扫消毒，再转入待产母猪。断奶仔猪一般采取原窝培育，即将原窝仔猪（剔除个别发育不良个体）转入培育舍合关在同一栏内饲养；如果原窝仔猪过多或过少时，需要重新分群，可按其体重大小、强弱进行并群分栏，同栏的仔猪体重相差不应超过 1 ~ 2kg。将各窝中的弱小仔猪合并分成小群进行单独饲养。合群仔猪会有争斗位次现象，可进行适当看管，防止咬伤。

2. 良好的环境条件

为使仔猪尽快适应断奶后的生活，充分发挥其生长发育潜力，要创造良好的环境条件。

（1）温度 30 ~ 40 日龄断奶仔猪适宜的环境温度为 21 ~ 22℃，41 ~ 60 日龄为 21℃，61 ~ 80 日龄为 20℃。为了能保持适宜的温度，冬季要采取保温措施，除注意房舍防风保温和增加舍内养猪头数外，最好安装取暖设备，如暖气（包括土暖气在内）、热风炉和煤火炉等。在炎热的夏季则要防暑降温，可取喷雾、淋浴、通风等降温方法，近年来许多猪舍采用了纵向通风降温，取得了良好效果。

（2）湿度 育仔舍内湿度过大可增加寒冷和炎热对猪的不良影响。潮湿有利于病原微生物的孳生繁殖，可引起仔猪多种疾病。断奶仔猪舍适宜的相对湿度为65%～75%。

（3）空气 猪舍空气中的有害气体对猪的毒害作用是长期性、连续性和累加性的，所以，保持空气新鲜非常重要。采取措施有：适时通风换气降低舍内有害气体、粉尘及微生物含量；对猪栏内粪尿等有机物及时清除处理，减少氨气、硫化氢等有害气体的产生；保持舍内湿度适宜；及时清理舍内的炉灰和灰尘，及时清扫洒在地面上的粉料；清扫地面时先适当洒水。

（4）噪声 尽量减少各种奇怪声响，防止仔猪惊群。

3. 调教管理

刚断乳的仔猪当其进入新的保育舍时，要认真对其进行调教，使其养成在固定的地方休息、采食和排泄粪便的习惯，这是保持猪舍卫生、干燥的重要手段。因为猪本来就有在阴暗、潮湿的墙角等地方排泄粪便，在干燥向阳的地方休息的天性。因此，饲养员在猪舍进猪之前应将猪舍打扫干净，并有意识将少量粪便堆放于粪沟和栏角处，以引诱仔猪到该处去排泄。并于进猪后1周内按时将猪驱赶到排泄粪便处，并不断巡视，发现随地乱排泄粪便的仔猪要进行鞭打教训，并及时清扫已排粪便，保持猪舍干净。使仔猪逐渐形成定位大小便的习惯。

4. 矫正仔猪咬尾、咬耳恶癖

有些猪场在保育仔猪阶段会发生咬尾巴、咬耳朵恶癖的现象。分析其原因，此现象与仔猪饲养密度过大，猪舍光线过强，饲料中缺乏某些营养元素，未使仔猪吃饱等因素有关。为防止仔猪咬尾巴、咬耳朵恶癖的发生，可采取以下措施：

1）除去病因，如适当调整饲养密度到合理水平，使每头仔猪至少占有栏地面积0.4～0.5m^2；补充饲料中各种微量元素，以防缺乏；调整饲料配方，防止营养物质失衡；调整猪舍内光线强度和舍内温度到适宜水平，以20～22℃为宜；调整饲料给量，防止饲喂不足造

成咬尾、咬耳恶癖。

2）在栏内吊挂一根硬木棍，或在栏内放入一些粗树枝等让仔猪空闲时咬玩。

3）发现有个别仔猪形成咬尾、咬耳恶癖时，应将其抓出隔离，单独饲养，防止继续咬伤其他仔猪。

4）一旦发现有被咬伤的仔猪时，也应将其隔离，单独饲养，防止被其他猪只不断啃咬已受伤的部位。并对外伤进行处理，防止继发细菌感染而发病。

5）为防止继续发生咬尾、咬耳恶癖现象，可于仔猪出生1~3天内将其尾巴在距尾根2~3cm处剪掉，但要注意止血和消毒，防止出血过多和感染。

5. 瘦弱仔猪的处理和康复

1）发现大群内的瘦弱仔猪及时挑出隔离饲养。

2）提高弱仔栏的局部温度。弱仔栏要靠近火炉处并加红外线灯供温。

3）补充营养，在湿拌料中加入乳清粉、电解多维，在小料槽饮水中加入口服补液盐，对于腹泻仔猪还可加入痢菌净等抗菌药物，以促进体质的恢复。

6. 及时免疫、驱虫、去势

根据各场疫苗免疫程序，多种疫苗都要在保育期内注射。仔猪60日龄注射猪瘟、猪丹毒、猪肺疫和仔猪副伤寒等疫苗。为了使仔猪生长发育更快，猪场一般在保育期内还要对仔猪进行投药驱虫和阉割去势。

【提示】 免疫、驱虫、去势这些工作最好不同时操作，以免对猪造成更大应激打击，影响仔猪健康和生长发育。

7. 其他管理

1）注意观察。上班时观察猪只的采食情况、精神状态、呼吸状态，听猪只的鸣叫是否正常，防止咬尾；观察猪群粪便有无腹泻、便秘或消化不良等疾病。

2）认真检查。检查饮水器供水是否正常，有无漏水或断水现象并及时处理；检查舍内温度、湿度是否正常，空气是否新鲜，并及时调控使之符合仔猪的生长发育需要。

3）减少饲料浪费。每天检查料槽是否供料正常，及时维修破损料槽。防止饲料变质，及时清理发霉变质或被粪尿污染的饲料。

4）搞好环境卫生。猪舍内外要经常清扫，定期消毒，杀灭病菌。

5）预防仔猪腹泻。断乳仔猪由于受到各种应激的影响，加上仔猪免疫系统发育尚不完善，易造成仔猪营养性腹泻和病原性腹泻，发生腹泻应在兽医指导下对症治疗，严防脱水。及时隔离和治疗发病猪只。

第六章
生长肥育猪的饲养管理

核心提示

猪的肥育是养猪生产中的最后一个环节。肥育目的是在尽可能短的时间内，以最少的投入，生产出量多质优的猪肉，供应市场，并从中获得经济效益。为此生产者必须根据猪的生长发育规律，应用猪遗传育种、饲料营养、环境控制等方面的研究成果，采用科学的饲养管理与疫病防治技术，达到猪只增重快、耗料少、胴体品质优、成本低和效益高的目的。

第一节 生长肥育猪的特点

一 肉猪体的增长速度

由于品种、营养和饲养环境的差异，不同猪的绝对生长和相对生长不尽相同，但是其生长规律是一致的。在正常饲养条件下，猪体重的绝对值，随年龄增大而增大，其相对增长速度则随年龄的增大而下降，到了成年期则稳定在一定水平。肉猪在70～180日龄为生长速度最快的时期，是肉猪体重增长中最关键的时期，肉猪体重的75%要在110天内完成，平均日增重需保持700～750g。25～60kg体重阶段日增重应为600～700g，60～100kg阶段日增重应为800～900g。

【注意】 从育成到最佳出栏屠宰的体重，该阶段占养猪饲料总消耗的68.47%，也是养猪经营者获得最终经济效益高低的重要时期。

二 肉猪体组织的生长

猪体中对人类最重要的组织是肌肉与脂肪。猪体骨骼、皮、肌肉、脂肪的生长是有一定规律的。骨骼最先发育，也最早停止，肌肉处于中间，脂肪是最晚发育的组织。随着年龄的增长，胴体中水分和灰分的含量明显减少，蛋白质仅有轻度下降，活重达50kg以后，脂肪是急剧上升。骨骼从出生后2~3月龄开始到活重30~40kg是强烈生长时期，肌纤维也同时开始增长，当活重达50~100kg以后脂肪开始大量沉积。虽然因猪的品种、饲养营养与管理水平不同，几种组织生长强度有所差异，但基本上表现出一致性的规律。

【注意】 生长肉猪前期给予高营养水平，注意日粮中氨基酸的含量及其生物学价值，促进骨骼和肌肉的快速发育，后期适当限饲减少脂肪的沉积，防止饲料的浪费，又可提高胴体品质和肉质。

三 肉猪机体化学成分的变化

随着肉猪各体组织及增重的变化，猪体的化学成分也呈一定规律性的变化，即随着年龄和体重的增长，机体的水分、蛋白质和灰分的相对含量下降，而脂肪的相对含量则迅速增长。瘦肉型猪体重45kg以后，蛋白质和灰分的相对含量是相当稳定的。

猪体化学成分变化的内在规律，是制定商品瘦肉猪体不同体重时期最佳营养水平和科学饲养技术措施的理论依据。掌握肉猪的生长发育规律后，就可以在其生长不同阶段，控制营养水平，加速或抑制猪体某些部位和组织的生长发育，以改变猪的体型结构、生产性能、胴体结构和胴体品质。

【特别提示】>>>>

养猪者必须掌握和利用肉猪增重、体组织变化的规律，了解影响肉猪的遗传、营养、环境、管理等因素，采用现代的饲养管理技术，提高日增重、饲料利用率，降低生产成本，提高经济效益，满足市场需要。

第二节　影响肥育猪快速肥育的因素

一　品种类型及其杂交利用

采用不同的品种或品系及相应的方式杂交，利用杂种优势，可提高肥育效果。

1. 品种类型

猪的品种很多，类型各异，对肥育的影响很大。不同品种的肥育效果见表6-1。

表6-1　不同品种的肥育效果

品　种	育肥头数	体重达90kg/天	平均日增重/g	饲料利用率
大约克夏猪	12	175	657	4.12
湖北白猪	12	179	626	3.42
监利猪	9	286	307	4.59

2. 杂交利用

杂交优势的显现，受许多因素的制约。一般来说，以国外品种为父本，以我国地方猪种为母本进行杂交，其后代增重速度的优势率为10%～20%，饲料利用优势率为5%～10%。

【注意】 一般选择育肥的猪要根据养猪条件、规模、资金、销路等来决定。若销路畅，出口或供应大、中城市，就要选良种杂交二元、三元、四元瘦肉型猪，进行规模化养殖。条件差的不能进行规模化养猪的零星散养户，就养土×良杂交一代，或土×良杂交三元猪（瘦肉兼用型），此种猪耐粗料，适应性强，繁殖率高。

二 性别与去势

性别对肥育效果的影响，已为我国长期的养猪实践所证实。公、母猪经过去势后育肥，性情安静、食欲增强、增重速度提高、脂肪沉积增强、肉的品质改善。猪去势后，性机能消失、异化过程减弱、同化过程增强，将所吸收的营养能更多地利用到增膘长肉上来。

三 仔猪初生重和断奶重

民间有“初生差一两，断奶差一斤，肥猪差十斤”的说法，凡仔猪初生个体大的，则生命力强，体质健壮，生长快，断奶体重亦大，健康状况和抗病力都相应地提高。同时，断奶体重大的猪，育肥速度较快，饲料报酬也较高。

【提示】 特别加强对母猪的饲养和仔猪的培育，提高仔猪的初生重和断奶重，为提高肥育猪的肥育效果奠定良好的基础。

四 营养和饲料

营养水平对肥育影响极大，一般来说，肥育猪摄取能量越多，日增重越快，饲料利用率越高，屠宰率也越高，胴体脂肪含量越多。蛋白质对肥育猪也有影响，蛋白质不足，不仅影响肌肉的生长，同时也影响肥育猪的增重。一般认为，当蛋白质含量超过18%时对增重无很大影响，但对于改善肉质，提高胴体瘦肉率有用。此外，蛋白质品质对肥育也有一定的影响，猪需要10种必需氨基酸，日粮中任何一种氨基酸的缺乏，都会影响增重。饲粮中营养水平、维生素、矿物质含量对猪的肥育以及胴体品质也有很大影响。

饲料是猪营养物质的直接来源，由于各种饲料所含的营养物质不同，因此，应由多种饲料配合才能组成营养全面的日粮。

【注意】 饲料对猪胴体品质的影响也很大，特别是对脂肪品质的影响。如果猪摄入含饱和脂肪酸多的大麦、小麦等淀粉类饲料，则体脂具有洁白、坚硬的性状；摄入含不饱和脂肪酸多的米糠、玉米、鱼粉、蚕蛹等饲料，则体脂较软，出现黄膘肉或异味。

五 环境条件

1. 温、湿度

温度是影响猪育肥效果的重要因素。猪舍内温度高于25℃以上时，猪吃食减少10%～30%，心跳、呼吸、新陈代谢加快，营养消耗增加。温度超过35℃，猪不但不长，甚至有中暑死亡的可能；温度在4℃以下时，生长速度下降50%，耗料增加两倍。受冻还会引起疾病和死亡。

湿度过高或过低对生长肥育猪也是不利的。当高温高湿时，猪体散热困难，感到更热；当低温高湿时，猪体散热量显著增加，猪感到更冷，而且高湿环境有利于病原微生物的繁殖，使猪易患疥癣、湿疹等皮肤病。反之，空气干燥，湿度低，容易诱发猪的呼吸道疾病。

【提示】 肥育猪适宜的温度为15～25℃，相对湿度为60%～80%。

2. 密度和通风

圈养密度过大，舍内通风不良，空气污浊，易发生呼吸道病，影响采食、饲料报酬和日增重；密度过小降低圈舍利用率。一般每头肥育猪以占圈0.8～1m^2，每圈养18～20头为宜。每个圈舍饲养的育肥猪头数不同，育肥效果也有差异，一般每圈饲养18～29头为宜。

圈舍必须具备良好的通风，否则空气中有毒气体的含量增加，严重影响猪的生长。如猪舍内氨气浓度超过100mL/m^3，猪日增重减少10%，饲料利用率降低18%。

3. 光照

光照时间长短对肥育猪增重和饲料利用率无明显的影响，但光照过强会造成猪只兴奋不安，影响猪只休息，进而影响增重。

六 饲喂方式

饲喂方式不科学也会影响育肥效果，如有的喂熟食，不仅浪费时间、人力和饲料，而且有些营养物质（特别是维生素类）被破坏；

有的稀汤灌大肚，摄取营养物质严重不足；有的饮水不足、乱用添加剂以及不注意分群等，导致育肥效果差。

七 管理

猪舍要建在地势高燥、背风向阳、冬暖夏凉、水源充足、安静、交通便利、空气新鲜、便于控制疾病的地方，舍内地面高出舍外，便于排出粪、尿；加强对猪的训练有利于圈舍清洁卫生。没有训练猪吃、睡、拉“三定位”，就不能保持圈舍干净、干燥、清洁卫生。猪生活在一个不舒适的环境中，肯定长得慢。

猪的出栏时间也影响猪的增重效果。如良种杂交猪和土×良杂交一代或三元，5~6月龄体重均达到100kg左右，此阶段前，育肥猪生长速度最快，耗料少，肉质好、瘦肉率高，市场销路畅，价格高。若时间推迟，体重超过120kg，相应生长速度慢，耗料增加，脂肪增多，瘦肉率下降，肉质老化。所以把猪养得过大、过肥时，不仅瘦肉率低、脂肪高、耗料多、长得慢，同时也影响养猪的经济效益。

八 疾病防治

不少养猪户除对环境卫生不注意外，对常见病预防也没有注意，如防大肠杆菌病（黄痢、白痢、水肿）、猪瘟、猪丹毒、猪肺疫、仔猪副伤寒、口蹄疫、细小病毒病，伪狂犬病等疫苗，没按时注射。有的猪生病了也不知道隔离治疗，肥育猪生病就迅速出售，还有的猪病死了不深埋、焚烧、消毒，而是随便丢到野地、沟塘里，甚至还有自食或贱卖给杀猪户去处理，根本没有考虑猪病的传染及自己、他人的利益。

第三节　生长肥育猪的快速育肥

一 快速育肥的饲养方式

1. 育肥猪的饲养方式

(1) 地面饲养　将育肥猪直接饲养在地面上。特点是圈舍和设备造价低，简单方便，但不利于卫生。目前生产中较多采用。

(2) 发酵床饲养 在舍内地面上铺上80~90cm厚的发酵垫料，形成发酵床，将猪养在铺有发酵垫料的地（床）面上。发酵床的材料主要是木屑（锯末）或稻壳，还有少量粗盐和不含化肥、农药的泥土（含有微生物多）。木屑占到90%，其他10%是泥土和少量的盐，将以上物质混合就形成了垫料。最后在垫料里均匀地播撒微生物原种，这些微生物原种是从土壤里采集而来，然后在实验室培养，把这些微生物原种播撒到发酵床里面，充分拌匀后，就形成了我们所说的发酵床。一般在充分发酵4~5天之后可以养猪。其特点是无排放、无污染，节约人工，减少用药和疾病发生率，饲养成本降低，是一种新型的养猪方式。

(3) 高架板条式半漏缝地板或漏缝地板饲养 将猪养在离地50~80cm高的漏缝或半漏缝地板上。其优点是猪不与粪便接触，有利于猪体卫生和生长；有利于粪便和污水的清理和处理，舍内干燥卫生，疾病发生率低。

(4) 笼内饲养 将猪养在猪笼内。猪笼的规格和结构一般是：长为1~1.3m、宽为0.5~0.6m、高为1m，笼的四边、四角主要着力部位选角铁或坚固的木料，笼的四面横条距离以猪头不能伸出为宜，笼底要铺放3cm厚的带孔木板。笼的后面须设置一个活动门，笼前端木板上方，留出一个20cm高的横口，以便放置食槽。笼间距一般为0.3~0.4m。育肥猪实行笼养投资少，占地少；猪笼可根据气候、温度变化移动，且猪体干净卫生，大大减轻猪病的发生；与圈养猪相比，笼养猪瘦肉率提高。

2. 育肥猪的肥育方式

生长育肥猪的肥育方式主要有阶段肥育法和一贯肥育法。

(1) 阶段肥育法 阶段肥育是按体重或月龄把整个肥育期划分为仔猪、架子猪和催肥猪三个阶段，采用一头一尾精细喂，中间时间吊架子的方式育肥。既把精饲料重点用在仔猪和催肥猪阶段，而在架子猪阶段尽量利用青饲料和粗饲料。

1）仔猪阶段。从断奶体重10kg喂到25~30kg，饲养时间约2~3个月。这段时间仔猪生长快，对营养要求严格，应喂给较多的精饲料，保证其骨骼和肌肉正常发育。

2）架子猪阶段。从体重25～30kg喂到50kg左右。饲养时间约4～5个月，喂给大量青、粗饲料，搭配少量精料，有条件的可实行放牧饲养，酌情补点精料，促进骨骼、肌肉和皮肤的充分发育，长大架子，使猪的消化器官也得到很好的锻炼，为以后催肥期的大量采食和迅速增重打下良好的基础。

3）催肥猪阶段。体重达50kg以上进入催肥期，饲喂时间约两个月，是脂肪沉积量最大的阶段，必须增加精饲料的给量，尤其是含碳水化合物较多的精料，限制运动，加速猪体内脂肪沉积，外表呈现肥胖丰满。一般喂到80～90kg，即可出栏屠宰，平均日增重约为0.5kg左右。

【提示】 阶段肥育法多用于边远山区农户养猪，它的优点是能够节省精饲料，而充分利用青、粗饲料，适合这些地区农户养猪缺粮条件，但猪增重慢，饲料消耗多，屠宰后胴体品质差，经济效益低。

（2）一贯肥育法 一贯肥育法又叫直线肥育法、一条龙肥育法或快速肥育法。这种肥育方法从仔猪断奶到肥育结束，全程采用较高的营养水平，给以精心管理，实行均衡饲养的方式。在整个肥育过程中，充分利用精饲料，让猪自由采食。在配料上，以猪在不同生理阶段的不同营养需要为基础，能量水平逐渐提高，而蛋白质水平逐渐降低。一贯育肥法的优点是猪增重快，肥育时间短，饲料报酬高，胴体瘦肉多，经济效益好。一般6个月体重可达90～100kg。

【提示】 目前生产中多采用一贯肥育法。从仔猪到出栏的整个饲养期内，按照各个生理阶段营养的需要供给全价饲料。这样缩短了育肥期，提高了猪舍和设备利用率。

二 快速育肥的环境条件

猪的快速育肥，饲养周期短，对环境条件的要求比较严格。只有创造适宜的温度、湿度、光照、通风和密度，保持猪舍安静，才能保证生长肥育猪食欲旺盛，增重快，耗料少，发病率和死亡率低，从而获得较高的经济效益。体重60kg以前为16～22℃；体重60～

90kg为14～20℃；体重90kg以上为12～16℃。不同地面养猪的适宜温度见表6-2。

表6-2 不同地面养猪的适宜温度

体重/kg	同栏猪数/头	木板或垫草地面温度/℃			混凝土或砖地面温度/℃		
		最高	最佳	最低	最高	最佳	最低
20	1～5	26	22	17	29	26	22
	10～15	23	17	11	26	21	16
40	1～5	24	19	14	27	23	19
	10～15	20	13	7	24	18	13
60	1～5	23	18	12	26	22	18
	10～15	18	12	5	22	16	11
80	1～5	22	17	11	25	21	17
	10～15	17	10	4	21	15	10
100	1～5	21	16	11	25	21	17
	10～15	16	10	4	20	14	9

猪舍适宜的相对湿度为60%～80%，如果猪舍内启用采暖设备，相对湿度应降低5%～8%；肥育猪舍的光线只要不影响猪的采食和便于饲养管理操作即可，强烈的光照会影响猪休息和睡眠。建造生长肥育猪舍以保温为主，不必强调采光；猪舍内要经常注意通风，及时处理猪粪、尿和脏物，注意合适的圈养密度，保证猪舍空气洁净；圈养密度以每头生长肥育猪0.8～1.0m^2为宜；猪群规模以每群10～20头为宜；噪声对生长肥育猪的采食、休息和增重都有不良影响。如果经常受到噪声的干扰，猪的活动量大增，一部分能量用于猪的活动而不能增重，噪声还会引起猪惊恐，降低食欲。噪声不超过75dB。

【提示】圈养密度过高，群体过大，可导致猪群居环境恶劣，相互冲突，食欲下降，采食减少，生长缓慢，猪群发育不整齐，易患各种疾病。

> ⚠【注意】 不同猪种的生活习性不同，对饲养管理条件的要求也不同。组群时应按猪种分栏饲养，另外，组群时还要考虑猪的个体状况，不能把体重、体质参差不齐的仔猪混在一起，以免强夺弱食，使猪群不整齐。组群后的猪群要相对稳定，避免相互咬斗。

三 仔猪选择

为了实现商品肉猪的快速增重，缩短肥育时期，降低饲料消耗，减少疾病感染，选择健康、高质量的仔猪是很重要的。

1. 做好购入前的准备

（1）做好计划 事先按本场猪舍可以正常饲养的育肥猪存栏，根据计划确定要购入猪的时间、数量、质量标准、品种，安排好舍栏、人员和资金等。

（2）备好圈舍 有的养猪户养猪心切，圈舍还没建好，就开始购进仔猪，边建边养；有的猪场第一批猪还没卖或刚卖掉，在未进行彻底清扫消毒时，就进入第二批仔猪，这样都会引进疾病。应做好准备，再选购仔猪。

（3）备好资金和各种物资 仔猪没有购入前，按计划购入数量准备好资金，特别是各种物资。养猪场多建在远离乡村的偏僻处，或离集市较远的村屯，不做好准备，就会影响正常饲养。

（4）准备好饲料 改变传统养猪习惯，选购好饲料，从正规有信誉的专业饲料厂家购入，特别是预混料这样科技含量高、价格较贵的原料。同时按配方选购好玉米、麦麸、豆粕等原料。对于新养猪场（户）来说，原料的质量很重要，不要因便宜而买来质量差的原料，并在进猪前 3 天配成全价料，如有疑问或不清楚的地方，可请教有经验的同行或向厂家咨询。

（5）备好兽药和必需器械 在购猪前，备好一些常用兽药，如高锰酸钾、氢氧化钠等消毒药，痢菌净、青霉素等抗菌药物。备好消毒器、注射器、针头等器械。

（6）饲养人员培训 固定好饲养人员，并做好培训工作。

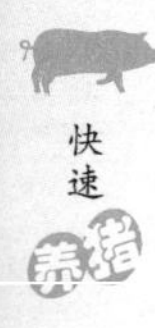

(7) 消毒 在购猪前10天，将准备好的圈舍彻底清扫，垃圾运出场外，用清水冲洗干净，不留死角；进猪前7天，密封圈舍用高锰酸钾和福尔马林熏蒸，如不能封闭，用2%～4%的氢氧化钠水全面消毒。

2. 确定猪源

选购仔猪应从专业生产仔猪处购买，虽然价格比市场高，但仔猪健康、成活率高、品种好、省料、出栏快，在购猪前，确定猪源。

(1) 从猪场购入仔猪 到正规猪场购买仔猪。了解欲购仔猪猪场的实际情况，如饲养的品种、公母猪数量，以往仔猪质量、价格、疫病流行情况、信誉等。

(2) 从养猪专业户购买仔猪 从养猪专业户购买仔猪时，应注意母猪的品种及仔猪的发育情况，是否做过免疫和驱虫，以前有过何种疫病等。

(3) 集市上或外地上门送来的仔猪 具有极大的风险，虽然价格便宜，但危险性大，最好不要。如确无其他来源，应找有过购买经验和了解当地疫情的人同去，可以减少风险。

3. 签订合同

经过调查等准备工作，最后确定一个厂家，开始签订合同，合同内容要突出重点，如价格、标准、赔偿、时间、运输等。

4. 选择仔猪

选择优质健康的仔猪，才能有利于生产性能的发挥。具体要求见表6-3。

表6-3 优质仔猪的要求

项　目	要　求
品种	选购优良杂交组合的仔猪，优良杂交组合是经过配合测定后而确定，亲代杂交后产生子代具有明显的杂交优势。在一般情况下，杂交猪比纯种猪长得快，而多品种杂交猪又比两品种杂交猪长得快。当今市场迫切需要高品质的瘦肉型商品猪，因此最好是选购三品种杂种瘦肉型仔猪供育肥。三品种瘦肉型杂交猪，具有生长快、抗病性强、饲料报酬高、瘦肉多、出栏好卖、价格高优点，能获得较好经济效益。选择纯种仔猪和胡乱杂交的杂种仔猪，育肥效果差

（续）

项　目	要　求
精神状态	选择健康仔猪，如眼神精神，被毛发亮，活泼好动，常摇头摆尾，叫声清亮，粪成团，不拉稀，不拉疙瘩粪和干球粪，都是健康仔猪的表现。反之，精神萎靡不振，毛粗乱无光泽，叫声嘶哑，鼻尖发干，粪便不正常，说明仔猪有毛病；某些慢性疾病，如猪气喘病、萎缩性鼻炎、拉稀等，虽然死亡率不高，但严重影响猪的生长速度，拖长肥育期，浪费饲料，降低养猪的经济效益。因此，选购仔猪时必须给予重视
体型	选择身腰长，体型大，皮薄富有弹性，毛稀而有光泽，前躯宽深（能吃，长得快），中躯平直，后躯发达（长成后腿肉多），尾根粗壮（骨架大，发育好），四肢强健，体质结实的仔猪；那些头大，体躯短圆、腹部膨大，后躯窄斜，体小软弱、被毛粗而密长，四肢短小以及精神食欲不佳的仔猪育肥效果都会较差，因为身腰短，骨架小的仔猪在生长早期就会沉积大量的脂肪，胴体瘦肉率低，日增重慢
体况	健康仔猪，体况良好，发育正常，体重和日龄是相互对应的，对于体况差、瘦弱的仔猪，应挑出不选，体重明显比大群小的不选
体重	体重大、活力强的仔猪，肥育期增重快、省饲料、没病和死亡率低。群众的经验是“初生多一两，断奶多一斤；入栏多一斤，出栏多十斤”。50～60天断奶的仔猪，体重不能低于11～15kg。只图省本钱而购买生长落后的弱小仔猪肥育，往往得不偿失
四肢	健康仔猪行走时，四肢配合良好，如有跛行、有疮、畸形的挑出不选，内八字、外八字、粗细不一致、关节肿大、蹄系不良等仔猪不选
均匀度	日龄相近仔猪，体重也相近，在选购仔猪时，为了使买进仔猪同进同出，便于饲养，尽量使一次购入的仔猪日龄体重相近，发育均匀整齐，对超大、过小的仔猪不选；特别注意老小猪和僵猪、病猪，这样的仔猪一般被毛不顺、无光泽，行动不灵活，眼睛无神，有眼屎，叫声异常，体重与大群有差异，对这样的猪不选

5. 加强运输管理

按路途长短和仔猪数量选择运输工具，做好车辆工具检查。事

先将运输车清扫干净，彻底消毒；长途运输还要备些白菜等，防止猪口渴。运输前后两天在饮水或饲料中添加抗应激剂；根据购猪数量、体重，最好将车厢打成小隔，上面罩上网，冬季备好防寒物品和苫布等，车厢底铺上细砂或草。装运仔猪的密度不能太大，防止挤压和死亡现象的发生；各种手续要全，开好检疫证明、消毒证明等；运输时车速不能太快，一般保持在60~80km/h。刹车不能太急，否则会伤仔猪；尽量避开村屯密集的道路，途中不在村屯停留，避免传染疫病。隔1~2h，停车检查猪只、车辆情况。

【注意】 选购仔猪要就近选购（可节省运输费用，减少运输应激，容易了解猪的来源和疫情，避免带入传染病），挑选同窝猪（按窝同栏饲养，这样可避免不同窝猪混群后互相殴斗，影响生长发育），如附近有杂交繁殖猪场，应优先作为选购对象。

四 快速育肥猪的饲养

1. 日粮要求

日粮是影响猪生长肥育速度和经济效益的关键因素。优质的日粮能满足生长肥育猪的需要，适口性好，粗纤维水平适当，消化良好，不拉稀，不便秘，且用最低成本生产出优质的猪肉。肥猪若采用分期饲养，体重60kg以前为饲养前期，饲粮中的消化能含量为12.55~13.39MJ/kg，粗蛋白质含量为16%~17%；体重60kg以后为饲养后期，饲粮中的消化能含量为12.97~13.81MJ/kg，粗蛋白质含量为12%~14%。

【提示】 生长肥育猪的日粮以精饲料为主，适当搭配青、粗饲料（饲粮中粗纤维含量控制在6%~8%），饲料原料相对稳定，营养充足。

2. 饲料调制

科学合理调制饲料，有利于提高肥育猪增重速度和饲料利用率，节省生产成本。肥育猪的饲料调制一般要求缩小饲料容积，提高适口性和利用效率。精料应选择全价配合饲料并科学加工；青饲料常

切碎、打浆生喂，粗料可进行粉碎、浸泡、发酵后适量饲喂。

（1）饲料粉碎和压片 玉米、高粱、大麦、小麦、稻谷等谷实饲料，都有一层硬种皮或兼有粗硬的颖壳，喂前粉碎或压片，可减少咀嚼消耗的能量，也有利于消化。粉碎的细度可分为细（颗粒直径1mm以下）、中（颗粒直径1~1.84mm）和粗（颗粒直径1.8~2.6mm）3种。许多试验和实践证明，玉米等谷实粉碎的细度，以颗粒直径1.2~1.8mm为好。肉猪吃起来爽口，采食量大，增重快，饲料利用率高。玉米粉碎过细，对食道和胃黏膜有损害。如喂给粗粉玉米，胃黏膜糜烂和溃疡的猪分别占8%和3%；喂中度粉碎玉米，胃黏膜糜烂和溃疡的猪分别占14%和4%；而喂细磨玉米，胃黏膜糜烂和溃疡的猪分别占46%和15%。玉米粉碎过细，也降低猪的采食量、增重和饲料利用率。肉猪喂给颗粒直径0.3~0.5mm细粉配合饲料比喂给中等细度配合饲料，延迟15天达到相同出栏体重。吃颗粒直径1.2mm饲料的肉猪日增重700~723g，而吃颗粒直径1.6mm饲料的肉猪日增重758~780g。

谷实饲料的粉碎细度也不能绝对看待，当日粮含有较多青粗饲料时，谷实粉碎细一些并不影响适口性，也不致造成胃溃疡。用大麦、小麦喂肉猪时，用压片机压成片状比粉碎效果好；青绿饲料、块根块茎类、青贮料及瓜类饲料，可切碎或打浆拌入配合精料中一起喂猪，减少咀嚼，缩小体积，增加采食量。甜菜在喂量较大时必须粉碎，而且以细为好，否则容易导致消化不良而拉稀；干粗饲料一般都应粉碎，以细为好。能缩小体积，改善适口性和增加采食量。

（2）饲料生喂 玉米、高粱、大麦、小麦等谷实饲料及其加工副产物糠麸类，煮熟喂猪并不能提高其利用率，相反，煮熟会破坏其中的维生素，降低氨基酸的有效利用率。这类饲料由于煮熟过程的损失和营养物质的破坏，利用率降低10%，因此谷实饲料及其加工副产物最好生喂，不要煮成熟粥喂猪。同时，生喂节省燃料和人工。

各种牧草、青草、野菜、树叶、萝卜、甜菜、白菜、瓜类及水生植物等青绿多汁饲料，都应粉碎或打浆生喂，煮熟会破坏其中的维生素，处理不当还会造成亚硝酸盐中毒。

马铃薯、甘薯及其粉渣煮熟饲喂能明显提高利用率。大豆、蚕豆炒熟或煮熟饲喂比生喂利用率高。含有害成分的饲料如棉仁饼、菜籽饼、轻度变质的饲料（含有真菌、霉菌以及食堂剩菜、剩饭）、湖水，煮熟饲喂为好，能避免或减少猪中毒的可能性。

总之，常用的大多数饲料，都应当粉碎，配制成全价饲料生喂，不仅饲养效果好，还能降低饲养成本，传统煮料喂猪的老习惯应当改变。

(3) 饲料掺水量 配合好的干粉料，不掺水，直接装入自动饲槽喂猪，省工省事。只要保证充足饮水，用干粉料饲喂肉猪可达到良好效果。饲喂干粉料要求的条件是猪栏内必须是硬地面（水泥或木板地面），否则抛撒到外面的饲料会造成浪费。

为了有利于肉猪采食，缩短饲喂时间，避免舍内饲料粉尘，将干粉料和水按1∶0.5或1∶1，调成半干粉料或湿粉料，用槽子喂或在硬地面撒喂，另给饮水。料水的比例为1∶(1.5～2）时（浓粥状或稀粥状），虽不影响饲养效果，但必须使用饲槽饲喂，费工费事。

饲喂时，不要在饲料中掺过多水，当料水的比例超过1∶2.5时，就会减少猪的各种消化液分泌，同时冲淡消化液，降低各种消化酶的活性，影响饲料的消化吸收，降低增重和饲料利用率。

【提示】 料水的比例以1∶(0.5～2)、日粮的含水率在60%～70%以内为宜。从增重速度和饲料利用率看，肉猪喂湿粉料或半干粉料优于干粉料。

3. 饲料的形态

肥育猪喂颗粒料优于干粉料，日增重和饲料利用率均提高8%～10%。但也有试验表明，肥育猪饲喂湿拌料效果不比颗粒料差，且成本较低。颗粒料中谷实的粉碎程度比干粉料要细一些，颗粒直径为7～16mm。

4. 饲喂方法

(1) 饲喂量的控制 有不限量饲喂（自由采食）和限量饲喂两种。

不限量饲喂是不限制料量，自由采食。其饲喂方法有两种：一

种是将日粮装入自动饲槽，自动饲槽没有饲料就立即添加，保证自动饲槽中常有料；另一种是按顿喂，不限量，每顿吃到稍有剩余为止。

限量饲喂是每天定量给猪饲喂饲粮。限量饲喂对肉猪增重不利，但饲料利用率较高，胴体较瘦。不限量饲喂，肉猪采食多，增重快，但饲料利用率差些，胴体较肥。

在肉猪饲养实践中，兼顾增重、饲料利用和胴体较瘦率，体重60kg以前应采取自由采食或不限量按顿喂，体重60kg以后适当限食，或采取每顿适当控制喂量的方法或采取降低日粮能量浓度而不限量饲喂的方法。

（2）给料、给水的饲喂方法 肥育猪采取舍内吃睡、舍外排粪、大群密集饲养方式时，可在舍内水泥地面上撒半干粉料或湿拌料，栏内设有足够水槽或自动饮水器；小群栏固定饲养时，要用料槽或自动饲槽饲喂，自由采食，另设水槽或饮水器。地面撒喂不合适，因饲料易与粪尿掺混，料损多。

【特别提示】>>>>

地面撒喂要保证有充足的采食时间，料槽饲喂要保证每头猪有足够的槽位（至少30cm），防止强夺弱食，同时确保充足清洁饮水。

（3）日饲喂次数 肥育猪的饲喂次数应根据其年龄和日粮组成来确定。断奶后的仔猪，由于消化系统不完善，胃肠容积小，消化力差，而相对营养需要量多，应保证有较多的饲喂次数；仔猪长到30kg以后，则可以适当减少饲喂次数，以每日3次为宜，即早、中、晚各1次，每次喂食时间的间隔应大致相同，每天最后一顿要先安排在晚上9：00左右；育成猪和肥育猪阶段，胃肠容积扩大，消化能力增强，可适当减少饲喂次数。如果日粮是精料型的，可每天饲喂2~3次；如果饲粮中包含较多的青饲料、干粗饲料或糟渣类饲料，日喂3~4次。过多的增加饲喂次数不仅浪费人工，还影响猪的休息与消化。每次饲喂的间隔，应尽量保持均衡，饲喂时间应选择在猪食欲旺盛的时候。如夏季日喂两次，早上6：00和下午6：00饲喂最

佳。喂食时，先喂精饲料，后喂青饲料，并做到少喂勤添，一般每顿食分3次投料，让猪在0.5h内吃完，饲槽不要剩料，然后每头猪喂青饲料0.5～1.0kg，青饲料洗干净不切碎，让猪咬吃咀嚼，把更多的唾液带入胃内，以利于饲料的消化。

每头猪每天的喂量，一般体重15～25kg的猪喂1.5kg，25～40kg的猪喂1.5～2kg，40kg以上的猪喂2.5kg以上。每顿喂量要基本保持均衡，可喂九分饱，使猪保持良好的食欲。饲料增减或换品种，要逐渐进行，使猪的消化机能逐渐适应。

5. 饮水供给

育肥猪饮水量随环境温度、体重和饲料采食量而变化，在春、秋季，正常饮水量为采食饲料干重的4倍，占体重的16%左右，夏季约为6倍或体重的23%左右，冬季则可减半（表6-4）。供水方式宜采用自动饮水器或设置水槽。肥育猪的饮水应在饲喂后进行，有条件的地方也可自由饮水，饮用水应保持清洁。在气温较低的季节里，最好能供应30～40℃的温水，以免仔猪饮用温度过低的冷水而出现胃肠疾病。

表6-4 育肥猪需水量

	为采食饲料风干重的倍数	占体重的百分比（%）
春、秋季	4	16
夏季	5	23
冬季	2～3	10

五 快速育肥猪的管理

1. 合理分群

群饲可提高采食量，加快生长速度，有效地提高猪舍设备利用率以及劳动生产率，降低养猪生产成本。但如果分群不合理，圈养密度过大，未及时调教，会影响增重速度。所以，应根据品种、体重和个体强弱，合理分群。同一群猪个体重相差不宜太大，仔猪阶段不宜超过4～5kg，育成猪阶段不宜超过7～10kg。并保持猪群的相对稳定，确因疾病或生长发育过程中拉大差别者，或者因强弱、体况过于悬殊的，应给予适当调整，在一般状况下，不应频繁调动。

(1) 适宜的密度和圈养数量 体重15～60kg的肥育猪所需面积为0.8～1.0m^2，60kg以上的肥育猪为1.4m^2；在集约化或规模化养猪场，猪群的密度较高，每头肥育猪占用面积较少。一个7～9m^2的圈舍，可饲养体重10～25kg的猪20～25头，饲养体重60kg以上的猪10～15头。

(2) 分群的方法

1）按原窝分群。按原窝分群就是将哺乳期的同窝猪作为一群转入生长肥育舍的同一个圈内。这样在哺乳期已形成的群居序位保持不变，就可以避免咬斗而影响生长。

2）按体重大小、体质强弱分群。为避免这种强夺弱食的现象，饲养肉猪一开始就要按仔猪体重大小、体质强弱分别编群，病弱猪单独编群。

3）按杂交组合分群。不同杂交组合的杂种猪生活习性不同，对日粮的要求不同，生长速度不同，上市的适宜体重也不同，如果同群饲养，不能充分发挥其各自特性，影响育肥效果。例如，太湖猪等本地猪的杂种猪，其特点是采食量大，不挑食，食后少活动，贪睡，胆子小，稍有干扰就会影响其正常采食和休息。杜洛克、苏白和大约克夏的杂种猪，则表现强悍、好斗，食后活动时间较多。如果把这两类杂种猪分到同一群内育肥，则前者抢不上槽，影响采食和生长；后者霸槽，吃得过多，长得过肥，影响胴体质量。

不同杂交组合的猪对日粮构成要求不同，本地杂种猪饲喂高蛋白质日粮是浪费，而引入品种的杂种猪饲喂低蛋白质日粮会影响其瘦肉产量和肉品质量。把两者同时放在一群饲养，显然不能合理利用饲料，两者适宜上市体重不同，也会给管理上带来不便。因此，育肥猪饲养时要按杂交组合分群，把同一杂交组合的仔猪分到同一群内饲养。这样，可避免因生活习性不同相互干扰采食和休息，喂给配制合理的日粮，同一群内育肥猪生长整齐，大体同期出栏，便于管理。

(3) 分群注意事项

1）留弱不留强，拆多不拆少，夜并昼不并。就是把处于不利争斗地位或较弱小的个体留在原圈，将较强的猪并进去。或将较少的

群留在原圈，把猪多的群并进去，并在夜间并群。

2）保持猪群稳定。把不同窝的仔猪编到同一群中，在最初2~3天内会发生频繁地相互咬斗、较量，大体要经过1周时间，才能建立起比较安定的群居秩序，采食、饮水、活动、卧睡，各自按所处位次行事，群内个体间相互干扰和冲突明显减少。所以，不要随便调群。

3）可以结合栏舍消毒，利用带有较强气味的药液（如新洁尔灭、菌毒灭）喷洒猪圈与猪的体表，减少咬斗。

4）考虑育肥猪体格大小、猪舍设备、气候条件、饲养方式等因素，确定每圈饲养猪的头数，不要密度过大。

2. 及时调教

【提示】 调教猪在固定地点排便、睡觉、进食和互不争食的习惯，不仅可简化日常管理工作，减轻劳动强度，还能保持猪舍的清洁干燥，造成舒适的居住环境。

猪喜欢睡卧，在适宜的圈养密度下，约有60%的时间躺卧或睡觉；猪喜躺卧于高处、平地、圈角黑暗处、垫草上，热天喜睡于风凉处，冬天喜睡于温暖处；猪排粪有一定的地点，一般在洞口、门口、低处、湿处、圈角排便，并且往往是在喂食前后和睡觉刚起来时排便，此外，在进入新的环境，或受惊恐时排便较多。掌握这些习性做好调教工作。调教要抓得早，猪入舍后立即开始调教，重点抓好如下两项工作。

（1）防止强夺弱食 在新合群和新调圈时，猪要建立新的群居秩序。为使所有猪都能均匀采食，除了要有足够的饲槽长度外，对喜争食的猪要勤赶，使不敢去采食的猪能够采食到饲料，帮助建立群居秩序，达到均匀采食。

（2）固定地点 使猪群采食、睡觉、排便定位，保持猪舍干燥清洁。能常运用守候、勤赶、积粪、垫草等方法单独或交错使用，进行调教。猪入舍前要把猪栏打扫干净，在猪卧的地方铺上少量垫草，饲槽放上饲料，并在指定排便地点堆放少量粪便，然后将猪赶入，在近2~3天时间内，特别是白天，饲养人员几乎所有时间都在猪舍守候、驱赶、调理。只要猪在新环境中按照人的要求，习惯了定点采食、睡觉、排便，那么在这些猪出栏前，既能保持猪舍卫生条件，又可大大降低工作量，对肥育猪的增重十分有益。因咬架、争斗所造成的损伤几乎没有。所以，这些看起来麻烦的工作，只要做好，那是十分合算的。

3. 做好卫生防疫和驱虫工作

1）保持猪舍卫生。猪舍卫生与防病有密切的关系，必须做好猪舍的清洁卫生工作。

2）按防疫要求制定防疫计划，安排免疫程序。

3）驱虫。猪的寄生虫主要有蛔虫、姜片吸虫、疥螨等。通常在90日龄进行第一次驱虫，在135日龄左右进行第二次驱虫。驱虫常用驱虫净（四咪唑），每千克体重为20mg；或用阿苯达唑，每千克体重为100mg，拌料一次喂服，驱虫效果良好。

4. 季节管理

春夏秋冬，气候变化很大，只有掌握客观规律，加强季节性饲养管理，才能有利于猪的生长发育。

（1）春季管理　春季气候温暖，青饲料幼嫩可口，是养猪的好季节。但春季空气湿度大，温暖潮湿的环境给病菌创造了大量繁殖的条件，加上早春气温忽高忽低，猪刚越过冬季，体质较差，抵抗力较弱，容易感染疾病。因此，春季是疾病多发季节，必须做好防病工作。

在冬末春初，对猪舍要进行一次清理消毒，搞好猪舍的卫生并保持猪舍通风换气、干燥舒适。寒潮来临时，要堵洞防风，避免猪受寒感冒。消毒时可用新鲜生石灰按1∶10～1∶15的比例加水，搅拌成石灰乳，然后将石灰乳抹在猪舍的墙壁、地面、过道上即可。

【提示】春季还要给猪注射猪瘟、猪肺疫、猪丹毒等疫苗，以预防各种传染病的发生。

（2）夏季管理　夏季天气炎热，而猪汗腺不发达，尤其肥育猪皮下脂肪较厚，体内热量散发困难，使其耐热能力很差。到了盛夏，猪表现出焦躁不安，食量减少，生长缓慢，容易发病。因此，在夏季要注重做好防暑降温工作。

1）严格控制饲养密度，防止因密度过大而引起舍温升高。夏季较适宜的饲养密度，体重45kg以下的猪只不低于0.8m^2/头，体重45kg以上的猪只不低于1m^2/头。

2）采取降温措施。可以安装风扇或风机进行通风，排出舍内热气。还可以向猪舍地面喷洒冷水降温，每天3～4次，每次2min或给猪进行凉水浴，直接降低猪体表温度。或在猪舍一角设浅水地让猪自动到水池内纳凉。

3）在猪舍周围种植树木和草坪，能有效降低猪舍温度。

4）调整日粮配方，适当提高日粮中的能量水平，一般在日粮中添加2%～2.5%的混合脂肪，能稳定育肥猪的增重速度。

5）尽量在天气凉爽时进行饲喂，增加猪的采食量。一般早上7：00以前，下午6：00以后喂料，以减轻热应激对采食量的不良影响。同时，一定要供给足够的清洁凉水，因为水不但是机体所不可或缺的，而且在机体体温的调节中起重要作用。

6）做好卫生管理。注意饲料的选择、加工、调制以及保管、饲喂，避免饲料污染、霉变和酸败，加强饲喂、饮水用具的清洁和消毒，保证饲料和饮水清洁卫生；加强环境卫生和消毒，注意舍内驱蝇灭蚊，减少病原传播，并有利于猪能安静睡觉休息。

（3）秋季管理 秋季气温适宜，饲料充足，品质好，是猪生长发育的好季节。因此，应充分利用这个大好时机，做好饲料的储备和猪育肥催肥工作。

（4）冬季管理 冬季寒冷，为维持体温恒定，猪体将消耗大量的能量。如果猪舍保暖，就会减少这个不必要的能量消耗，有利于生长肥育猪的生长和肥育，提高饲料报酬，所以，冬季要注意防寒保暖。

在寒冬到来之前。要认真修缮猪舍，用草帘、塑料薄膜等把漏风的地方遮挡堵严，防止冷风侵入。在猪舍内勤清粪便，勤换垫草，并适当增加饲养密度，保证猪舍干燥、温暖。

5. 观察猪群

细致观察每头猪的精神状态和活动，以便及时发现猪只异常。当猪安静时，听呼吸有无异常，如喘气、咳嗽等；观察采食时有无异常，如呕吐、食欲不好等；观察粪便的颜色、状态是否异常，如下痢或便秘等；观察行为有无异常，如有无咬尾。通过细致观察，可以及时发现问题，采取有效措施，防患于未然，减少损失。

6. 减少猪群应激

猪应激不仅影响生长，而且能降低机体抵抗力，应采取措施减少应激。

（1）饲料更换要有过渡期 当突然更换猪料时，会出现换料应激，造成猪的采食量下降、增重缓慢、消化不良或腹泻等。解决换料应激的常用办法是猪的原料配方和数量不要突然发生过大的变化。换料时，应用1周左右的时间梯度完成，前3天是使用70%的前料加30%新料，后3~4天使用30%的前料加70%新料，然后再全部过渡为新的饲料。

（2）防止肥育猪过度的运动 生长猪在肥育过程中，应防止过度的运动，这不仅会过多的消耗体内的能量，还会影响生长，更严重的是容易发生应激综合征。

（3）环境条件适宜 保持适宜温度、湿度、光照、通风、密度等，避免噪声。

（4）使用抗应激剂

1）添加硒和维生素。给猪补充足够的元素硒和维生素A、D、E，不仅可以促进猪较快生长，而且可使猪在一定应激条件下保持好的生产性能，增强猪群的耐受性和抵抗力。给猪喂劣质饲料会大幅增加疾病和应激发生。近年来研究发现，硒和维生素E具有防应激、抗氧化、防止心肌与骨骼的衰退和促进末梢血管血液循环的作用，同时，当猪受到应激后，对营养需要量大，对硒和维生素E需要量提高。

2）其他添加剂。在转群、移舍、免疫接种等生产环节中以及环境因素出现较大变化时使用抗应激药物缓解和减弱应激反应（如转群前后3~5天内日粮或饮水中补加些维生素、电解质等）。如缓解热应激可以使用维生素C、E和碳酸氢钠等；解除应激性酸中毒物质用5%碳酸氢钠溶液静脉注射；纠正激素失调及避免应激因子引起临床过敏病症的药物选用皮质激素，如水杨酸钠，巴比妥钠、维生素

C、E 和抗生素等。

7. 做好记录

详细记录猪的变动以及采食、饮水、用药、防疫、环境变化等情况，有利于进行总结和核算。

六 快速育肥的新方法

1. 冬季塑膜暖棚快速养猪

塑膜暖棚能充分利用太阳能，增加舍内的太阳辐射热，同时，塑膜可以将猪体散失的热量阻止在舍内，可以减少舍内热量散失，从而保证舍内温度。由于塑料棚舍内温度高，与舍外温差大，使变轻的热空气聚集在棚顶附近。当把设在棚顶部的排气口和设在圈门处的过气口打开时，根据热压换气原理，热空气（污染空气）由排气口排出，新鲜空气由进气口进入。这样不仅可以达到通风换气的目的，还可有效地调节舍内温度，降低舍内有害气体的含量。保证舍内适宜温度和良好空气。所以塑膜暖棚养猪解决了北方冬季寒冷漫长，严重影响猪增重的重大难题。

（1）暖棚建筑

1）塑膜暖棚猪舍地址选择。选在地势高燥、背风向阳，无高大建筑物遮蔽处。坐北向南或稍偏东南，交通方便，水源充足，水质良好，用电方便，远离主要公路干线，便于防疫。

2）棚的入射角及塑膜的坡度。塑膜暖棚的入射角是指塑料薄膜的顶端与地面中央一点的连线和地面间的夹角，要大于或等于当地冬至正午时的太阳高度角。塑膜的坡度是指塑膜与地面之间的夹角，应控制在55°~60°、这样可以获得较高的透光率。

3）建筑材料的选择。修建塑膜暖棚的材料可因地制宜，就地取材。墙可用砖或石头等砌成，圈外设贮粪池。后坡棚顶可用木板、竹子、板皮、柳条等铺平，上面铺以废旧塑膜、编织袋、油毡等，再用黄泥掺麦草或锯末抹平，上面盖瓦或石棉瓦等。棚支架可用木材、竹子、钢筋、硬塑等均可。棚杆间距以 0.5 ~ 0.8m 为宜。

4）通风换气口的设置。塑膜暖棚猪舍的排气口应设在棚顶部的背风面，高出棚顶 50cm，排气孔顶部要设防风帽。猪舍进气口应设在南墙或东墙的底部，距地面 5 ~ 10cm。

（2）塑膜暖棚的管理

1）适时扣棚和揭棚。东北地区适宜扣棚时间为 10 月下旬至翌年 3 月份。进入 3 月份外界气温逐渐回升，应逐渐扩大揭棚面积，且不可一次性揭掉，目的是防止畜禽发生感冒。

2）做好保温工作。塑膜暖棚一般只苫一层塑膜，在北方寒冷季节里，保温还是不行的，为了提高塑棚保温效果，还必须备有草帘或尼龙保温布，将其一端固定在棚的顶端，白天卷起来固定在棚舍顶端，晚上覆盖在塑膜的表面，起到保温作用。同时还要经常巡视棚外有无破裂及漏洞，保持塑膜清洁，并经常清扫塑膜上的灰尘，以免影响透光率。

3）适时通风换气。棚舍内中午温度最高，并且舍内外温差较大，因此，通风换气应在中午前后进行，每次换气时间以 10 ~ 20min 为宜，通风时间的长短，因猪只大小及有害气体的水汽的含量多少而定。

（3）饲养技术

1）选择优良猪。种猪的生产性能高低首先取决于自身的遗传潜力，不同品种猪的遗传潜力大不相同。在生态养猪过程中必须实现良种化，最好是选用生长发育快、早熟、抗逆性强的杂交种，如杜 × 本、长 × 本、杜 × 长 × 本杂交猪等。

2）合理饲喂。根据当地饲料资源、生长肥育猪的营养需要和饲养标准，确定其饲料种类进行加工配合。应彻底改变那种有啥喂啥的传统方法，实行全价饲料喂养；合理调制饲料猪的饲料只有经过科学加工调制，才能提高饲料利用率。如粉碎的谷物比整粒的谷物，颗粒料比粉状料，粗饲料粉碎、发酵后饲喂均可以增加猪的食欲；供给充足的饮水，并保证清洁无污染。

（4）管理技术

1）合理分群。根据猪的性别、体重、体质等情况分群饲养，一般每群以 10 ~ 15 头为宜。

2）调教。仔猪一送暖棚就开始调教，平时应与猪多接近，采取以食引诱、触摸抓痒、温和呼唤等方法进行调教。这样猪就会逐渐

形成排泄、采食、睡觉三定位，减少污染。

3）保持适宜的温湿度。在10月末至11月初要及时扣好暖棚。在冬季最冷的几天内，当舍内温度低于10℃时，可适当生火加温保证舍内适宜温度；猪舍内饲养密度大，冲洗猪舍经常用水，若不注意，容易造成猪舍内湿度过大。因此，排湿也是暖棚养猪的关键一环。应采取适当通风措施，保持舍内60%～70%的相对湿度。

4）保持适当的饲养密度。幼猪每头占0.3～0.5m²，成年猪每头1～1.2m²，不能过于拥挤，一般每圈养10～12头猪较为合适，同时，要及时将棚圈内个体发育小的猪挑出来另行饲养，每圈的猪体重不能超过太大。

5）搞好卫生防疫，建立健全卫生防疫消毒制度。猪在入棚前，要将棚舍清扫干净，并对地面、墙壁进行彻底消毒，除用消毒药水喷洒地面和墙壁外，还可用甲醛熏蒸消毒，按每立方米容积用甲醛30mL，高锰酸钾15g进行封闭熏蒸12～24h。棚舍入口处增设石灰地，加强消毒，消毒液每周更换1次。圈舍每半个月用常规消毒药水进行1次消毒。另外，一般在断奶后20天进行1次驱虫，以后每隔两个月或体重每增加40kg驱虫1次。

幼猪入棚后，每天清扫粪便两次，以防粪便堆积发酵，产生有害气体，影响猪的生长发育。暖棚养猪一般每年进行春秋季防疫，注射各种疫苗，对肥育肉猪进行一次疫苗注射。肥育猪出栏后，彻底消毒。

6）注意观察。一方面注意猪的食欲和行为；另一方面要注意观察粪便和卧息姿势。发现异常，应尽快进行诊治。

（5）适时出栏 品种不同，出栏时间不同。一般说早熟型品种应早出栏，而晚熟品种可晚出栏。生长肥育猪随体重的逐渐增大，其增重速度加快。当体重达到一定程度时，其增重速度缓慢，这时应及时出栏。

2. 发酵床生态养猪

发酵床生态养猪就是用锯末、秸秆、稻壳、米糠、树叶等农林业生产下脚料配以专门的微生态制剂——益生菌来垫圈养猪，猪在垫料上生活，垫料里的特殊有益微生物能够迅速降解猪的粪尿排泄物。这样，不需要冲洗猪舍，从而没有任何废弃物排出猪场，猪出栏后，垫料清出圈舍就是优质有机肥。从而创造出一种零排放、无污染的生态养猪模式。

（1）发酵床猪舍的建设

1）猪舍的建设。发酵床养猪的猪舍可以在原建猪舍的基础上稍加改造，也可以用温室大棚。一般要求猪舍东西走向、坐北朝南，充分采光，通风良好。

2）发酵床设计。发酵床分为地下式发酵床和地上式发酵床两种。南方地下水位较高，一般采用地上式发酵床，地上式发酵床在地面上砌成，要求有一定深度，再填入已经制成的有机垫料。北方地下水位较低，一般采用地下式发酵床，地下式发酵床要求向地面以下深挖90～100cm，填满制成的有机垫料。

3）垫料制作。发酵床主要由有机垫料组成，垫料主要成分是稻壳、锯末、树皮木屑碎片、豆腐渣、酒糟、粉碎秸秆、干生牛粪等，占90%，其他10%是土和少量的粗盐。猪舍填垫总厚度约90cm。条件好的可先铺30～40cm深的木段、竹片，然后铺上锯屑、秸秆和稻壳等。秸秆可放在下面，然后再铺上锯末。土的用量为总材料的10%左右，要求是没有用过化肥农药的干净泥土；用盐量为总材料的0.3%；益生菌菌液每立方米用2～10kg。

将菌液、稻壳、锯末等按一定比例混合，使总含水量达到60%，保证有益菌大量繁殖。用手紧握材料，手指缝隙湿润，但不至于滴水。加入少量酒糟、稻壳、焦炭等发酵也很理想。材料准备好后，在猪进圈之前要预先发酵，使材料的温度达50℃，以杀死病原菌。而50℃的高温不会伤害而且有利于乳酸菌、酵母菌、光合作用细菌等益生菌的繁殖。猪进圈前要把床面材料搅翻以便使其散热。材料不同，发酵温度不一样。

（2）猪的导入 肥育猪体重为20kg以上时导入，导入后不需特殊管理。同一猪舍内的猪尽量体重接近，这样可以保证集中出栏，效率高。

（3）发酵床养猪的管理技术 发酵床养猪总体来讲与常规养猪

的日常管理相似，但也有些不同，其管理要点如下：

1）猪的饲养密度。根据发酵床的情况和季节，饲养密度不同。一般以每头猪占地 1.2 ~ 1.5m^2 为宜，仔猪可适当增加饲养密度。如果管理细致，更高的密度也能维持发酵床的良好状态。

2）发酵床面的干湿。发酵床面不能过于干燥，否则易导致猪发生呼吸系统疾病。定期在床面喷洒益生菌扩大液，保持一定的湿度（床面湿度必须控制在60%左右，水分过多应打开通风口调节湿度，垫料过湿及时清除），有利于微生物繁殖。

3）驱虫。导入前一定要用相应的药物驱除寄生虫，防止将寄生虫带入发酵床，以免猪在啃食菌丝时将虫卵再次带入体内而发病。

4）密切注意益生菌的活性。必要时要再加入益生菌液调节益生菌的活性，以保证发酵能正常进行。猪舍要定期喷洒益生菌液。

5）控制饲喂量。为利于猪拱翻地面，猪的饲料喂量应控制在正常量的80%。猪一般在固定的地方排粪、撒尿，当粪尿成堆时挖坑埋上即可。

6）禁止化学药物。猪舍内禁止使用化学药品和抗生素类药物，防止杀灭和抑制益生菌，使得益生菌的活性降低。

7）通风换气。圈舍内湿气大，必须注意通风换气。

3. 发酵饲料快速养猪

（1）活性多酶糖化菌发酵淀粉质原料喂猪　活性多酶糖化菌发酵淀粉就是依靠多种酶的催化作用使饲料中的淀粉分解产生麦芽糖，然后在麦芽糖酶作用下使麦芽糖转化为葡萄糖，供猪直接消化利用饲料的营养成分。如玉米面经多酶糖化菌发酵后，不仅使玉米面糖化增加甜香度，而且还可使玉米角质软化，提高营养成分和适口性。在发酵过程中产生的氨基酸、乳酸菌、醋酸菌等，不仅能抑制猪消化道疾病，还增加了健胃、吸收和消化功能。猪吃后表现为皮红、毛亮、安静嗜睡、增重快、患病少。活性多酶糖化菌发酵饲料的制作方法见表6-5。

表 6-5　活性多酶糖化菌发酵饲料的制作方法

普通农户养猪	由于养猪头数少，可采用塑料袋发酵法，即买质量较好的套筒塑料薄膜（最好用双层套筒），截为 1.5m 长，一头用绳扎紧，放入纤维袋或竹编套、柳编套中，以防发酵胀裂。把已接种 0.5% 活性多酶糖化菌的饲料（配方：50% ~60% 玉米面，10% ~15% 麸皮，5% ~10% 米糠，10% ~15% 饼类，如菜饼、豆饼），以 52% ~55% 的干湿度（用手握料指缝内见水而不滴水为宜）在料温 28 ~36℃条件下好氧发酵 24h（间隔 12h 翻 1 次），然后装入袋内用绳扎紧上口厌氧发酵。发酵 15 天后即可由上而下逐层取喂。也可采用缸内贴薄膜发酵的方法发酵
山区养猪	山区精饲料少，农副产品和青绿饲料多，可以充分利用其饲料资源。将青绿饲料（如红苕藤、花生藤、玉米秸叶、青菜、野草）切细（长度 1 ~2cm）后晾晒 1 ~2 天（也可先晾晒后切碎），将已接种 0.5% 活性多酶糖化菌的饲料（配方：15% 麸皮，5% ~10% 玉米面，10% 米糠，2% 食盐，65% ~70% 切碎青饲料），按前述袋装方法发酵，在饲喂时按 70% ~80% 的活性多酶糖化菌发酵饲料、10% ~15% 的浓缩配合料、10% ~15% 的鲜嫩青饲料合理搭配喂养，其生长速度不低于常规全价配合料，而饲养成本低得多，利用生物催化酶发酵淀粉质原料、鸡粪原料、青绿饲料饲养畜禽，要因地制宜，讲求实用有效，才能激发养殖户的节粮养殖主动性
规模化养猪	如养猪数十头以上，可采用两口以上水泥池轮换发酵法喂猪。其发酵饲料操作工艺以及对干湿度、温度要求同袋装发酵。水泥池要求装水不渗不漏，原料进水泥池后必须绝对密封，不能漏气、浸水，任何漏气、浸水，都意味着饲料制作失败

（2）发酵饲料添加微量元素育肥法　这是解放军武汉部队某部养猪场创造的育肥法，适用于体重 55 ~65kg 的育成猪，育肥期仅 50 天，比常规饲养缩短 200 ~220 天，平均日增重 0.9 ~1kg。

1）饲粮配方。干粗料（如秸秆、红薯藤等粉料）50kg，硫酸铜 25g，硫酸亚铁 12g，氯化钴 5g，食盐 500g，清水 50kg。

2）发酵糖化。将上述微量元素制剂、食盐投入清水中溶解，将干粗料与水拌匀后装缸发酵。夏季发酵 24h，冬季发酵 48h（必要时生火炉升温）。当发酵至既定温度时，用塑料布将缸口密封糖化 48h

后即可饲喂。

3）饲喂方法。每日喂4餐，每餐每头猪喂发酵饲料1.5kg、精饲料250g，拌匀后干喂；吃完后每头再喂青饲料0.5～1kg，最后喂清水。早、晚餐每头猪各添喂尿素15g（育肥结束前5天停喂尿素）。

4. 架子猪催肥措施

当架子猪体重达50kg以上即进入催肥期。催肥前首先要进行驱虫和健胃，因为架子猪阶段管理比较粗放，猪进食生饲料，拱吃泥土、脏物，尤其在放牧条件下，难免要感染蛔虫等寄生虫，在猪体内吸收大量营养，影响猪的肥育。驱虫药物可选用兽用敌百虫，每千克体重60～70mg，拌入饲料中一次服完。在驱虫后3～5天，用大黄苏打片拌入饲料中饲喂，即按每10kg体重两片的标准，将大黄苏打片研成粉末，均分三餐拌入饲料，这样可增强胃肠蠕动，有助于消化。健胃后便开始增加饲粮营养，开始催肥。

催肥前1个月，饲料力求多样化，逐渐减少粗饲料的喂量，加喂含碳水化合物多的精饲料如玉米、糠麸、薯类等，并适当控制运动，以减少能量的消耗，利于脂肪的沉积。这时猪食欲旺盛，对饲料的利用率高，增重迅速，日增重一般达0.5kg以上。到了后1个月，因体内已沉积较多的脂肪，胃肠容积缩小，采食量日渐减少，食欲下降，这时应调整饲粮配合，进一步增加精料用量，降低青、粗饲料用量，尽量选用适口性好、易消化的饲料；适当增加饲喂次数，少喂勤添，充足供水，保持环境安静，注意冬季舍内保温，夏季通风凉爽，使其吃食后充分休息，以利于脂肪沉积，达到催肥的目的。

第四节　肥育猪的出栏管理

出栏管理主要是确定适宜的出栏时间，肉猪多大体重出栏是生产者必须考虑的一个经济问题，不同的出栏体重和出栏时间直接影响养殖效益。确定出栏体重必须考虑如下几个方面。

一　考虑胴体体重和胴体瘦肉率

肉猪长到一定体重时，就会达到增重高峰，如果继续饲养会影响饲料转化率。不同的品种、类型和杂交组合，增重高峰出现的时间和持续时间有较大差异。通常我国地方品种或含有较多我国地方猪遗传基因的杂交品种以及小型品种，增重高峰期出现的早，增重高峰持续的时间较短，适宜的出栏体重相对较小；瘦肉型品种、配套系杂交猪、大型品种等，增重高峰出现的晚，高峰持续时间较长，出栏体重应相对较大。另外，随着体重的增长，胴体的瘦肉率降低，出栏体重越大，胴体越肥，生产成本越高。

二 考虑不同的市场需求

养猪生产是为满足各类市场需要的商品生产，市场要求千差万别。如国际市场对肉猪的胴体组成要求很高，中国香港地区及东南亚市场活肥育猪以体重90kg、瘦肉率58%以上为宜，活的育成猪体重不应超过40kg；供日本及欧美市场，瘦肉率要求60%以上，体重110～120kg为宜；国内市场情况较为复杂，在大中城市要求瘦肉率较高的胴体，且以本地猪为母本的二、三元杂交猪为主，出栏体重90～100kg为宜；农村市场则因广大农民劳动强度大，喜爱较肥一些的胴体，出栏体重可更大些。

三 考虑经济效益

养猪的目的是获得经济效益，而养猪的经济效益高低受到猪种质量、生产成本和产品市场价格的影响。出栏体重越小，单位增重耗料越少，饲养成本越低，但其他成本的分摊额度越高，且售价等级也越低，很不经济；出栏体重过大，单位产品的非饲养成本分摊额度减少，但增重高峰过后，增重减慢，且后期增重的成分主要是脂肪，而脂肪沉积的能量消耗量大（据研究，沉积1kg脂肪所消耗的能量是生长同量瘦肉耗能量的6倍以上），这样，导致饲料利用率下降，饲养成本明显增高，同时由于胴体脂肪多，售价等级低，也不经济。

另外，活猪价格和苗猪价格也会影响到猪的出栏体重。如毛猪市场价格较高，仔猪短缺或价格过高时，大的出栏体重比小的出栏体重可以获得更好的经济效益。因此，饲养者必须综合诸因素，根据具体情况灵活确定适宜的出栏体重和出栏时间。生产中，杜、长、

大三元杂交肉猪的出栏体重一般是90～100kg。

第五节 生产中常见的问题及解决措施

一 僵猪

僵猪（“小老猪”）是在猪生长发育的某一阶段，由于遭到某些不利因素的影响，使猪生长发育停滞，虽饲养时间较长，但体格小，被毛粗乱，极度消瘦，形成两头尖、中间粗的“刺滑猪”。这种猪吃料不长肉，给养猪生产带来很大的损失。

1. 原因

（1）母猪妊娠期营养不良 由于母猪在妊娠期饲养不良，母体内的营养供给不能满足胎儿生长发育的需要，致使胎儿发育受阻，产出初生重很小的“胎僵”仔猪。

（2）母猪奶水不足 由于母猪在泌乳期饲养不当，泌乳不足，或对仔猪管理不善，如初生弱小的仔猪长期吸吮干瘪的乳头，致使仔猪发生“奶僵”。

（3）饲养管理不善 由于仔猪断奶后饲料单一，营养不全，特别是缺乏蛋白质、矿物质和维生素，导致断奶后仔猪长期发育停滞而形成“食僵”。

（4）疾病 由于仔猪长期患寄生虫病及代谢性疾病，形成“病僵”。

2. 预防措施

1）加强母猪妊娠后期和泌乳期的饲养，保证仔猪在胎儿期能获得充分发育，在哺乳期能吃到较多营养丰富的乳汁。

2）哺乳仔猪要固定乳头，提早补料，提高仔猪断奶体重，以保证仔猪健康发育。

3）做好仔猪的断奶工作，做到饲料、环境和饲养管理3个措施逐渐过渡，避免断奶仔猪产生各种应激反应。

4）搞好环境卫生，保证母猪舍温暖，干燥，空气新鲜，阳光充足。做好各种疾病的预防工作，定期驱虫，减少疾病。

3. 治疗措施

发现僵猪，及时分析致僵原因，排除致僵因素，单独喂养，加

强管理，有虫驱虫，有病治病，并改善营养，加喂饲料添加剂，促进机体生理机能的调整，恢复正常生长发育。一般情况下，在僵猪日粮中，加喂0.75%～1.25%的土霉素碱，连喂7天，待发育正常后在其日粮中加0.4%的土霉素碱，每月1次，连喂5天，适当增加动物性饲料和健胃药，以达到宽肠健胃，促进食欲，增加营养的目的，并加倍使用复合维生素添加剂、微量元素添加剂、生长促进剂和催肥剂，促使僵猪脱僵，加速催肥。

二 延期出栏

养猪生产过程中，育肥猪不能在有效生长期内达到预期体重，导致饲养成本增加，减少养殖利润。

1. 原因

（1）品种方面 一般来说，良种猪出栏快，育肥期短，而本地猪或土洋结合育肥猪生长速度要慢一些，良种猪在150～160日龄均能达到出栏体重100kg，而非良种猪后期生长速度减慢，不能按时出栏。有些猪场盲目引种，带来了不良影响，如猪生活力差、应激综合征、PSE劣质肉等，既减慢了生长速度，也影响了猪肉品质。

（2）营养方面 不同生长阶段的育肥猪所需营养是不同的，因此，要根据猪只的生长时期来确定饲料的营养。饲料质量低劣、营养不全、营养失调或吸收率低都会导致猪不能达到预期日增重。长期供给低蛋白质、钙磷比例失调、微量元素缺乏、维生素不足或营养被破坏的饲料都会引起猪营养不良，生长速度减缓、降低、停滞甚至呈现负增长。如仔猪在哺乳阶段未打好基础，导致后期生长速度减慢，易得病，究其原因为不能及时补料，诱食料质量差，严重影响其生长发育，致使仔猪体质较弱，生长缓慢；饲料中添加过多的不饱和脂肪酸，特别是腐败脂肪酸导致维生素破坏，玉米含量过高，铜的含量过高，缺乏维生素A、E、B_1，均可诱发猪的胃溃疡、营养元素之间的拮抗作用和其他一些疾病。

（3）管理方面 饲养管理制度不健全或不严格执行所定制度，都会造成母猪产弱仔、哺乳仔猪不健壮、育肥猪不健康，影响生长。如初产母猪配种过早或母猪胎次过高都可能生产弱仔；环境卫生差、通风不良、温度过高或过低、消毒措施不严格、防疫体系不健全，

常导致猪只发育不整齐、体质差、易得病。在冬季如果既无采暖设备也无保温措施，就容易导致舍内温度过低、圈舍潮湿阴冷，饲料冷冻；在夏季如果无降温设备和通风设施，就容易导致舍内温度过高、湿度过大、氨气过浓、粪尿得不到及时处理等，都会引起猪只消化系统或呼吸道疾病，影响育肥猪的生长发育。

（4）疫病方面 由于猪病种类和混合感染现象增多，养殖场出于对猪只的保健防病的目的，采取经常性投药，而导致猪群的抗药性增强，体内有益菌减少，影响营养元素的吸收。例如，磺胺类、呋喃类、红霉素类等影响钙质的吸收，引起猪体质弱、增长速度慢。相反，有些猪场存有侥幸心理，不注重整体卫生防疫和消毒，不重视疫苗预防，如蓝耳病、隐性猪瘟、气喘病、链球菌等疾病影响其生长甚至死亡。

（5）其他方面 季节因素、过多的应激、水源不足等。

2. 防治

（1）选好猪种 瘦肉型猪比兼用型或脂肪型猪对饲料的利用率高，而且增重快，育肥期短。尤其是父本，影响全场效益，优良的父本要表现出良好的产肉性能，饲料利用率、日增重、屠宰率、瘦肉率高，腿臀肌肉发达，背膘薄和性欲好等；母本要表现出良好的繁殖性能，如产仔多、泌乳力强、分娩指数高等。优良的公猪和母猪品质，保证了仔猪和育肥猪的成活率、生长速度以及胴体瘦肉率，提高了经济效益。

（2）营养充足 根据不同的生长阶段选择营养全面的饲料原料，并清楚每种饲料原料所能提供的营养物质和每种营养物质的需要量来配制适宜、合理的日粮。优质的饲料原料要适口性好，消化率高，抗营养因子含量低。而优质的饲料营养则必须满足猪的生长需要，粗纤维水平适当，适口性好，保证消化良好，不便秘，不排稀粪，能够生产出优质的胴体，而且成本低。饲料配方根据不同季节选择不同的饲料配方，比如在夏季可降低玉米的含量，而在冬季则相反。

（3）加强管理 提高仔猪整齐度和窝重。猪场母猪1~2胎、3~5胎、6胎以后之间比例以3:6:1较为合理，这种比例有利于提高猪场的产活仔数、强仔数和成活率，加强妊娠母猪和哺乳母猪的饲养管理，怀孕后期和哺乳期增大采食量，提高仔猪的初生重和母猪的泌乳力；哺乳仔猪尽快诱食、创造良好的生长条件，提高断奶重。

（4）合理分群和调教 根据来源、品种、强弱、体重大小等合理分群，减少应激，遵循“留弱不留强，拆多不拆少，夜并昼不并”的原则；及时调教，尽快养成三点定位。

（5）适宜环境 保持合理群体规模和饲养密度，做好防暑降温和冬季保温、合理的通风换气、适宜的光照时间和强度等工作，为猪生长肥育创造良好条件。猪只打架、惊吓、温度过高或过低、饲料和饮水不足等影响猪只生长，应尽量避免。

（6）加强消毒和卫生防疫 在转入育肥猪前猪舍彻底冲洗消毒，空栏 7 天，转入后要坚持每 7 天消毒 1 次，消毒药每 7 天更换 1 次，降低猪舍内细菌病毒的含量。搞好防疫和驱虫工作，要坚持以预防为主、治疗为辅的原则。仔猪在 70 日龄前要进行猪瘟、猪丹毒、仔猪副伤寒、气喘病、水肿病、蓝耳病等疾病的免疫接种。

第七章

快速养猪的疾病控制

核心提示

猪病成为制约猪场效益的“瓶颈”。猪病防控必须树立“防重于治”、“养防并重”的观念，采取营养保健、隔离、卫生、消毒、免疫接种以及药物预防等综合措施。同时，发病时要及时诊断治疗，将损失降低到最低程度。但生产中存在重治疗轻预防的误区，忽视环境、营养等条件改善，严重影响到疾病防控，必须加以纠正。

第一节 猪病诊断

及时而正确的诊断是猪场防治疾病的重要环节。疾病诊断的步骤和方法包括现场资料调查分析、临床检查诊断、病理剖检诊断、实验室诊断等。

一 现场资料调查分析

现场资料调查分析就是有针对性地进行一些调查了解。了解猪群的发病时间、发病年龄和传播速度，由此可以推断该病是急性病还是慢性病，如突然大批死亡，可提示为中毒性疾病或环境应激性疾病；了解周围疫情，可以分析本次发病与过去疫情的关系；了解发病后病情变化，由此分析疾病的发展趋势，如营养代谢病，开始症状轻，若缺乏的营养不能补充或补充不当，就日益加重；了解猪场防疫情况、卫生状况、环境条件和发病前用药情况，可为诊断提供有价值的参考。

二 临床检查诊断

临床检查诊断就是对猪的外部行为表现，通过人的感官或借助于简单的仪器如体温计、听诊器等进行疾病的判断。

1. 个体检查

（1）精神状态的检查 将猪赶起进行检查，健康猪两眼有神，行动敏捷，步态平稳，随大群活动，对来人有接近的行为，发出"哼哼"的声音，并有警惕性。否则就可能是患病猪。

（2）姿势状态的检查 包括猪群运动、休息的姿势状态。健康猪的姿势自然、动作灵活而协调，站立时身体自然正直，四肢直立。躺卧休息时多呈侧卧式，四肢伸展，呼吸均匀，互不挤压。

（3）被毛和皮肤的检查 健康猪被毛光亮、整洁，皮肤颜色正常、有弹性、鼻盘湿润、液体清亮。患有慢性消耗性疾病时被毛粗乱、卷曲、无光泽。饲料中锌缺乏、维生素A缺乏或寄生虫病时表现脱毛。有瘙痒表示有疥螨，并且皮肤增厚、弹性降低。患猪瘟、猪链球菌病和猪繁殖与呼吸综合征等皮肤发红、发紫，有出血点或斑。猪丹毒有不规则的突出于皮肤的疹块。

（4）采食和饮水的检查 健康猪大口吃食并与其他猪争抢，分顿饲喂的饲槽中不剩料，饮水量正常。患病猪采食量降低，拒食，异食，不接近料槽或吃几口就离开，饮水骤增、骤减或喝尿、脏水等。

（5）粪便和尿液的检查 健康猪粪便自然成形，不干、不稀，颜色随饲料而变；尿液清亮、无色或稍黄，尿量正常。患有猪瘟（早期）、猪丹毒、仔猪副伤寒等传染病，普通便秘及肠蠕动迟缓的猪粪便干燥，呈羊粪样，坚硬、色深；患有猪传染性胃肠炎、流行性腹泻、仔猪黄痢、猪瘟、仔猪副伤寒等传染病，消化不良及一些中毒性疾病的猪，粪便稀软，甚至水样，粪便中常混有未消化的饲料；饲料中铜的含量增多，胃或肠前端出血的猪，粪便发黑色，肠道后端出血的猪，粪便有鲜红的血液；患有伪膜性肠炎的猪，粪便

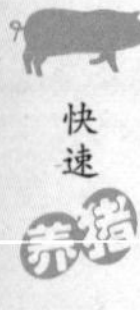

表面附有黏液；患有寄生虫病的猪，粪便有虫体；患有钩端螺旋体病、附红细胞体病或猪瘟等的猪，尿液浑浊、色深，呈红色、棕色或茶色。

（6）排便动作 健康猪排粪时，背稍微拱起，后肢张开，稍微用力即行排粪。如有便秘，出现背部拱起幅度增大，后肢弯曲，严重者有长时间的用力排便动作；如有腹泻，出现排粪次数频繁、失禁，没有排便动作即行排粪，并且后肢及臀部粘有粪便。健康猪排尿时，母猪背稍微拱起，后肢张开下蹲；公猪站立，尿呈股状并且断续地射出。排尿异常常与疾病有关，如泌尿生殖系统的疾病，出现尿频、多尿少尿、无尿、尿闭、尿淋漓、尿失禁、尿痛苦等。

（7）呼吸的检查 健康猪呼吸均匀，胸腹壁起伏平稳基本一致，呼气、吸气的声音韵律一致，每分钟呼吸18～30次。患病猪呼吸困难，胸腹壁起伏的幅度差异很大，有的胸壁起伏动作特别明显，腹壁动作很小，有的腹壁起伏动作特别明显，胸壁动作很小；有的呼气时间延长，拱背，严重的肛门突出，有的吸气时间延长，口张大，鼻孔扩张，四肢外伸，头颈伸展，胸腔扩张。

（8）体温的检查 健康猪体温基本一致，体温（直肠温度）为38～39.5℃。患病猪如患猪瘟、猪丹毒、高致病性猪蓝耳病等传染性疾病，体温升高，有的稽留不退；如患氢氰酸中毒、亚硝酸盐中毒等中毒性疾病，仔猪贫血以及一些慢性消耗性疾病，体温降低；如患低血糖，皮温不均，末梢冷。

（9）眼结膜及天然孔的检查 健康猪天然孔周围清洁，眼结膜呈粉红色；患病猪天然孔的非正常分泌物增多。如患猪流感，鼻分泌物增多；患猪传染性胸膜肺炎，口鼻流出血性泡沫样液体；患炭疽，鼻流血；患口蹄疫、猪水疱病、水疱性口炎等，口腔流涎；患猪瘟、仔猪副伤寒、高致病性猪蓝耳病等，眼角处有分泌物，眼睛不能睁开；患传染性萎缩性鼻炎，眼窝下方有半月形的褐色流泪的痕迹；患阴道炎、子宫内膜炎等，阴门有脓性分泌物流出；患猪传染性胃肠炎、流行性腹泻、猪瘟和仔猪副伤寒等，肛门周围粘有不洁的粪便；患猪疥螨，耳内有厚的一层不洁物；患仔猪缺铁性贫血、附红细胞体病、钩端螺旋体病、新生仔猪溶血性贫血等，眼结膜苍

白、潮红、黄染；患猪瘟、水肿病、高致病性蓝耳病等，眼睑肿胀。

（10）体表淋巴结的检查 体表淋巴结的检查对诊断某些传染病有很重大的意义。对体表淋巴结进行视、触诊时，主要注意其位置、大小、形状、硬度及表面状态。患猪瘟、猪丹毒以及猪圆环病毒病等时，腹股沟淋巴结可见明显的肿胀。

2. 群体检查

规模化猪场的群体检查，除了对猪群的检查外，还应了解猪群的变动、环境条件以及饲养管理情况。兽医人员应每天对全场的猪群进行一次检查，检查时应从产仔舍开始，依次为保育舍、妊娠母猪舍、待配猪舍、公猪舍、后备猪舍、肥育猪舍，如有新引进的猪最后进行观察。检查的内容主要有猪舍的环境温度、湿度、空气质量，料槽、地面（产床、保育床）、饮水器等清洁程度，猪的体况、身体的清洁度、采食与饮水情况等。

猪舍中的温度随着猪群的不同而不同，仔猪所需的温度较高，而肥育猪需要的温度相对较低。猪舍中空气的相对湿度以60%～80%较适宜。空气要新鲜，人进入后闻不到刺激性的气味、没有刺眼睛的现象。否则，空气不新鲜，应及时通风换气。饮水器的安装应满足猪饮水所需，并保持畅通。料槽应根据不同的饲喂方式安装，满足一窝内所有猪的采食需要，并且不漏料。地面、墙面应便于清扫、冲洗、消毒，地面不能太滑。

三 病理剖检

1. 剖检方法及检查内容

猪的剖检采用背卧式，为了使尸体保持背位，需切断四肢内侧所有肌肉和髋关节的圆韧带，使四肢平摊在地上，借以抵住躯体，保持不倒。然后再从颈、胸、腹的正中侧切开皮肤，只在腹侧剥皮。如果是肥育猪，又属非传染病死亡，皮肤可以加工利用时，建议仍按常规方法剥皮，然后再切断四肢内侧肌肉，使尸体保持背位。

（1）皮下检查 皮下检查在剥皮过程中进行。除检查皮下有无充血、炎症、出血、淤血（血管紧张，从血管断端流出多量暗红色血液）、水肿（多呈胶冻样）等病变外，还必须检查体表淋巴结的大小、颜色，有无出血，是否充血，有无水肿、坏死、化脓等病变。

仔猪（断奶前）还要检查肋骨和肋软骨交界处有无串珠样肿大。

（2）剖开腹腔和腹腔脏器的摘出 从剑状软骨后方沿白线由前向后切开腹壁至耻骨前缘，观察腹腔器官浆膜是否光滑，肠壁有无粘连；再沿肋骨弓将腹壁两侧切开，使腹腔器官全部暴露。首先摘出肝、脾及网膜，然后依次为胃、十二指肠、小肠、大肠和直肠，最后摘出肾脏。在分离肠系膜时，要注意观察肠浆膜有无出血，肠系膜有无出血、水肿，肠系膜淋巴结有无肿胀、出血、坏死。

（3）剖开胸腔和胸腔脏器的摘出 先用刀分离胸壁两侧表面的脂肪和肌肉，检查胸腔的压力，用刀切断两侧肋骨与肋软骨的接合部，再切断其他软组织，除去胸壁腹面，露出胸腔。检查胸腔、心包腔有无积液及其性状，胸膜是否光滑，有无粘连。

分离咽、喉头、气管、食道周围的肌肉和结缔组织，将喉头、气管、食道、心和肺一同摘出。

（4）剖检仔猪 可自下颌沿颈部、腹部正中线至肛门切开，暴露胸腹腔，切开耻骨联合，露出骨盆腔。然后将口腔、颈部、胸腔、腹腔和骨盆腔的器官一起取出。

（5）剖开颅腔 可在脏器检查完后进行。清除头部的皮肤和肌肉，在两眼眶之间横劈额骨，然后再将两侧颞骨（与颧骨平行）及枕骨髁劈开，即可掀掉颅顶骨，暴露颅腔。

检查脑膜有无充血、出血。必要时取材送检。

2. 猪常见的病理变化及可能发生的疾病（表7-1）

表7-1 猪常见的病理变化及可能发生的疾病

器官	病理变化	可能发生的疾病
淋巴结	颌下淋巴结肿大，出血性坏死	猪炭疽、链球菌病
	全身淋巴结有大理石样出血变化	猪瘟
	咽、颈及肠系膜淋巴结黄白色干酪样坏死灶	猪结核
	淋巴结充血、水肿、小点状出血	急性猪肺疫、猪丹毒、链球菌病

（续）

器　官	病理变化	可能发生的疾病
淋巴结	支气管淋巴结、肠系膜淋巴结髓样肿胀	猪气喘病、猪肺疫、传染性胸膜肺炎、仔猪副伤寒
肝	坏死小灶	沙门氏菌病、弓形虫病、李氏杆菌病、伪狂犬病
	胆囊出血	猪瘟、胆囊炎
脾	边缘有出血性梗死灶	猪瘟、链球菌病
	稍肿大，呈樱桃红色	猪丹毒
	淤血肿大，灶状坏死	弓形虫病
	边缘有小点状出血	仔猪红痢
胃	黏膜斑点状出血，溃疡	猪瘟、胃溃疡
	黏膜充血、卡他性炎症，呈大红布样	猪丹毒、食物中毒
	黏膜下水肿	水肿病
小肠	黏膜小点状出血	猪瘟
	节段状出血性坏死，浆膜下有小气泡	仔猪红痢
	以十二指肠为主的出血性、卡他性炎症	仔猪黄痢、猪丹毒、食物中毒
大肠	盲肠、结肠黏膜灶状或弥漫性坏死	慢性副伤寒
	盲肠、结肠黏膜扣状溃疡	猪瘟
	卡他性、出血性炎症	猪痢疾、胃肠炎、食物中毒
	黏膜下高度水肿	水肿病
肺	出血斑点	猪瘟
	纤维素性肺炎	猪肺炎、传染性胸膜肺炎
	心叶、尖叶、中间叶肝样变	气喘病
	水肿，小点状坏死	弓形虫病

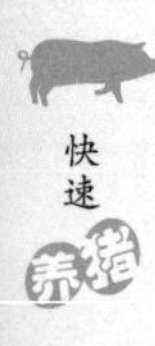

（续）

器　官	病理变化	可能发生的疾病
心脏	心外膜斑点状出血	猪瘟、猪肺疫、链球菌病
	心肌条纹状坏死带	口蹄疫
	纤维素性心外膜炎	猪肺疫
	心瓣膜菜花样增生物	慢性猪丹毒
	心肌内有米粒大灰白色包囊泡	猪囊尾蚴病
肾	苍白，小点状出血	猪瘟
	高度淤血，小点状出血	急性出血
膀胱	黏膜层有出血斑点	猪瘟
浆膜及浆膜腔	浆膜出血	猪瘟、链球菌病
	纤维素性胸膜炎及粘连	猪肺疫、气喘病
	积液	传染性胸膜肺炎、弓形虫病
睾丸	1个或2个睾丸肿大、发炎、坏死或萎缩	乙型脑炎、布氏杆菌病
肌肉	臀肌、肩胛肌、咬肌等处有米粒大囊包	猪囊尾蚴病
	肌肉组织出血、坏死，含气泡	恶性水肿
	腹斜肌、大腿肌、肋间肌等处有与肌纤维平行的毛根状小体	肌肉孢子虫病
血液	血液凝固不良	链球菌病、中毒性疾病

第二节　猪病的综合防治

一　科学的饲养管理

科学的饲养管理可以增强猪群的抵抗力和适应力，从而提高猪体的抗病力。

1. 满足营养需要

猪体摄取的营养成分和含量不仅影响其生产性能，更会影响健康，因此，要供给全价平衡日粮，保证营养全面充足。选用优质饲

料原料是保证供给猪群全价营养日粮、防止营养代谢病和霉菌毒素中毒病发生的前提条件。按照猪群不同时期各个阶段的营养需要量，科学设计配方，合理的加工调制，保证日粮的全价性和平衡性；重视饲料的储存，防止饲料腐败变质和污染。

2. 供给充足卫生的饮水

水是最廉价的营养素，也是最重要的营养素，水的供应情况和卫生状况对维护猪体健康有着重要作用，必须保证充足而洁净卫生的饮水。

3. 保持适宜的环境条件

根据季节气候的差异，做好小气候环境的控制，适当调整饲养密度，加强通风，改善猪舍的空气环境，做好防暑降温、防寒保温、卫生清洁工作，使猪群生活在一个舒适、安静、干燥、卫生的环境中。

4. 实行标准化饲养

着重抓好母猪进产房前和分娩前的猪体消毒、初生仔猪吃好初奶、固定乳头和饮水开食的正确调教、断奶和保育期饲料的过渡等几个问题，减少应激，防止母猪 MMA 综合病、仔猪断奶综合征等病的发生。

5. 减少应激发生

捕捉、转群、断尾、免疫接种、运输、饲料转换、无规律的供水供料等生产管理因素，以及饲料营养不平衡或营养缺乏、温度过高或过低、湿度过大或过小、不适宜的光照、突然的音响等环境因素，都可引起应激。加强饲养管理和改善环境条件，避免和减轻应激因素对猪群的不良影响，应激发生的前后两天内在饲料或饮水中加入维生素 C、E 和电解多维以及镇静剂等。

二 加强隔离卫生

1. 科学选址和合理布局

按照要求选择场址和规划布局，详见第二章。

2. 严格引种

到洁净的种猪场引种，引入后要进行为期 8 周的隔离观察饲养，确认未携带传染病后方可入场。

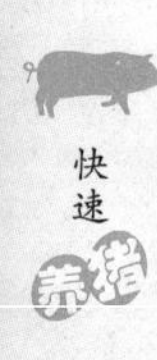

3. 加强隔离

（1）场大门口消毒 猪场大门必须设立宽于门口、长于大型载货汽车车轮一周半的水泥结构的消毒池，并装有喷洒消毒设施。人员进场时应经过消毒人员通道，严禁闲人进场，外来人员来访必须在值班室登记，把好防疫第一关。

（2）设置围墙或防疫沟 生产区最好有围墙或防疫沟，并且在围墙外种植荆棘类植物，形成防疫林带，只留人员入口、饲料入口和出猪台，减少与外界的直接联系。

（3）场区内隔离消毒 生活管理区和生产区之间的人员入口和饲料入口应以消毒池隔开，人员必须在更衣室沐浴、更衣、换鞋，经严格消毒后方可进入生产区，生产区的每栋猪舍门口必须设立消毒脚盆，生产人员经过脚盆再次消毒工作鞋后方可进入猪舍，生产人员不得互相“串舍”，各猪舍用具不得混用。

（4）外来车辆消毒 外来车辆必须在场外经严格冲洗消毒后才能进入生活管理区和靠近装猪台，严禁任何车辆和外人进入生产区。

（5）加强装猪台的卫生管理 装猪台平常应关闭，严防外人和动物进入；禁止外人（特别是猪贩）上装猪台，卖猪时饲养人员不准接触运猪车；任何猪只一经赶至装猪台，不得再返回原猪舍；装猪后对装猪台进行严格消毒。

（6）种猪场应设种猪选购室 选购室最好和生产区保持一定的距离，介于生活区和生产区之间，以隔墙（留密封玻璃观察窗）或栅栏隔开，外来人员进入种猪选购室之前必须先更衣、换鞋、消毒，在选购室挑选种猪。

（7）注意饲料的污染 饲料应由本场生产区外的饲料车运到饲料周转仓库，再由生产区内的车辆转运到每栋猪舍，严禁将饲料直接运入生产区内。生产区内的任何物品、工具（包括车辆），除特殊情况外不得离开生产区，任何物品进入生产区必须经过严格消毒，特别是饲料袋应先熏蒸消毒后才能装料进入生产区。有条件的猪场最好使用饲料塔，以避免已污染的饲料袋引入疫病。场内生活区严禁饲养畜禽。尽量避免猪、狗、禽鸟进入生产区。生产区内的肉食品要由场内供给，严禁从场外带入偶蹄兽的肉类及其制品。

（8）禁止与其他养殖场接触 全场工作人员禁止兼任其他畜牧场的饲养、技术工作和屠宰贩卖工作。保证生产区与外界环境有良好的隔离状态，全面预防外界病原侵入猪场内。休假返场的生产人员必须在生活管理区隔离两天后，方可进入生产区工作，猪场后勤人员应尽量避免进入生产区。

（9）采用全进全出的饲养制度 “全进全出”的饲养制度是有效防止疾病传播的措施之一。“全进全出”使得猪场能够做到净场和充分的消毒，切断了疾病传播的途径，从而避免患病猪只或病原携带者将病原传染给日龄较小的猪群。

4. 卫生管理

（1）保持猪舍和猪舍周围环境卫生 及时清理猪舍的污物、污水和垃圾，定期打扫猪舍和设备用具的灰尘，每天进行适量的通风，保持猪舍清洁卫生；不在猪舍周围和道路上堆放废弃物和垃圾。

（2）保持饲料和饮水卫生 饲料不霉变，不被病原污染，饲喂用具勤清洁消毒；饮用水符合卫生标准，水质良好，饮水用具要清洁，饮水系统要定期消毒。

（3）废弃物要无害化处理 猪场的主要废弃物有粪便和病死猪，病死猪不要随意出售或乱扔乱放，按要求进行无害化处理，防止传播疾病；粪便堆放要远离猪舍，最好设置专门储粪场，对粪便进行无害化处理。处理方法见第二章。

（4）灭鼠和杀虫 详见第二章第四节。

三 严格消毒

消毒是指用化学或物理的方法杀灭或清除传播媒介上的病原微生物，使之达到无传播感染水平的处理，即不再有传播感染的危险。消毒是保证猪群健康和正常生产的重要技术措施。

1. 消毒方法

猪场的消毒方法主要有机械性清除（如清扫、铲刮、冲洗等机械方法和适当通风）、物理消毒（如紫外线和火焰、煮沸与蒸汽等高温消毒）、化学药物消毒和生物消毒等。

化学药物消毒是养殖生产中常用的方法，是利用化学药物杀灭病原微生物以达到预防感染和传染病的传播和流行的方法。

（1）浸泡法 主要用于消毒器械、用具、衣物等。一般洗涤干净后再行浸泡，药液要浸过物体，浸泡时间以长些为好，水温以高些为好。在猪舍进门处消毒槽内，可用浸泡药物的草垫或草袋对人员的靴鞋消毒。

（2）喷洒法 喷洒地面、墙壁、舍内固定设备等，可用细眼喷壶；对舍内空间消毒，则用喷雾器。喷洒要全面，药液要喷到物体的各个部位。

（3）熏蒸法 适用于可以密闭的猪舍。这种方法简便、省事，对房屋结构无损，消毒全面，养鹅场常用。常用的药物有福尔马林（40%的甲醛水溶液）、过氧乙酸水溶液。实际操作中要严格遵守下面基本要点：畜舍及设备必须清洗干净，因为气体不能渗透到猪粪和污物中去，如不清洗干净，药物不能发挥应有的效力；畜舍要密封，不能漏气，应将进出气口、门窗和排气扇等的缝隙糊严。

（4）气雾法 消毒液从气雾发生器中喷射出的雾状微粒，其直径小于200nm，分子量极轻，能悬浮在空气中较长时间，可到处漂移穿透到畜舍内的周围及其空隙。因此，气雾法是消灭空气携带病原微生物的理想办法。全面消毒猪舍空间，每立方米用5%的过氧乙酸溶液2.5mL喷雾。

2. 消毒程序

（1）人员消毒 在猪场正门的入口处，建消毒室，内设6根紫外线灯管（四个墙角各安装1个，房顶吊2个）、消毒盆和消毒池。进场人员必须在此换鞋、更衣，照射15min后在消毒盆内用来苏儿消毒液洗手，然后再从盛有5%氢氧化钠溶液的消毒池中趟过进入生产区；每一栋舍的两头放消毒槽。病猪隔离人员和剖检人员操作前后都要进行严格消毒。消毒液可选用2%～5%氢氧化钠、1%菌毒敌、1∶300特威康等，药液每周更换1～2次，雨过天晴后立即更换，确保消毒效果。

（2）车辆消毒 大门口消毒池长度为汽车轮周长的2倍，深度

为15～20cm，宽度与大门口同宽。进入场门的车辆除要经过消毒池外，车身、车底盘还要进行高压喷雾消毒，消毒液可用2%过氧乙酸或灭毒威。严禁车辆（包括员工的摩托车、自行车）进入生产区，外界购猪车一律禁止入场。装猪车装猪前严格消毒，售猪后对使用过的装猪台、磅秤及时清理、冲洗、消毒。进入生产区的料车每周需彻底消毒1次。

（3）环境消毒

1）生产区的垃圾实行分类堆放，并定期收集；每逢周六进行环境清理、消毒和焚烧垃圾；整个场区每半个月要用2%～3%的氢氧化钠溶液喷洒消毒1次，不留死角；各栋舍内走道每5～7天用3%氢氧化钠溶液喷洒消毒1次。必要时可增加消毒次数或用对猪体无害的消毒药物带猪消毒。

2）春秋两季进行常规大消毒。春秋季节气候温暖，适宜于各种病原体微生物的生长繁殖，是搞好消毒防疫的关键时期。要选用如下广谱消毒药：2%～4%氢氧化钠，10%～20%漂白粉乳剂，0.05%～0.5%过氧乙酸及增效二氧化氯溶液等。其用药量为：每平方米地面用药液0.5～2kg，墙壁每平方米用药液0.5～1kg。

（4）空舍消毒

1）清扫。首先对空舍的粪尿、污水、残料、垃圾和墙面、顶棚、水管等处的尘埃进行彻底清扫，并整理归纳舍内饲槽、用具，当发生疫情时，必须先消毒后清扫。

2）浸润。对地面、猪栏、出粪口、食槽、粪尿沟、风扇匣、护仔箱进行低压喷洒，并确保充分浸润，浸润时间不低于30min，但不能时间过长，以免干燥、浪费水且不好洗刷。

3）冲刷。使用高压冲洗机，由上至下彻底冲洗屋顶、墙壁、栏架、网床、地面、粪尿沟等。要用刷子刷洗藏污纳垢的缝隙，尤其是食槽、护仔箱壁的下端，冲刷不要留死角。

4）消毒。晾干后，选用广谱高效消毒剂，消毒舍内所有表面、设备和用具，必要时可选用2%～3%的氢氧化钠溶液进行喷雾消毒，30～60min后低压冲洗，晾干后用另一种广谱高效消毒药（0.3%好利安）喷雾消毒。

5）复原。恢复原来栏舍内的布置，并检查维修，做好进猪前的充分准备，并进行第二次消毒。

6）猪舍的熏蒸消毒。对封闭猪舍冲刷干净、晾干后，最好进行熏蒸消毒，一般使用福尔马林、高锰酸钾熏蒸。方法是：熏蒸前封闭所有缝隙、孔洞，计算房间容积，称量好药品，福尔马林∶高锰酸钾∶水以2∶1∶1比例配制。福尔马林用量一般为14～42mL/m^3，容器应大于福尔马林溶液加水后容积的3～4倍，放药时一定要把福尔马林溶液倒入盛高锰酸钾的容器内，室温最好不低于24℃，相对湿度为70%～80%。先从猪舍一头逐点倒入，倒入后迅速离开，把门封严，24h后打开门窗通风。无刺激味后再用消毒剂喷雾消毒一次。

7）进猪。进猪前一天再喷雾消毒。

（5）带猪喷雾消毒 带猪喷雾消毒法是对猪体和猪舍内空间同时进行消毒的一种方法，是预防疾病或在猪群已发病的紧急情况下，对传染性疾病进行紧急控制的一种实用而有效的方法。带猪喷雾消毒应选择毒性、刺激性和腐蚀性小的消毒剂。例如，过氧化剂，过氧乙酸0.3%溶液30mL/m^3；二氧化氯0.015%溶液240～60mL/m^3；含氯制剂二氯异氰尿酸盐，含量为50×10^{-6}～100×10^{-6}，260～80mL/m^3。各类猪只的消毒应用频率为：夏季每周消毒2次，春秋季每周消毒1次，冬季两周消毒1次。在疫情期间，产房每天消毒1次，保育舍可隔天消毒1次，成年猪舍每周消毒2～3次，消毒时不仅限于猪的体表，还包括整个猪舍的所有空间。带猪喷雾消毒时，所用药剂的体积以做到猪体体表或地面基本湿润为准（通常100m^2舍内使用10L消毒液即可）。应将喷雾器的喷头高举空中，喷嘴向上，让雾料从空中缓慢地下降，雾粒直径控制在80～120μm，压力为0.2～0.3kg/cm^2。

【注意】 不宜选用刺激性大的药物。

（6）处理病、死猪及场地的消毒 猪场一经发现病猪，要及时隔离治疗；对于处理的病、死猪，要在指定的隔离地点烧毁或深埋，绝不允许在场内随意处理或解剖病、死猪。对病、死猪走过或停留的地方，应清除粪便和垃圾，然后铲除其表土，再用2%～4%氢氧

化钠溶液进行彻底消毒，用量约为 $1L/m^2$。

（7）污水和粪便的消毒 猪场产生的大量粪便和污水，含有大量的病原菌，而以病猪粪尿更甚，更应对其进行严格消毒。对于猪只粪便，可用发酵池法和堆积法消毒；对污水可用含氯25%的漂白粉消毒，用量为每立方米中加入6g漂白粉，如水质较差可加入8g。

（8）兽医防疫人员出入猪舍消毒

1）兽医防疫人员进入猪舍必须在消毒池内进行鞋底消毒，在消毒盆内洗手消毒。出舍时要在消毒盆内洗手消毒。

2）兽医防疫人员在一栋猪舍工作完毕后，要用消毒液浸泡的纱布擦洗注射器和提药盒的周围。

（9）特定消毒

1）猪转群或部分调动时（母猪配种除外）必须将道路和需用的车辆、用具，在用前、用后分别喷雾消毒。参加人员需换上洁净的工作服和胶鞋，并经过紫外线照射15min。

2）接产母猪有临产征兆时，就要将产床、栏架及猪的臀部及乳房洗刷干净，并用1/600的百毒杀或0.1%高锰酸钾溶液消毒。仔猪产出后要用消毒过的纱布擦净口腔黏液。正确实施断脐并用碘酊消毒断端。

3）在断尾、剪耳、剪牙、注射等前后，都要对器械和术部进行严格消毒。消毒可用碘附或70%的酒精棉。

4）消毒手术部位首先要用清水洗净擦干，然后涂以3%的碘酊，待干后再用70%~75%的酒精消毒，待酒精干后方可实施手术，术后创口涂3%碘酊。

5）阉割时，手术部位要用70%~75%酒精消毒，待干燥后方可实施阉割，结束后刀口处再涂以3%碘酊。

6）器械消毒。手术刀、手术剪、缝合针、缝合线可用煮沸消毒，也可用70%~75%的酒精消毒，注射器用完后里外冲刷干净，然后煮沸消毒。医疗器械每天必须消毒1遍。

7）发生传染病或传染病平息后，要强化消毒，药液浓度加大，消毒次数增加。

（10）饲料袋消毒 每月清洗并浸泡消毒1次。

> ⚠【注意】 取得良好消毒效果，要注意两点：一是清洁，一切杂物、污物粪便、垫草、尘土等都要在使用消毒药物前彻底清扫，并用高压水枪冲洗后再使用消毒药物消毒；二是消毒药的浓度要适当；三是要有足够量的消毒药液；四是需要充分浸泡。消毒药液发挥效力需要一定的时间，从喷洒药液到药液干燥即是药液发挥效力的过程，这个时间越长，效果越好。

四 猪场的免疫接种

免疫接种通常是使用疫苗和菌苗等生物制剂作为抗原接种于猪体，激发抗体产生特异性免疫力，抵抗传染病发生的一种有效手段。常见的免疫程序见表7-2～表7-5。

表7-2 商品猪的参考免疫程序

免疫时间/日龄	使用疫苗	免疫剂量和方式
1	猪瘟弱毒疫苗①	1头份肌内注射
7	猪喘气病灭活疫苗②	1头份胸腔注射
20	猪瘟弱毒疫苗	2头份肌内注射
21	猪喘气病灭活疫苗②	1头份胸腔注射
23～25	高致病性猪蓝耳病灭活疫苗	1头份肌内注射
	猪传染性胸膜肺炎灭活疫苗②	1头份肌内注射
	链球菌Ⅱ型灭活疫苗②	1头份肌内注射
28～35	口蹄疫灭活疫苗	1头份肌内注射
	猪丹毒疫苗、猪肺疫疫苗或猪丹毒—猪肺疫二联苗②	1头份肌内注射
	仔猪副伤寒弱毒疫苗②	1头份肌内注射
	传染性萎缩性鼻炎灭活疫苗②	1头份颈部皮下注射
55	猪伪狂犬基因缺失弱毒疫苗	1头份肌内注射
	传染性萎缩性鼻炎灭活疫苗②	1头份颈部皮下注射
60	口蹄疫灭活疫苗	2头份肌内注射
	猪瘟弱毒疫苗	2头份肌内注射

（续）

免疫时间/日龄	使用疫苗	免疫剂量和方式
70	猪丹毒疫苗、猪肺疫疫苗或猪丹毒—猪肺疫二联苗②	2头份肌内注射

注：猪瘟弱毒疫苗建议使用脾淋疫苗。

① 在母猪带毒严重，垂直感染引发哺乳仔猪猪瘟的猪场实施。

② 根据本地疫病流行情况可选择进行免疫。

表7-3 种母猪的参考免疫程序

免疫时间	使用疫苗	免疫剂量和方式
每隔4~6个月	口蹄疫灭活疫苗	2头份肌内注射
初产母猪配种前	猪瘟弱毒疫苗	2头份肌内注射
	高致病性猪蓝耳病灭活疫苗	1头份肌内注射
	猪细小病毒灭活疫苗	1头份颈部肌内注射
	猪伪狂犬基因缺失弱毒疫苗	1头份肌内注射
经产母猪配种前	猪瘟弱毒疫苗	2头份肌内注射
	高致病性猪蓝耳病灭活疫苗	1头份肌内注射
产前4~6周	猪伪狂犬基因缺失弱毒疫苗	1头份肌内注射
	大肠杆菌双价基因工程苗①	1头份肌内注射
	猪传染性胃肠炎、流行性腹泻二联苗①	1头份后海穴注射

注：1. 种猪70日龄前免疫程序同商品猪。

2. 乙型脑炎流行或受威胁地区，每年3~5月份（蚊虫出现前1~2个月），使用乙型脑炎疫苗每隔1个月免疫2次。

3. 猪瘟弱毒疫苗建议使用脾淋疫苗。

① 根据本地疫病流行情况可选择进行免疫。

表7-4 种公猪的参考免疫程序

免疫时间	使用疫苗	免疫剂量和方式
每隔4~6个月	口蹄疫灭活疫苗	2头份肌内注射

（续）

免疫时间	使用疫苗	免疫剂量和方式
每隔6个月	猪瘟弱毒疫苗	2头份肌内注射
	高致病性猪蓝耳病灭活疫苗	1头份肌内注射
	猪伪狂犬基因缺失弱毒疫苗	1头份肌内注射

注：1. 种猪70日龄前免疫程序同商品猪。

2. 乙型脑炎流行或受威胁地区，每年3~5月份（蚊虫出现前1~2个月），使用乙型脑炎疫苗每隔1个月免疫2次。

3. 猪瘟弱毒疫苗建议使用脾淋疫苗。

表7-5　常见猪病的参考免疫程序

类型及日龄		免疫内容
仔猪	吃初乳前1~2h	猪瘟弱毒疫苗超前免疫
	初生乳猪	猪伪狂犬病弱毒疫苗
	7~15日龄	猪喘气病灭活菌苗、传染性萎缩性鼻炎灭活菌苗
	25~30日龄	猪繁殖与呼吸综合征（PRRS）弱毒疫苗、仔猪副伤寒弱毒菌苗、伪狂犬病弱毒疫苗、猪瘟弱毒疫苗（超前免疫猪不免）、猪链球菌苗、猪流感灭活疫苗
	30~35日龄	猪传染性萎缩性鼻炎、猪喘气病灭活菌苗
	60~65日龄	猪瘟弱毒疫苗、猪丹毒、猪肺疫弱毒菌苗、伪狂犬病弱毒疫苗
初产母猪	配种前10周、8周	猪繁殖与呼吸综合征（PRRS）弱毒疫苗
	配种前1个月	猪细小病毒弱毒疫苗、猪伪狂犬病弱毒疫苗
	配种前3周	猪瘟弱毒疫苗
	产前5周、两周	仔猪黄白痢菌苗
	产前4周	猪流行性腹泻—传染性胃肠炎—轮状病毒三联疫苗
经产母猪	配种前两周	猪细小病毒病弱毒疫苗（初产前未经免疫的）
	怀孕60天	猪喘气病灭活菌苗
	产前6周	猪流行性腹泻—传染性胃肠炎—轮状病毒三联疫苗
	产前4周	猪传染性萎缩性鼻炎灭活菌苗

（续）

类型及日龄		免疫内容
经产母猪	产前5周、两周	仔猪黄白痢菌苗
	每年3~4次	猪伪狂犬病弱毒疫苗
	产前10天	猪流行性腹泻—传染性胃肠炎—轮状病毒三联疫苗
	断奶前7天	猪瘟弱毒疫苗、猪丹毒弱毒菌苗、猪肺疫弱毒菌苗
青年公猪	配种前10周、8周	猪繁殖与呼吸综合征（PRRS）弱毒疫苗
	配种前1个月	猪细小病毒弱毒疫苗、猪丹毒弱毒菌苗、猪肺疫弱毒菌苗、猪瘟弱毒疫苗
	配种前两周	猪伪狂犬病弱毒疫苗
成年公猪	每半年1次	猪细小病毒弱毒疫苗、猪瘟弱毒疫苗、传染性萎缩性鼻炎、猪丹毒弱毒菌苗、猪肺疫弱毒菌苗、猪喘气病灭活菌苗
各类猪群	3~4月份	乙型脑炎弱毒疫苗
	每半年1次	猪瘟弱毒疫苗、猪丹毒弱毒菌苗、猪肺疫弱毒菌苗、猪口蹄疫灭活疫苗、猪喘气病灭活菌苗

注：猪瘟弱毒疫苗常规免疫剂量，一般初生乳猪1头份/只，其他大小猪可用到4~6头份/只。未能作乳前免疫的仔猪可在21~25日龄首免，40、60日龄各免1次，每次4头份/只；有些地区猪传染性胸膜肺炎、副猪嗜血杆菌病的发病率比较高，需要作相应的免疫，将病毒苗与弱毒菌苗混合使用，若病毒苗中加有抗生素则可杀死弱毒菌苗，导致弱毒菌苗的免疫失败。在使用活菌制剂（包括猪丹毒、猪肺疫、仔猪副伤寒弱毒苗）前10天和后10天，应避免在饲料、饮水中添加或给予猪只肌内注射对活菌制剂敏感的抗菌药。

【提示】 选择信誉好的厂家生产的疫苗，并按要求低温运输和保存；免疫操作规范，如注射用具要消毒，注射剂量要准确，疫苗不要混合使用，免疫前后5天内不要使用抗病毒药物和抗菌药物等；减少免疫应激。

五 药物保健

猪群保健就是在猪容易发病的几个关键时期，提前用药物预防，

降低猪场的发病率。这比发病后再治，既省钱省力，又避免影响猪的生长或生产，收到事半功倍的效果。药物保健大力提倡使用细胞因子产品、中药制剂、微生态制剂及酶类制剂等，尽可能少用抗生素类药物，以避免出现耐药性、药物残留及不良反应，影响动物性食品的质量，危害公共卫生的安全。

1. 哺乳仔猪的药物保健（表7-6）

表7-6　哺乳仔猪的药物保健

时　　间	保 健 方 案
出生后 1~4日龄	1日龄、4日龄每头各肌内注射排疫肽（高免球蛋白）1次，每次每头0.25mL；或者肌内注射倍康肽（猪白细胞介素-4，大连三仪动物药品公司研发），每次每头0.25mL，可增强免疫力，提高抗病力。1~3日龄，每天口服畜禽生命宝（蜡样芽孢杆菌活菌）1次，每次每头0.5mL；或于仔猪出生后，吃初乳之前用“止痢宝”（嗜酸乳杆菌口服液，大连三仪动物药品公司研发），每头往嘴上喷1mL的药液，出生后20~24h，每头再往嘴上喷2mL药液
	仔猪出生后，吃初乳之前，每头口服庆大霉素6万国际单位，8日龄时再口服8万国际单位
	1日龄，每头肌内注射长效土霉素0.5mL；2日龄，用伪狂犬病双基因缺失活疫苗滴鼻，每个鼻孔0.5mL
	3日龄时，每头肌内注射牲血素1mL及0.1%亚硒酸钠-维生素E注射液0.5mL；或者肌内注射铁制剂1mL，可防止缺铁性贫血、缺硒及预防腹泻的发生
7日龄	7日龄，每头肌内注射长效土霉素0.5mL
	补料开食，可于1t饲料中添加金唯肽C211或益生肽C211（乳猪专用微生态制剂）500g，饲喂10天，可促进消化机能，调节菌群平衡，提高饲料吸收、利用率，促进生长，增强免疫力，提高抗病力，改善饲养生态环境
21日龄	每头肌内注射长效土霉素0.5mL
断奶前3天	每头肌内注射转移因子或倍健（免疫核糖核酸）0.25mL，可有效地防止断奶时可能发生的断奶应激、营养应激、饲料应激及环境应激等

（续）

时　间	保健方案
断奶前后各7天	1t 饲料中添加喘速治（泰乐菌素、强力霉素、微囊包被的干扰素、排疫肽）500g，加黄芪多糖粉 500g、溶菌酶 100g，或氟康王（氟苯尼考，微囊包被的细胞因子）400g，加黄芪多糖粉 500g、溶菌酶 100g，连续饲喂 14 天；或于 1t 饲料中添加 80% 支原净 120g、强力霉素 150g、阿莫西林 200g、黄芪多糖粉 500g，连续饲喂 14 天。可有效地预防断奶应激诱发断奶后仔猪发生的多种疫病。也可饮水加药，饮用多维电解质，加葡萄糖、黄芪多糖和溶菌酶，连续饮用 12 天

2. 保育仔猪的药物保健

由于当前保育仔猪发病多表现为多种病原混合感染与继发感染，使病情复杂化。因此，进行药物保健时要侧重提高其机体的免疫力和抗病力，做到抗病毒与抗细菌和抗应激同时并举，方可收到良好的预防效果。

1）上述哺乳仔猪断奶前后的药物预防方案可延续于保育期间实施，并能获得良好的预防效果。

2）于 1t 饲料中添加猪用抗菌肽（抗菌活性肽，大连三仪动物药品公司研发）500g，加板蓝根粉 600g、防风 300g，连续饲喂 12 天。

3）于 1t 饲料中添加 6% 替米考星 1000g、强力霉素 200g、黄芪多糖粉 500g、溶菌酶 120g，连续饲喂 7 天。

4）保育仔猪转群前口服丙硫苯咪唑 10～20mg/kg，驱除体内寄生虫 1 次。

3. 育肥猪的药物保健

1）于 1t 饲料中添加福乐（含氟苯尼考和微囊包被的细胞因子）800g、黄芪多糖粉 600g、溶菌酶 140g，连续饲喂 12 天。

2）于 1t 饲料中添加利高霉素 800g、阿莫西林 200g、板蓝根粉 600g、溶菌酶 140g，连续饲喂 12 天。

3）于 1t 饲料中添加加康 800g、强西林 300g、黄芪多糖粉 600g，连续饲喂 12 天。

4）于 1t 饲料中添加土霉素粉 600g、黄芪 2000g、板蓝根 2000g，

防风300g、甘草200g，连续饲喂12天。

5）育肥中期于1t饲料中添加2g阿维菌素或伊维菌素，连续饲喂7天，间隔10天后再连续饲喂7天，驱虫1次。

6）药物保健每月进行1次，肥猪出栏前30天停止加药；在药物保健的间隔时间内可在饲料中加益生肽C231或金唯泰C231（产酶芽孢杆菌、肠球菌、乳酸菌及促生长因子等），每吨饲料中加200g，可连续饲喂。

4. 后备母猪的药物保健

1）后备母猪在整个饲养过程中常见的、多发的疫病与育肥猪基本相似，因此，后备母猪平时的药物保健可每月进行1次，其保健方案可参照育肥猪的药物保健方案实施。

2）后备母猪配种前30天驱虫1次，用“通灭”或“全灭”，每33kg体重肌内注射1mL。

3）配种前25天开始进行药物保健，有利于净化后备母猪体内的病原体，确保初配受胎率高，妊娠期母猪健康和胎儿正常发育生长。可于1t饲料中添加喘速治600g、黄芪多糖粉600g、板蓝根粉600g、溶菌酶140g，连续饲喂12天。

5. 生产母猪的药物保健

母猪妊娠期间尽可能少用或短时间内应用化学药物进行保健。如使用生物工程制剂（细胞因子产品）及其某些中药制剂可能比较安全。

1）于1t饲料中添加抗菌肽（抗菌活性肽，大连三仪动物药品公司研发）500g，加黄芪多糖粉600g、溶菌酶140g，连续饲喂7天，每月1次即可。

2）母猪产前、产后各7天，于1t饲料中添加喘速治600g或者氟康王500g，加黄芪多糖粉600g、板蓝根粉600g，连续饲喂14天；也可于1t饲料中加5%爱乐新800g、强力霉素280g、黄芪多糖粉600g、溶菌酶140g，连续饲喂14天；也可于1吨饲料中加滕骏加康（含免疫增强剂）500g、强力霉素300g，连续饲喂14天。

生产母猪产前与产后进行药物保健后，临产时其他药物可免用。药物保健净化了母猪体内的病原体，母猪产仔后很少发生子宫内膜

炎、阴道炎及乳房炎，乳水充足，产下的仔猪健康，成活率高。

6. 种公猪的药物保健

种公猪每月连续5天在饲料中按每吨料添加150g环丙沙星饲喂。

六 寄生虫病的控制

目前猪场常见的内寄生虫主要为肠道线虫（如蛔虫、结节虫、兰氏类圆线虫和鞭虫等），外寄生虫主要为疥螨、血虱等。防控方案见表7-7。

表7-7 寄生虫病的防控方案

类型	防控方案
仔猪	每吨饲料中加伊维速克粉1kg混匀，连续用药7~10天；或仔猪断奶转群时注射长效伊维速克注射液（颈部皮下注射或肌内注射）1次
育成猪	每吨饲料中加伊维速克粉1.5kg混匀，连续用药7~10天；或架子猪进栏当日注射长效伊维速克注射液（颈部皮下注射或肌内注射）1次
母猪	每吨饲料中加伊维速克3kg混匀，连续用药7~10天。或待产母猪分娩前7~14天注射1次长效伊维速克注射液（颈部皮下注射或肌内注射）
公猪	种公猪每年至少注射两次长效伊维速克注射液（颈部皮下注射或肌内注射）

第三节 常见病的诊治

一 传染病

1. 猪瘟（“烂肠瘟”）

猪瘟是由猪瘟病毒引起的一种急性、热性、接触性传染病。

（1）病原 猪瘟病毒属于黄病毒科瘟病毒属，单股RNA病毒，病毒粒子呈球形。自然干燥过程中病毒迅速死亡，在腐败尸体中存活2~3天。含病毒的组织和血液，加0.5%苯酚与50%甘油后，在室温下可保存数周，病毒仍然存活，很适用于病料的送检。对污染

圈舍、用具、食槽等最有效的消毒剂是2%～4%氢氧化钠、5%～10%漂白粉、0.1%过氧乙酸、1∶200强力消毒灵等。在寒冷的冬季，为防止氢氧化钠溶液结冰，可加入5%食盐。

（2）流行病学 不同年龄、品种、性别的猪均易感。一年四季都可发生。病猪是主要传染源，病毒存在于各器官组织、粪、尿和分泌物中，猪采食了被病毒污染的饲料、饮水，接触了病猪和猪肉，以及污染的设备用具，或吸入含有大量病毒的飞沫和尘埃后，都可感染发病。此外，畜禽、鼠类、鸟类和昆虫也能机械性带毒，促使本病的发生和流行；发生过猪瘟场地上的蚯蚓，病猪体内的肺丝虫均含有猪瘟病毒，也会引起感染。处于潜伏期和康复期的猪，虽无临床症状，但可排毒，这是最危险的传染源，要注意隔离防范。流行特点是先有一头至数头猪发病，经1周左右，大批猪随后发病。

（3）临床表现和病理变化 潜伏期一般为7～9天，最长21天，最短2天。

1）最急性型。此型少见。常发生在流行初期。病猪无明显的临床症状，突然死亡。病程稍长的，体温升高到41～42℃，食欲废绝，精神委顿，眼和鼻黏膜潮红，皮肤发紫、出血，极度衰弱，病程1～2天。常无明显病变，仅能看到肾、淋巴结、浆膜、黏膜的小出血点。

2）急性型。这是常见的一种类型。体温升高至40.5～42℃，且稽留不退，精神沉郁、不吃食、不饮水，怕冷，眼结膜潮红，粪便干而臭，3～4天后转为腹泻。口黏膜和眼结膜有小出血点，耳尖、腹下、四肢内侧皮肤有出血斑和紫斑，体表淋巴结肿大，少数猪高烧，出现神经症状，病程为1～3周，病的后期常继发细菌感染，特别以肺炎和坏死性肠炎为多见。全身淋巴结肿大，呈紫红色，切面周边出血，或红白相间，呈现大理石样病变。肾脏不肿大，土黄色，被膜下散在数量不等的小出血点。膀胱黏膜有针尖大小出血点。脾脏不肿大，边缘有暗紫色的出血性梗死，有时可见脾脏被膜上有小米粒至绿豆大小紫红色凸出物。皮肤、喉头黏膜、心外膜、肠浆膜等有大小不一、数量不等的出血斑点。盲、结肠黏膜出血，形成纽扣状溃疡。

3）慢性温和型（非典型）。主要发生于生长猪，潜伏期长，病猪体温时升时降，食欲时好时坏，便秘和腹泻交替发生，病猪的耳尖、尾根和四肢皮肤经常发生坏死，病程较长，可超过1个月。除具有急性型的剖检病变之外，较典型的病变是回盲口、盲肠和结肠的黏膜上形成大小不一的圆形纽扣状溃疡。该溃疡呈同心圆轮状纤维素性坏死，突出于肠黏膜表面，褐色或黑色，中央凹陷。

非典型猪瘟是近年来国内外发生较普遍的一种猪瘟病型，据报道这种类型的猪瘟是由低毒力的猪瘟病毒引起的。其主要临床特征是缺乏典型猪瘟的临床表现，病猪体温微烧或中烧，大多在腹下有轻度的淤血或四肢发绀。有的自愈后出现干耳和干尾，甚至皮肤出现干性坏疽而脱落。这种类型的猪瘟病程1~2个月不等，甚至更长。有的猪有肺部感染和神经症状。新生仔猪常引起大量死亡。自愈猪变为侏儒猪或僵猪。

（4）诊断 可根据流行特点、典型症状、剖检变化及免疫接种情况等做出初步诊断。如果出现高稽留热，以便秘为主的出血性肠炎，体表皮薄处常有出血斑，剖检见淋巴结、脾脏、胆囊、肾脏、膀胱、喉头和大肠有病变等均为诊断的依据。应注意与猪丹毒、猪肺疫、猪副伤寒等病鉴别诊断。

（5）预防

1）坚持自繁自养，减少猪只流动，防止疫病发生。如需从外单位引入种猪时，应从健康无病的猪场引进。在场外隔离1个月以上，并进行猪瘟疫苗注射，经观察确实无病，才可混入原猪群饲养。

2）切实做好预防接种工作。在本病流行的猪场和地区可实行以下免疫方法。超前免疫：在仔猪出生后及未吃初乳之前，肌内注射2头份（300个免疫剂量）猪瘟兔化弱毒疫苗，1~1.5h后，再让仔猪吃母乳；35日龄前后强化免疫4头份，免疫期可达1年以上。大剂量免疫：种公猪每年春秋两次免疫，每头每次肌内注射4头份（600个免疫剂量）猪瘟兔化弱毒疫苗；仔猪离乳后，给母猪肌内注射4~6头份猪瘟兔化弱毒疫苗；仔猪在25~30日龄时肌内注射2头份猪瘟兔化弱毒疫苗，60~65日龄时肌内注射4头份猪瘟兔化弱毒疫苗。

在无猪瘟流行的地区，可按常规的春秋两季防疫注射和2~4头

份剂量进行，要做到头头注射，个个免疫，并做好春秋季未注射猪只的补针工作。

3）搞好日常饲养管理，保持圈舍干燥和环境清洁卫生。圈舍和环境定期用2%～4%的氢氧化钠水消毒。

（6）治疗 迅速诊断，及早上报疫病并隔离病猪，对圈舍、场地、饲养用具用3%～5%氢氧化钠水浸泡或喷洒消毒。

对疫区、疫场未发病的猪只，用4头份猪瘟兔化弱毒疫苗进行紧急接种，5～7天产生免疫力。经验证明，采取紧急接种的方法，能有效地制止新的病猪出现，缩短流行过程，减少经济损失，是防止猪瘟流行的切实可行的积极措施。病死的猪要深埋，不许乱扔。急宰猪应在指定地点进行，病猪肉须彻底煮熟后方可利用；对污染的废物、带毒的废水应采取深埋、消毒等措施；工作人员要严格消毒，防止疫情扩散；疫病过后全面彻底消毒并空舍两周后方可进猪。

优良的种猪或温和型猪瘟的治疗有：抗猪瘟高免血清，1mL/kg体重，肌内注射或静脉注射；或苗源抗猪瘟血清，2～3mL/kg体重，肌内注射或静脉注射；或猪瘟兔化弱毒疫苗20～50头份，分2～3点肌内注射，2天1次，注射2次；或卡那霉素，20mg/kg体重，每天1次（该方对35kg以上的病猪有一定疗效）。

2. 口蹄疫

口蹄疫是由口蹄疫病毒引起的，主要侵害猪等偶蹄兽的一种急性接触性传染病。

（1）病原 口蹄疫病毒属于微小RNA病毒科的鼻病毒属，共有7个主要的抗原性血清型，即A、O、C型，南非SAT1、SAT2、SAT3和亚洲Asia1。每一类型又分若干亚型，各型之间的抗原性不同，不同型之间不能交叉免疫，但症状和病变基本一致。本病毒对外界环境的抵抗力很强，广泛存在于病畜的组织中，特别是水疱液中的含量最高。

（2）流行病学 传染源是病畜和带毒动物。病畜的各种分泌物和排泄物，特别是水疱破裂以后流出的液体都含有病毒，这些病毒先污染环境，再感染健康动物。通过直接或间接接触，病毒可进入易感动物的呼吸道、消化道和损伤的黏膜，引起发病。如皮肤、黏

膜感染，病毒先在侵入部位的表皮和真皮细胞内复制，使上皮细胞发生水疱变性和坏死，以后细胞间隙出现浆液性渗出物，从而形成一个或多个水疱，称为原发性水疱，病毒在其中大量复制，并侵入血液，出现病毒血症，导致体温升高等全身症状。最危险的传播媒介是病猪肉及其制品，还有泔水，其次是被病毒污染的饲养管理用具和运输工具。动物长途运输，大风天气，病毒可跳跃式向远处传播。该病传播性强，流行猛烈，常呈流行性发生，多发生于冬春季，到夏季往往自然平息。

（3）临床表现和病理变化 潜伏期1～2天，病猪以蹄部水疱为主要特征，病初体温升高至40～41℃，精神不振，食欲减退或不食，蹄冠、趾间出现发红、微热、敏感等症状，不久形成黄豆大、蚕豆大的水疱，水疱破裂后表面形成出血、烂斑，引起蹄壳脱落。患肢不能着地，常卧地不起。病猪乳房也常见到斑，尤其是哺乳母猪，乳头上的皮肤病灶较为常见，其他部位皮肤上的病变少见。有时引起流产、乳房炎及慢性蹄变形。吃奶仔猪的口蹄疫，通常突然发病，角弓反张，口吐白沫，倒地四肢划动，尖叫后突然死亡。病程稍长者可见到口腔及周边上水病和糜烂，病死率可达60%～80%。

主要在皮肤型黏膜（唇、舌、颊、胯、前消化道、呼吸道黏膜）及毛少皮肤（口角、鼻盘、乳房、蹄缘、蹄间隙）出现水疱。口蹄疫水疱液初期半透明，淡黄色，后由于局部上皮细胞变性、崩解、白细胞渗出而变成混浊的灰色。水疱发生糜烂，大量水疱液向外排出，轻者可修复，局部细胞再生或结缔组织增生形成疤痕，如严重或继发感染，病变可深层发展，形成溃疡。有的恶性病例主要损伤心肌和骨骼肌。如心肌变性、局灶性坏死，坏死的心肌呈条纹状灰黄色，质软而脆，与正常心肌形成红黄相间的纹理，称为“虎斑心”。镜下见心肌纤维肿大，有的出现变性、坏死、断裂，进一步溶解、钙化，间质充血，水肿淋巴细胞增生或浸润，导致以坏死为主的急性坏死灶性心肌炎。

（4）诊断 根据临床症状、剖检变化和流行情况作出初步诊断。临床上以口腔黏膜、蹄部及乳房皮肤发生水疱和溃烂为特征。特征性的病理变化是在毛少的皮肤和皮肤型黏膜出现水疱，心脏、骨骼

肌变性、坏死和炎症反应。确诊需要实验室检验。

(5) 预防

1）严格隔离消毒。严禁从疫区（场）买猪以及肉制品，不得使用未经煮开的洗肉水、泔水喂猪。非本场生产人员不得进入猪场和猪舍，生产人员进入要消毒；猪舍及其环境定期进行消毒。

2）提高机体抵抗力。加强饲养管理，保持适宜的环境条件，改善环境卫生，增强猪体的抵抗力。

3）预防接种。可用与当地流行的相同病毒型、亚型的弱毒疫苗或灭活疫苗进行免疫接种。

(6) 治疗 发现本病后，应迅速报告疫情，划定疫点、疫区，及时严格封锁。病畜及同群畜隔离、急宰。同时，对病畜舍及受污染的场所、用具等彻底消毒，对受威胁区的易感畜紧急预防接种，在最后一头病畜痊愈或屠宰后14天内，未再出现新的病例，经彻底消毒后可解除封锁。粪便堆积发酵处理，或用5%氨水消毒。

口腔用0.1%的高锰酸钾或食醋洗漱局部，然后在糜烂面上涂以1%~2%明矾或碘酊甘油，也可用冰硼散。蹄部可用3%紫药水或来苏儿洗涤，擦干后涂松馏油或鱼石脂软膏等，再用绷带包扎。乳房可用肥皂水或2%~3%硼酸水洗涤，然后涂以青霉素软膏等，定期将奶挤出，以防发生乳房炎；恶性口蹄疫病猪可试用康复猪的血清进行防治，效果良好。

3. 猪传染性胃肠炎

猪传染性胃肠炎（TGE）是猪的一种急性、高度接触性肠道传染病。

(1) 病原 猪传染性胃肠炎病毒，属冠状病毒属，单股RNA病毒。此病毒对外界环境的抵抗力不强，干燥、温热、阳光、紫外线均可将其杀死。不耐热，56℃经45min，65℃经10min可灭活；但冷冻时较稳定，在-18℃条件下可保存18个月，在液氮中可保存3年毒力不变。一般的消毒剂都能使该病毒失活。

(2) 流行病学 本病世界各国均有发生。只有猪感染发病，其他动物均不感染。断奶猪、育肥猪及成年猪都可感染发病，但症状轻微，能自然康复。10日龄以内的哺乳仔猪病死率最高（60%以

上），其他仔猪随日龄的增长死亡率逐步下降。病猪和康复后带毒猪是本病的主要传染源。传染途径主要是消化道，即通过食入含有病毒的饲料和饮水传染。在湿度大，猪只比较集中的封闭式猪舍中，也可通过空气和飞沫经呼吸道传染。

本病在新疫区呈流行性发生，老疫区呈地方性流行。人、车辆和动物等也可成为机械性传播媒介。发病季节一般是12月至翌年4月之间，炎热的夏季则很少发生。

（3）临床表现和病理变化 潜伏期一般16～18h，有的2～3h，长的可达72h。

1）哺乳仔猪。突然发生呕吐，接着发生剧烈水样腹泻，呕吐一般发生在哺乳之后。腹泻物呈乳白色或黄绿色，带有未消化的小块凝乳块，气味腥臭。在发病后期，由于脱水，粪便呈糊状，体重迅速减轻，体温下降，常于发病后2～7天死亡，耐过的仔猪，被毛粗糙，皮肤淡白，生长缓慢。5日龄以内的仔猪，病死率为100%。

2）育肥猪。发病率接近100%，突然发生水样腹泻，食欲大减或绝食，行走无力，粪便呈灰色或灰褐色，含有少量未消化的食物。在腹泻初期，可出现呕吐。在发病期间，脱水和失重明显。病程5～7天。

3）母猪。母猪常与仔猪一起发病。哺乳母猪发病后，体温轻度升高，泌乳停止，呕吐，食欲不振，腹泻，衰弱，脱水。妊娠母猪似有一定抵抗力，发病率低，且腹泻轻微，一般不会导致流产。病程3～5天。

4）成年猪。感染后常不发病。部分猪呈现轻度水样腹泻或一过性软便，脱水和失重不明显。

剖检病变集中在胃肠道。胃内充满凝乳块，胃底部黏膜轻度充血。肠管扩张，肠壁变薄，弹性降低，小肠内充满白色或黄绿色水样液体，肠黏膜轻度充血，肠系膜淋巴结肿胀，肠系膜血管扩张、充血，肠系膜淋巴管内缺少乳白色乳糜。其他脏器病变不明显。病死仔猪脱水明显。病理组织学检查，主要表现为空肠黏膜绒毛变短、萎缩，上皮细胞变性、坏死及脱落。

（4）诊断 本病多发生于冬季，大、小猪都易感，发病突然，

传播迅速，往往在数日内传遍整个猪群。主要症状是严重的腹泻、脱水和失重，10 日龄以内的仔猪发病后病死率高，随日龄的增长病死率逐渐降低；肥育猪发病后很少死亡，常在 5 天左右自行康复。病理剖检时，空肠壁薄，肠内容物呈水样，肠系膜淋巴管内缺乏乳白色乳糜。

（5）预防

1）做好隔离卫生。在本病的发病季节，严格控制从外单位引进种猪，以防止将病原带入；并认真做好科学管理和严格的消毒工作，防止人员、动物和用具传播本病；实行“全进全出”制，妥善安排产仔时间和严格隔离病猪等。

2）免疫接种。使用猪传染性胃肠炎弱毒疫苗，或传染性胃肠和猪流行性腹泻二联疫苗。怀孕母猪产前 45 天和 15 天，肌肉和鼻腔内分别接种 1mL，使母猪产生足够的免疫力，让哺乳仔猪由母乳获得被动免疫。

3）新生仔猪未哺乳前口服高免血清或康复猪的抗凝全血，每天 1 次，每次 5 ~ 10mL，连用 3 天。

4）本病流行季节，每吨饲料拌入痢菌净纯粉 150g 或乳酸环丙沙星 80 ~ 100g，可防治肠道细菌感染。

（6）治疗 对发病仔猪进行对症治疗，可减少死亡，促进早日康复。

应用大剂量猪瘟弱毒苗或鸡新城疫疫苗肌内注射，3 天 2 针，对 1 周内的患病猪具有较好的治疗效果；或应用猪干扰素、转移因子、白细胞介素等生物制品并配合一定量的黄芪多糖肌内注射效果较好。

让患猪口服或自由饮服补液盐（葡萄糖 25.0g，氧化钠 4.5g，氯化钾 0.05g，碳酸氢钠 2.0g，柠檬酸 0.3g，醋酸钾 0.2g，温水 1000mL）辅助治疗，也可腹腔注射加入适量地塞米松、维生素 C 的葡萄糖氯化钠溶液或平衡液（葡萄糖氯化钠溶液 500mL，11.2% 乳酸钠 40mL，5% 氯化钙 4mL，10% 氯化钾 2.5mL）；为了防止继发感染可选用庆大霉素、恩诺沙星、环丙沙星、氯霉素等抗菌药物，内服、肌内注射或静脉注射均可。

4. 猪流行性腹泻

猪流行性腹泻（PED）是由猪流行性腹泻病毒引起的一种急性

肠道传染病，其特征是腹泻、呕吐和脱水。

（1）病原 病毒属冠状病毒科冠状病毒属。病毒粒子呈多形性，倾向球形，外有囊膜，病毒只能在肠上皮组织培养物内生长。病毒对外界环境和消毒药抵抗力不强，一般消毒药都可将它杀死。

（2）流行病学 病猪是主要传染源，在肠绒毛上皮和肠系膜淋巴结内存在的病毒，随粪便排出，污染周围环境和饲养用具，以散播传染。本病主要经消化道传染，但有人报导本病还可经呼吸道传染，并可由呼吸道分泌物排出病毒。

各种年龄猪对病毒都很敏感，均能感染发病。哺乳仔猪、断奶仔猪和育肥猪感染发病率100%，成年母猪感染发病率为15%～90%。本病多发生于冬季，夏季极为少见。我国多在12月至来年2月发生流行。

（3）临床表现和病理变化 临床表现与典型的猪传染性胃肠炎十分相似。哺乳仔猪一旦感染，症状明显，表现呕吐、腹泻、脱水、运动僵硬等症状，呕吐多发生于哺乳和吃食之后，体温正常或稍偏高，人工接种仔猪后12～20h出现腹泻，呕吐于接种病毒后12～80h出现。脱水见于接种病毒后20～30h，最晚见于接种病毒后90h。腹泻开始时排黄色黏稠便，以后变成水样便并混杂有黄白色的凝乳块，腹泻最严重时（腹泻10h左右）排出的几乎全部为水样粪便。同时，病猪常伴有精神沉郁、厌食、消瘦、衰竭和脱水症状。

症状的轻重与年龄大小有关，年龄越小，症状越重。1周以内的哺乳仔猪常于腹泻后2～4天脱水死亡，病死率约50%。新生仔猪感染本病死亡率更高。断奶猪、育成猪症状较轻，腹泻持续4～7天，逐渐恢复正常。成年猪症状轻，有的仅发生呕吐、厌食和一次性腹泻。

剖检尸体皮下干燥，胃内有多量黄白色的乳凝块。小肠病变具有示病性，通常肠管膨满扩张、充满黄色液体，肠壁变薄、肠系膜充血，肠系膜淋巴结水肿。镜下小肠绒毛缩短，上皮细胞核浓缩、破碎。至腹泻12h，绒毛变得最短，绒毛长度与隐窝深度的比值由正常的7:1降为3:1。

（4）诊断 本病的流行特点、临床症状和病理变化与猪传染性

胃肠炎十分相似，但本病的死亡率低，在猪群中的传播速度也较猪传染性胃肠炎缓慢，且不同年龄的猪均易感染。本病确诊主要依靠实验室检查。

（5）预防

1）平时特别是冬季要加强防疫工作，防止本病传入，禁止从病区购入仔猪，防止狗、猫等进入猪场，应严格执行进出猪场的消毒制度。

2）应用猪流行性腹泻和传染性胃肠炎二联苗免疫接种。妊娠母猪于产前30天接种3mL，10～25kg仔猪接种1mL，25～50kg育成猪接种3mL，接种后15d产生免疫力，免疫期母猪为1年，其他猪为6个月。

（6）治疗

1）隔离封锁。一旦发生本病，应立即封锁，限制人员参观，严格消毒猪舍用具、车轮及通道。将未感染的预产期20d以内的怀孕母猪和哺乳母猪连同仔猪隔离到安全地区饲养，紧急接种由中国农科院哈尔滨兽医研究所研制的猪腹泻氢氧化铝灭活疫苗。

2）干扰疗法。对发病母猪可用猪干扰素、白细胞介素、转移因子治疗，还可用大剂量猪瘟疫苗和鸡新城疫疫苗肌内注射，3天2次。

3）对症疗法。对症治疗可以减少仔猪死亡率，促进康复。病猪群饮用口服盐溶液（常用处方为：氯化钠3.5g，氯化钾1.5g，碳酸氢钠2.5g，葡萄糖20g，凉开水1000mL）。猪舍应保持清洁、干燥。对2～5周龄病猪可用抗生素治疗，防止继发感染。试用康复母猪抗凝血或高免血清口服，1mL/kg体重，连用3日，对新生仔猪有一定的治疗和预防作用。

5. 猪水疱病

猪水疱病（SVD）是由猪水疱病病毒引起的一种急性传染病。

（1）病原 病毒属小RNA病毒科肠道病毒属，对乙醚和酸稳定，在污染的猪舍内可存活8周以上，在病猪粪便内12～17℃储存130天，病猪腌肉3个月仍可分离出病毒，在低温下可保存2年以上。本病毒不耐热，60℃30min和80℃1min即可灭活。本病毒对消毒药抵抗力较强，常用消毒药在常规浓度下短时间内不能杀死本病

毒。pH 在 2～12.5 之间都不能使病毒灭活。常用消毒药 0.5% 农福、0.5% 菌毒敌、5% 氨水、0.5% 的次氯酸钠等均有良好消毒效果。

（2）流行病学 各种年龄、品种猪均可感染发病，而其他动物不发病，人类有一定的感受性。发病猪是主要传染源，病猪与健康猪同居 24～45h，即可在鼻黏膜、咽、直肠检出病毒，经 3d 可在血清中出现病毒。病毒主要经破损的皮肤、消化道、呼吸道侵入猪体，感染主要是通过接触、饲喂含病毒而未经消毒的泔水和屠宰下脚料。被病毒污染的饲料、垫草、运动场、用具及饲养员等往往造成本病的传播，据报道本病可通过深部呼吸道传播，气管注射发病率高，经鼻需大量才能感染，所以认为通过空气传播的可能性不大。

本病一年四季均可发生。在猪群高度密集调运频繁的猪场，传播较快，发病率亦高，可达 70%～80%，但死亡率很低，在密度小、地面干燥、阳光充足、分散饲养的情况下，很少引起流行。

（3）临床表现和病理变化 潜伏期，自然感染一般为 2～5 天，有的延至 7～8 天或更长，人工感染最早为 36h。临床上一般将本病分为典型、轻型和隐性型 3 种。

1）典型水疱病。其特征性的水疱常见于主趾和附趾的蹄冠上。有一部分猪体温升高至 40～42℃，上皮苍白肿胀，在蹄冠和蹄踵的角质与皮肤结合处首先见到水疱。在 36～48h，水疱明显凸出，大小为黄豆至蚕豆大不等，里面充满水疱液，继而水疱融合，很快发生破裂，形成溃疡，真皮暴露形成鲜红颜色，病变常环绕蹄冠皮肤的蹄壳，导致蹄壳裂开，严重时蹄壳可脱落。病猪疼痛剧烈，跛行明显，严重者，由于继发细菌感染，局部化脓，导致卧地不起或呈犬坐姿势。更严重者用膝部爬行，食欲减退，精神沉郁。水疱有时也见于鼻盘、舌、唇和母猪的乳头上。仔猪多数在鼻盘上发生水疱。一般情况下，如无并发其他疾病不易引起死亡，病猪康复较快，病愈后两周，创面可痊愈，如蹄壳脱落，则相当长的时间才能恢复。初生仔猪发生本病可引起死亡。有的病猪偶可出现中枢神经系统紊乱症状，表现为前冲、转圈、用鼻摩擦或用牙齿咬用具，眼球转圈，个别出现强直性痉挛。

2）轻型水疱病。只有少数猪发病，只在蹄部发生一两个水疱，

全身症状轻微，传播缓慢，并且恢复很快，一般不易察觉。

3）隐性型水疱病。不表现任何临床症状，但血清学检查，有滴度相当高的中和抗体，能产生坚强的免疫力，这种猪可能排出病毒，对易感猪有很大的危险性，所以应引起重视。

本病的肉眼病变主要在蹄部，约有10%病猪的口腔、鼻端亦有病变，但口部水疱通常比蹄部出现晚。病理剖检通常内脏器官无明显病变，仅见局部淋巴结出血和偶见心内膜有条纹状出血。

（4）诊断 该病在临床上与口蹄疫、水疱性口炎、水疱疹极为相似，但牛、羊等家畜不发生本病。要确诊必须进行实验室检查。

（5）预防

1）控制本病的重要措施是防止将病带到非疫区。不从疫区调入猪只和猪肉产品。运猪和饲料的交通工具应彻底消毒。屠宰的下脚料和泔水等要经煮沸后方可喂猪，猪舍内应保持清洁、干燥，平时加强饲养管理，减少应激，加强猪只的抗病力。

2）加强检疫、隔离、封锁制度。检疫时应做到“两看”（看食欲和跛行）、“三查”（查蹄、口和体温）；隔离应至少7天未发现本病，方可并入或调出；发现病猪就地处理，对其同群猪同时注射高免血清，并上报、封锁疫区。一般最后一头病猪恢复后20天才能解除封锁，解除前应彻底消毒1次。

3）免疫接种。我国目前制成的猪水疱病BEI灭活疫苗，平均保护率达96.15%，免疫期5个月以上。对受威胁区和疫区定期预防能产生良好效果。

（6）治疗 对发病猪，可采用猪水疱病高免血清，剂量为0.1～0.3mL/kg体重，保护率达90%以上，免疫期1个月。在商品猪中应用，可控制疫情，减少发病，避免大的损失。

6. 猪轮状病毒感染

猪轮状病毒感染是一种主要危害仔猪的急性肠道传染病。其特征是腹泻和脱水，成年猪常呈隐性经过，本病感染率和死亡率均较高。

（1）病原 轮状病毒属呼肠孤病毒科轮状病毒属。本病毒对理化因素有较强的抵抗力，室温下能保存7个月，60℃，30min仍可存

活，但63℃，30min 则被灭活；pH 3～9 环境下稳定；能耐超声波振荡和脂溶剂，0.01%碘、1%次氯酸钠和70%酒精均可使病毒丧失感染力。

（2）流行病学 患病的人、畜和隐性感染者是本病的传染源。病毒主要存在于消化道内，随粪便排到外界环境，污染饲料、饮水、垫草和土壤等，经消化道使易感猪感染。本病的易感宿主很多，其中以犊牛、仔猪、初生婴儿的轮状病毒病最常见。轮状病毒有一定的交叉感染性，人的轮状病毒能引起猴、仔猪和羔羊感染发病，犊牛和鹿的轮状病毒能感染仔猪。可见，轮状病毒可以从人或一种动物传给另一种动物，只要病毒在人或一种动物中持续存在，就可造成本病在自然界中长期传播。这也许是本病普遍存在的重要因素。

本病传播迅速，呈地方性流行，多发生在晚秋、冬季和早春。应激因素（特别是寒冷、潮湿）、不良的卫生条件、喂不全价饲料和其他疾病的袭击等，对该病的严重程度和病死率均有很大影响。

（3）临床表现和病理变化 潜伏期 12～24h。在疫区由于大多数成年猪都已感染过而获得了免疫，所以得病的多是 8 周龄以内的仔猪，发病率为50%～80%。病初精神委顿，食欲减退，不愿走动，常有呕吐，迅速发生腹泻，粪便水样或糊状，色黄白或暗黑。腹泻越久，脱水越明显，严重的脱水常见于腹泻开始后的 3～7 天，体重可减轻30%。症状轻重决定于发病日龄和环境条件，特别是环境温度下降和继发大肠杆菌病，常使症状严重和病死率增高。一般常规饲养的仔猪出生头几天，由于缺乏母源抗体的保护，感染发病症状重，病死率可高达100%；如果有母源抗体保护，则 1 周龄的仔猪一般不易感染发病。10～21 日龄哺乳仔猪症状轻，腹泻 1～2 天即迅速痊愈，病死率低；3～8 周龄或断乳 2 天的仔猪，病死率一般为10%～30%，严重时可达50%。

病变主要限于消化道，特别是小肠，肠壁菲薄，半透明，含有大量水分、絮状物及黄色或灰黑色液体。有时小肠广泛性出血，小肠绒毛短缩扁平，肠系膜淋巴结肿大。

（4）诊断 根据发生在寒冷季节、多侵害幼龄动物、突然发生水样腹泻、发病率高和病变集中在消化道等特点作出初步诊断。注

意与仔猪黄痢、白痢、猪传染性胃肠炎及流行性腹泻等鉴别诊断。确诊需要实验室检查。

（5）预防 加强饲养管理，认真执行兽医防疫措施，增强母猪及仔猪的抵抗力。在疫区，对经产母猪的新生仔猪应及早饲喂初乳，接受母源抗体的保护以免受感染，或减轻症状。

（6）治疗 本病无特效药物，发病后采取辅助措施。

发现病猪应立即隔离到清洁、干燥和温暖的猪舍，加强护理，减少应激，避免密度过大。对环境、用具等进行消毒，并停止哺乳，配制口服补液盐饮用，每千克体重30～40mL，每日2次，同时内服收敛剂，如次硝酸铋或鞣酸蛋白，使用抗生素或磺胺类药物以防继发感染。见脱水和酸中毒时，可静脉注射或腹腔注射5%葡萄糖盐水和5%碳酸氢钠溶液；新生仔猪口服抗血清也能得到保护。

7. 猪痘

猪痘是由猪痘病毒感染引起的一种传染病。猪痘病毒只对猪有致病性。

（1）病原 病毒属痘病毒科脊椎动物痘病毒亚科猪痘病毒属。抵抗力不强，58℃下5min灭活，在直射阳光或紫外线下迅速灭活。对碱和大多数常用消毒药均较敏感，但能耐干燥，在干燥的痂皮中能存活6～8周。

（2）流行病学 猪痘病毒只能使猪感染发病，不感染其他动物。多发生于4～6周龄仔猪及断奶仔猪，成年猪有抵抗力，各种年龄猪均可感染发病，常呈地方性流行，主要由猪虱传播，其他昆虫如蚊、蝇等也可传播。

（3）临床表现和病理变化 潜伏期4～7天。发病后，病猪体温升高，精神、食欲不振，鼻、眼有分泌物。痘疹主要发生于躯干的下腹部、肢内侧、背部或体侧部等处。痘疹开始为深红色的硬结节，凸出于皮肤表面，略呈半球状，表面平整，见不到形成水疱即转为脓疱，并很快结成棕黄色痂块，脱落后遗留白色疤痕而痊愈，病程10～15天。本病多为良性经过，病死率不高，如饲养管理不当或有继发感染，常使病死率增高，特别是幼龄仔猪。

典型的痘疹呈圆形、半球状突出于皮肤表面（直径可达1cm），

痘疹坚硬，表面平整，红色或乳白色，周围有红晕，以后坏死，中央干燥呈黄褐色，稍下陷，最后形成痂皮，痂皮脱落后，可遗留白色疤痕。

（4）诊断 一般根据病猪典型痘疹和流行病学即可作出确诊，必要时可进行病毒分离与鉴定。

（5）预防 搞好环境卫生，消灭猪虱、蚊和蝇等；新购入的猪要隔离观察1~2周，防止带入传染源；加强饲养管理，科学饲养管理，增强猪体抵抗力。刚发现此病的猪场最好将母猪、仔猪一并淘汰。

（6）治疗 发现病猪要及时隔离治疗，可试用康复猪血清或痊愈血治疗；患部可选用1%甲紫溶液、5%碘甘油、5%碘酊或消毒药涂抹；也可用庆大霉素注射液、板蓝根注射液、黄芪多糖注射液等注射治疗，效果较好。康复猪可获得坚强的免疫力。

8. 猪伪狂犬病

猪伪狂犬病是由伪狂犬病病毒（PRV）引起的一种急性传染病，危害在当今仅次于口蹄疫和猪瘟病。流行于冬季，主要侵害5~20日龄的仔猪。

（1）病原 病原是DNA型疱疹病毒，属疱疹病毒科甲型疱疹病毒亚科猪疱疹J病毒I型。对外界抵抗力较强，在污染的猪舍环境中能存活1个多月，在肉中可存活5周。对热有一定抵抗力，44℃下5h约30%的病毒保持感染力；56℃下15min，70℃下5min，100℃下1min，可使病毒完全灭活；-30℃以下保存，可长期保持毒力稳定，但在-15℃下保存12周则完全丧失感染力。紫外线、γ射线照射可使病毒失活。一般消毒药都可杀死该病毒。该病毒对乙醚和氯仿等有机溶剂敏感，用1%苯酚15min可杀死，1%~2%氢氧化钠溶液可立即杀死。

（2）流行病学 主要传染源是病猪、带毒猪和带毒鼠类。健康猪与病猪、带毒猪直接接触可感染。主要传播途径是消化道、呼吸损伤的皮肤、配种等。各种年龄的猪都易感，但随年龄的不同，症状和死亡率有很大差异，成年猪病程稍长，仔猪发病呈急性。母猪感染本病后6~7天乳中有病毒，持续3~5天，仔猪因吃奶而感染。

妊娠母猪感染本病时，常可侵入子宫内的胎儿。仔猪日龄越小，发病率和死亡率越高，随着日龄增长而发病率和死亡率下降，断乳后的仔猪多不发病。

（3）临床表现和病理变化

1）繁殖障碍型。大多是按正常怀孕日期分娩，但产出外观发育正常已死亡的胎儿，也有部分活胎儿或生活力弱不会吸乳的胎儿；少数延迟分娩，大多超过预产期5～7天，甚至更长（此种母猪精神、食欲、体温正常，怀孕后期已增大的腹围缩小，乳房缩小，胎动消失，需注射前列腺素才能娩出）；长期不发情，屡配不孕、假孕等，返情率可达60天以上；种公猪出现睾丸炎、附睾炎，睾丸、附睾萎缩硬化。

2）仔猪脑脊髓炎——腹泻型。出生仔猪正常，第2～3天开始发病，第3～6天是死亡高峰期，死亡率100%，也有20日龄发病的，死亡率在70%左右；体温40～41.5℃，也有体温正常或略低的；运动失调，盲目行走或转圈，倒地侧卧或做游泳划水状，仰头歪颈，抽搐、角弓反张，并间歇发作；口腔流泡沫性涎液，有的呕吐；呼吸困难，流浓稠黄色鼻汁；有的伴发腹泻，排黄绿色有腥味稀粪，易与黄痢混淆；剖检脑膜充血，脑内髓液增多。

3）呼吸道综合征型。多发于断奶后仔猪及育成猪，育肥猪偶有发生；食欲不振，精神沉郁，体温升高41℃；流鼻汁，打喷嚏咳嗽，呼吸困难，有时呈“犬”坐姿势；剖检鼻腔、喉头、气管等处炎症和水肿、肺部水肿或小叶性、大叶性肺炎。

（4）诊断 无特征性剖检变化，诊断必须结合流行病学，并采用实验室诊断方法确诊。感染猪临床特征为体温升高，新生仔猪表现神经症状，还可侵害消化道。成年猪常为隐性感染，有流产、死胎及呼吸症状，无奇痒。

（5）预防

1）加强饲养管理，搞好环境卫生和消毒，坚持杀虫灭鼠，定期检测猪群，阳性猪妥善处理。实行自繁自养，实行全进全出管理，严禁猪场混养多种畜禽。防止购入种猪时带进病原，要定期隔离观察，无传染病者方可进入猪场。

2）本病流行地区应进行免疫接种。伪狂犬病的弱毒苗、灭活苗、野毒灭活苗及基因缺失苗已研制成功。公猪每3～4个月免疫1次，母猪配种前7～10天和产前20～30天各免疫1次，新生仔猪1～3日龄滴鼻免疫，30～50日龄肌内注射1～2头份。

（6）治疗 本病发生后，尚无有效药物治疗，必要时用高免血清治疗，可降低死亡率。病死猪深埋，用消毒药消毒猪舍和环境，粪便发酵处理。严禁散养禽类，阻断犬、猫进入猪场。

9. 猪繁殖与呼吸障碍综合征

猪繁殖与呼吸障碍综合征是由猪繁殖与呼吸综合征病毒（PRRSV）引起的一种病，又称蓝耳病。

（1）病原 PRRSV属于动脉炎病毒科动脉炎病毒属，为单链RNA病毒，对氯仿和乙醚敏感。该病毒在56℃下15～20min，37℃下10～24h，20℃下6天，4℃下1个月传染滴度下降10倍，在56℃下45min，37℃下48h病毒将彻底灭活，在－70℃下其感染滴度可稳定长达4个月以上。当pH小于5或大于7时病毒的感染滴度降低90%以上。

（2）流行病学 在自然流行中，该病仅见于猪，其他家畜和动物未见发病。不同年龄、品种、性别猪均可感染，但不同年龄猪的易感性有一定的差异，生长猪和育肥猪感染后的症状比较温和，母猪和仔猪的症状较为严重，乳猪的病死率可达80%～100%。

本病的主要传染源是病猪和带毒猪，从病猪的鼻腔、粪便拭子和尿液中均可发现病毒，耐过猪大多可长期带毒。本病的主要传播方式是猪与猪之间的直接接触传染和借助空气传播。该病传播迅速，主要经呼吸道感染，当健康猪与病猪接触（如同圈饲养，高度集中）更容易导致本病发生和流行。本病也可垂直传播。公猪感染后3～27天和43天所采集的精液中均能分离到病毒，7～14天从血液中可查出病毒。以含有病毒的精液感染母猪，可引起母猪发病，在21天后可检出抗体。怀孕中后期的母猪和仔猪最易感染。患猪的血液中可持续大量带毒，很多国家禁止用未经煮熟的含有猪肉的泔水喂猪。

（3）临床表现和病理变化 人工感染潜伏期4～7天，自然感染一般为14天。

1）怀孕母猪咳嗽，呼吸困难，发生流产（多为怀孕后期105～112天流产），产死胎（肺漂浮试验，肺下沉）、木乃伊或弱仔猪，有的出现产后无乳。

2）部分新生仔猪病猪体温升高到40℃以上，表现呼吸急促及运动失调等神经症状，产后1周内仔猪的死亡率明显上升。有的猪耳、腹侧及外阴部皮肤呈现一过性青紫色或蓝色斑块。

3）有呼吸道症状的3～5周龄仔猪常发生继发感染，如嗜血杆菌感染。

4）育肥猪临床症状不明显。

主要病变为间质性肺炎。

(4) 诊断 流产或早产超过8%、死产占产仔数20%、仔猪出生后1周内死亡率超过26%以上，三项指标中有两项成立，即可诊断为猪繁殖与呼吸综合征。但目前，阳性率高的猪场已经基本不表现症状，只是仔猪腹泻率较高，经常干扰育肥猪猪瘟抗体的产生。因此，应该经常进行抗体检测。

(5) 预防

1）隔离卫生和消毒。保持环境卫生，经常对环境进行消毒并科学引种。加强消毒，消毒时一定要先清扫后消毒，并注意药物配比浓度、喷洒剂量和方法。

2）降低饲养密度，减少舍内秽气。饲养密度越大，空气质量越差，发病率越高。因此，被本病污染的猪场，可适当减少母猪饲养密度，增加清粪次数，加强通风，有利于降低本病和呼吸道疾病的发病率。

3）减少应激反应。本病与应激因素密切相关，在换料、转圈、寒流侵袭、阴雨连绵、高密度饲养等应激因素作用下易发，或使发病猪群病情加重。气候突变时猪受凉，免疫功能降低，潜在的病原易滋生繁衍，要保持适宜的环境，减少应激反应发生。必要时可在饲料或饮水中添加维生素C、维生素E等抗应激剂。

4）提高机体免疫力。一般要用中高档饲料，严禁用霉变饲料，并保证饲料必需氨基酸、维生素和微量元素的含量，在易发病日龄，料中可加入免疫功能增强剂，有一定的预防效果。红细胞也参加机

体的免疫，一般将常规的仔猪一次补铁改为两次补铁，即在2～3日龄注射1mL富铁力，10～15日龄再注射2mL。实践证明，两次补铁的仔猪毛色好，血液中血红蛋白含量高，免疫功能增强，发病率低。

5）免疫接种。多在暴发猪场和受污染地区使用。我国生产有弱毒疫苗和灭活苗，一般认为弱毒苗效果较好，可用于暴发猪场。后备母猪于配种前，进行两次免疫，首免于配种前两个月，间隔1个月进行二免。仔猪在母源抗体消失前首免，母源抗体消失后进行二免。公猪和妊娠母猪最好不接种。

（6）治疗

1）血清学治疗。选择本场淘汰的健康母猪，用发病仔猪含毒脏器攻毒，使体内产生抗体，然后动脉放血，分离血清，加一定量的广谱抗生素后分装，给患猪注射，有一定的治疗效果，但不用外场的血清，防止引入病原。同时还要检测抗体滴度，注意采血时间，防止采血、分离血清和分装时污染，并注意血清储存方法、保存时间等问题。

2）配合抗菌药物治疗。由于病毒使猪产生免疫抑制，常继发感染多种病毒性和细菌性疾病，而干扰素只能抑制病毒的复制，而对细菌无抑制作用，在治疗时，必须配合使用抗菌药物，尤其是对引起呼吸道疾病的一些致病菌如猪副嗜血杆菌、放线菌、支原体、衣原体等。选择对上述病菌敏感的药物进行肌内注射，1天2次，连用3天；同时饲料中应添加强力霉素、氟苯尼考、林可霉素、克林霉素、支原净和替米考星等。特别是替米考星，按每吨饲料添加400g，对减轻继发的呼吸道疾病的症状有很好的作用。

10. 断奶仔猪多系统衰竭综合征

断奶仔猪多系统衰竭综合征是由猪圆环病毒（PCV）Ⅱ感染引起的一种危害性较大的新的传染病。以断奶仔猪发育不良、咳嗽、消瘦和黄疸为特征。

（1）病原 PCV属于圆环病毒科圆环病毒属，无囊膜。它分为猪圆环病毒1型（PCV1）和猪圆环病毒2型（PCV2）两个类型。PCV对外界的抵抗力较强，在pH为3的酸性环境中能存活很长时间；对氯仿不敏感；在56℃或70℃处理一段时间不被灭活，在高温

环境也能存活一段时间。

（2）流行病学 病猪和带毒猪是主要传染源，猪在不同猪群间的移动是该病毒的主要传播途径，也可通过被污染的衣服和设备进行传播。猪圆环病毒对猪具有较强的感染性。主要发生在哺乳期和育成期的猪，一般于断奶后2～3天开始发病，特别是5～8周龄的仔猪；急性发病猪群中，发病率为4%～25%，平均病死率18%；育肥猪多表现为阴性感染，不表现临床症状，少数怀孕母猪感染PCV后，可经胎盘垂直感染给仔猪；可以通过同居和交配感染；母猪是很多病原的携带者，通过多种途径排毒或通过胎盘传染哺乳仔猪，造成仔猪的早期感染。猪对PCV2具有较强的易感性，感染猪可自鼻液、粪便等废物中排出病毒，经口腔、呼吸道途径感染不同年龄的猪。患病猪群若并发或继发细菌、病毒感染，死亡率则增加；副嗜血杆菌是最常见的继发感染细菌。各种不良环境因素（如拥挤、潮湿、空气污浊等）都可加重病情。

（3）临床表现和病理变化 断奶仔猪多系统衰竭综合征（PMWS），主要发生于5～12周龄的仔猪，同窝或不同窝仔猪有呼吸道症状，腹泻，发育迟缓，体重减轻，有时出现皮肤苍白或黄疸。有的呼吸加快，表现呼吸困难，有的偶尔出现腹泻和神经症状。

病理变化为体况较差，表现为不同程度的肌肉萎缩，皮肤苍白，有20%的出现黄疸。淋巴结肿胀，切面呈均匀的苍白色；肺肿胀，坚硬或似橡皮，严重病例肺泡出血，尖叶和心叶萎缩或实变。肝萎缩，发暗，肝小叶间结缔组织增生；脾脏肿大，肾脏水肿，苍白，被膜下有白色坏死灶，盲肠和结肠黏膜充血或淤血。

（4）诊断 根据流行特点、临床表现和病理变化初步诊断。

（5）预防

1）科学饲养管理。实施全进全出制度。分娩期，仔猪全进全出，两批猪之间要清扫消毒；分娩前，要清洗母猪和驱虫。防止不同来源、年龄的猪混养；保持猪舍干燥，降低猪群的饲养密度、加强圈舍通风，保持空气洁净；提高营养水平：提高饲料的质量，提高蛋白质、氨基酸、维生素和微量元素的水平并保证其质量，避免饲喂发霉变质或含有真菌毒素的饲料；提高断奶猪的采食量，给仔

猪喂湿料或粥料（可饮用食用柠檬酸）；保证仔猪充足的饮水。提高猪群的营养水平，可以在一定程度上降低 PMWS 的发生率和造成的损失。

2）严格隔离消毒。消毒卫生工作要贯穿于各个环节，最大限度地降低猪场内污染的病原微生物，减少和杜绝猪群继发感染的概率；避免鼠、飞鸟及其他易感动物接近猪场；种猪来源于没有 PMWS 临床症状的猪群，同时做好隔离检测等工作；加强猪群的净化，严格淘汰有临床症状的病猪、带毒猪（病猪和带毒猪是圆环病毒病的主要传染源，公猪的精液带毒，通过交配可传染给母猪，母猪又是很多病原的携带者，通过多种途径排毒或通过胎盘传染给哺乳仔猪，造成仔猪的早期感染，所以应及时淘汰 PMWS 血清阳性猪）和病弱仔猪。

3）免疫预防。目前该病的有效疫苗尚未研制出来。猪场一旦发生本病，可把发病猪的肺、脾、淋巴结等病毒含量较多的脏器经处理后做成自家疫苗，对其他猪只进行免疫，实践证明，自家疫苗附本病有一定的预防作用。不过如灭活不彻底，将会起到相反的作用。

4）血清学法。用发病仔猪含毒脏器攻毒，健康猪体内产生抗体，然后动脉放血，分离血清，加广谱抗生素后分装，给断奶仔猪和病猪肌内注射或腹腔注射，有一定的防治效果。

5）“感染”物质的主动免疫。“感染”物质指本猪场感染猪的粪便、死产胎猪、木乃伊胎等，用来喂饲母猪，尤其初产母猪在配种前喂给，能得到较好的效果。如对已有抗体的母猪在怀孕 80 天以后再作补充喂饲，则可产生较高免疫水平，并通过初乳传递给仔猪，这种方法，不仅对防制本病、保护仔猪的健康有效，而且对其他肠道病毒引起的繁殖障碍也有较好的效果，使用本法要十分慎重，如果场内有仔猪会造成人工感染。

（6）治疗 目前尚无特效的治疗药物，应早发现，早诊治。

全群用瘟毒特号拌料，同时应用附红速康配合庆增安粉拌料，防止并发症的发生；对不吃食的病猪，肌内注射长效土霉素、维生素 B_{12}、维生素 C、中药制剂抗瘟王，对症治疗，降低体温，促进食欲，提高机体抵抗力；对患圆环病毒病的仔猪，使用广谱抗生素，

如氟苯尼考、丁胺卡那霉素、克林霉素等药物进行相应对症治疗，并减少继发感染。

11. 猪流行性乙型脑炎（简称乙型脑炎或乙脑）

流行性乙型脑炎是由乙型脑炎病毒引起的一种以中枢神经系统病变为主的人畜共患的急性传染病。

（1）病原 病原属于黄病毒科黄病毒属，呈球形，二十面体对称。病毒对外界环境的抵抗力不强，在－20℃可保存1年，但毒力降低；在50%甘油生理盐水中于4℃下可存活6个月。常用消毒药可以灭活。

（2）流行病学 本病为人畜共患的自然疫源性传染病，多种畜禽和人感染后都可成为本病的传染源。主要通过带病毒的蚊虫叮咬传播。已知库蚊、伊蚊、按蚊属中不少蚊种以及库蠓等均能传播本病。猪的感染较为普遍，但发病的多为头胎母猪。

本病有明显的季节性，多发生于夏秋蚊子活动的季节。本病在猪群中的流行特点是感染率高，发病率低，绝大多数病愈后不再复发，成为带毒猪。

（3）临床表现和病理变化 妊娠母猪发病后主要表现为流产，产死胎或木乃伊。临近产期早产的胎儿，虽是活的，但会因极度衰弱而死亡；按预产期分娩的仔猪中，既有死胎和木乃伊，也有活的正常仔猪，但生后不久便出现全身痉挛抽搐，口吐白沫，倒地不起，很快死亡。母猪产前的症状表现体温升高，精神沉郁，好卧嗜睡，渴欲增加，尿黄粪干，产后有的胎衣不下，从阴道流出红白黏液。剖检死胎皮下呈弥漫性水肿，全身肌肉如“熟肉”，胸腹腔积液，肾与心外膜出血尤为明显。

（4）诊断 根据多发生于蚊虫多的季节，呈散发性，有明显的脑炎症状，怀孕母猪发生流产，公猪发生睾丸炎可以诊断。确诊需实验室进行病毒分离和血清学诊断。

（5）预防

1）免疫接种是防制本病的首要措施。目前猪用乙型脑炎疫苗有灭活疫苗和弱毒疫苗。在流行地区猪场，在蚊蝇孳生前1个月进行免疫接种。猪场在4~5月间接种乙型脑炎弱毒疫苗，每头2mL，肌

内注射。头胎母猪间隔4周再注射1次。第二年加强免疫1次，免疫期可达3年。

2）综合防治。蚊子是本病的重要传播媒介，因此，灭蚊是控制本病的一项重要措施。经常保持猪场周围环境卫生，填平坑洼，疏通渠道，排除积水，消灭蚊蝇孳生的场。使用杀虫剂在猪舍内外进行喷洒灭蚊。

（6）治疗 使用抗生素、磺胺类药物可以防治继发感染和其他细菌性疾病；若体温持续升高，可使用安替比林或30%安乃近5～10mL，肌内注射。

治疗脑水肿，降低颅内压。常用药物有20%甘露醇、25%的三犁醇、10%的葡萄糖溶液，静脉注射100～200mL。

12. 猪痢疾（血痢或黏液性出血性下痢）

猪痢疾（SD）是由猪痢疾密螺旋体引起的黏液性出血性下痢疾病。主要发生于保育猪和育肥猪，尤其对育肥猪的危害性大。

（1）病原 猪痢疾密螺旋体为革兰氏阴性、耐氧的厌氧螺旋体，两端尖锐，呈舒展的螺旋状，能自由运动。猪痢疾密螺旋体对外界的抵抗力不强，在土壤中可存活18天，粪便中61天，阳光直射可很快杀死，一般消毒药均可将其杀死，其中复合酚和过氧乙酸效果最佳。

（2）流行病学 本病只发生于猪，各种年龄的猪均可感染，但以7～12周龄的仔猪发生较多。一般发病率为75%，病死率为5%～25%，有时断奶仔猪的发病率和病死率都较高。病猪和带菌猪是主要传染源。病猪和带菌猪由粪便排出大量病原体，污染周围环境、饲料、饮水、各种用具等，经消化道传染于健康猪，运输、拥挤、寒冷、过热或环境卫生不良等是本病的诱因。本病康复猪的带菌率很高，而且带菌时间长达数月；猪痢疾的流行原因常是由于引进带菌猪所致，本病的流行经过比较缓慢，持续时间较长，往往开始有几头发病，以后逐渐蔓延，在较肥育猪群中流行常常拖延几个月之久，很难根除。本病流行无明显季节性，一年四季均有发病。

（3）临床表现和病理变化 潜伏期，3天以上，自然感染多为7～14天。主要症状是下痢，开始为水样下痢或黄色软粪，随后粪便

带有血液和黏液，腥臭。本病在暴发的最初 1 ~2 周多为急性经过，死亡率较高，3 ~4 周后逐渐转为亚急性或慢性，在天气突变和应激条件下，粪便中有多量黏液和坏死组织碎片，并常带有暗褐色血液。本病致死率低，但病程较长，病猪进行性消瘦，生长发育迟滞，对养猪生产的影响很大。

病变一般局限于大肠。肠系膜水肿、充血；结肠和盲肠的肠壁水肿，黏膜肿胀、出血，表面覆盖黏液和带血的纤维蛋白，肠内容物稀薄，并混有黏液、血液和脱落组织碎片。重症病例，黏膜坏死，形成麸皮样的伪膜，或纤维蛋白膜，剥去伪膜可见浅表糜烂面。病变可能出现在大肠的某一段，也可能弥散整个大肠。其他脏器无明显病变。

（4）诊断 根据流行病学、临床症状和病理变化（特征为大肠黏膜发生卡他性出血性炎症，或纤维素性坏死性炎症）可以做出初步诊断。确诊需要进行病原学诊断。

（5）预防

1）坚持自繁自养的原则，如需引进行种猪，应从无猪痢疾病史的猪场引种，并实行严格隔离检疫，观察 1 ~2 个月，确定健康方可入群。平时加强卫生管理和防疫消毒工作。

2）药物净化。饲料中添加 0.006% 的痢菌净，全场猪只连续饲喂 4 ~10 周；不吃料的仔猪，用 0.5% 痢菌净溶液，按 0.25mL/kg 体重，每天灌服 1 次，同时还必须做到搞好猪舍内、外的环境卫生，经常清扫、消毒，场区的所有房舍都应清扫、消毒和熏蒸，猪舍内要带猪消毒，工作人员的衣服、鞋帽，以及所有用具都要定期消毒，消毒药可选用 1% ~2% 克辽林（臭药水），或 0.1% ~0.2% 过氧乙酸，每周至少消毒 2 次；全场粪便应无害化处理，并且还应做好灭鼠工作；在服药和停药后 3 个月内不得引进和出售种猪。在停药后 3 ~6 个月内，不使用任何抗菌药物，也不出现新发病例；以后，断奶仔猪的肛试样品经培养，猪痢疾密螺旋体均为阴性，则表明本病药物净化成功。

（6）治疗 当猪场发生本病时，应及时隔离消毒，积极治疗，对同群病猪或同舍的猪群实行药物防制。痢菌净，0.5% 注射液，

0.5mL/kg 体重，肌内注射，效果良好；或 2.5～5.0mg/kg 体重，灌服，每日 2 次，3～5 天为一疗程。治疗少数或散发性通过灌服或注射给药，大群治疗或预防可在饲料中添加痢菌净 0.006%～0.01% 连喂 1～2 个月。其次选用土霉素、氯霉素、链霉素、庆大霉素等也有一定效果。饲料中加入赛地卡霉素 0.0075%，连续饲喂 15 天；或原始霉素 0.0022%，连续饲喂 27～43 天；或林可霉素 0.01%，连续饲喂 14～21 天，都有较好的防治效果。

【注意】 本病流行时间长，带菌猪不断排菌，病愈猪还可能复发。药物防治只能做到减少发病和死亡，难以彻底消灭。根除本病可考虑建立健康猪群，逐步替代原有猪群。

13. 猪丹毒（俗称“打火印”）

猪丹毒是由猪丹毒杆菌引起的一种急性、败血性传染病。急性型和亚急性型以发热和皮肤上出现紫色疹块为特征，慢性型主要表现为非化脓性关节炎和疣状心内膜炎的症状。

（1）病原 猪丹毒杆菌是极纤细的小杆菌，直形或微弯，革兰氏染色阳性。该菌对外环境的抵抗力较强，病猪的肝和脾在 4℃ 存放 159 天，仍有毒力。病死猪尸体掩埋后 7～10 天，病菌仍然不死。在阳光下，能够存活 10 天之久。可在腌肉和熏制的病猪肉内存活 4 个月。本菌对热的抵抗力不强，70℃ 加热 5min 可被杀灭，煮沸后很快死亡。被病菌污染的粪尿及垫草，堆沤发酵 15 天，可将病菌杀死。猪丹毒杆菌对消毒药很敏感，如 1% 漂白粉、1% 氢氧化钠、10% 石灰乳、0.5%～1% 复合酚，均可在 5～15min 内将其杀灭。

（2）流行病学 在自然条件下，猪对本病敏感。不同年龄的猪均有易感性，但以 3～6 月龄的猪发病率最高，3 月龄以下和 6 月龄以上的猪很少发病。猪丹毒的流行有明显的季节性，一般说来，多发生在气候温暖的初夏和晚秋季节。华北和华中地区 6～9 月为流行季节，华南地区以 9～12 月发病率最高。病猪、临床康复猪和健康带菌猪为传染源。病原体随粪、尿、唾液和鼻液等排出体外，污染土壤、圈舍、饲料、饮水等，主要经消化道感染，也可由皮肤伤口感染。健康带菌猪在机体抵抗力下降时，可发生内源性感染。黑花

蚊、厩蝇和虱也是本病的传染媒介。

（3）临床表现和病理变化 人工感染的潜伏期为3～5天，最短的1天，最长的7天。

1）急性型（败血型）。此型最为常见。在流行初期，往往有几头无任何症状而突然死亡，其他猪相继发病。病猪体温升至42℃以上，食欲大减或绝食，寒战，喜卧，步态不稳，关节僵硬，站立时背腰拱起。结膜潮红，眼睛清亮有神，很少有分泌物。发病初期粪便干燥，后期可能发生腹泻。发病1～2日后，皮肤上出现紫红斑，尤以耳、颈、背、腿外侧多见，其大小和形状不一，指压时红色消失，指去复原。如不及时治疗，往往在2～3天内死亡。病死率80%～90%。剖检脾高度肿大，呈紫红色。肾淤血肿大，呈暗红色，皮质部有出血点。全身淋巴结充血肿大，呈紫红色，切面多汁，有小出血点。心包积液，心外膜和心内膜有出血点。肺淤血，水肿。胃及十二指肠黏膜水肿，有小出血点。

2）亚急性型（疹块型）。以皮肤上出现疹块为特征。体温41℃左右，发病后2～3天，在背、胸、颈、腹侧、耳后和四肢皮肤上，出现深红、黑紫色大小不等的疹块，形状有方形、菱形、圆形或不规则形，也有融合成一大片的。发生疹块的部位稍凸起，与周围皮肤界限明显，很像烙印，故有“打火印”之称。随着疹块的出现，体温下降，病情减轻。10天左右，疹块逐渐消退，形成干痂，痂脱痊愈。皮肤有典型的疹块病变，尤以白猪更明显。但内脏的败血症病变比急性型轻。

3）慢性型。多由急性转变而来。常见的有关节炎、心内膜炎和皮肤坏死三种类型。皮肤坏死型一般单独发生，而关节炎型和心内膜炎型常在一头猪上出现。

皮肤坏死常发生在背、肩、耳及尾部。局部皮肤变黑，干硬如皮革样，逐渐与新生组织分离、脱落，形成瘢痕组织。有时可见病猪的耳或尾整个坏死脱落。关节炎常发生于腕关节和跗关节，受害关节肿胀、疼痛、增温，行走时，步态僵硬、跛行。心内膜炎型主要表现呼吸困难，心跳增加。听诊有心内杂音。强迫运动或驱赶跑动时，往往突然倒地死亡。

剖检房室瓣（多见于二尖瓣）上出现菜花样的赘生物及关节肿大，关节液增多，关节腔内有大量浆液纤维素性渗出液蓄积。

（4）诊断 根据流行病学、临床症状和病理变化可以做出初步诊断。

（5）预防

1）提高猪体抗病力。有些健康猪的体内有猪丹毒杆菌，机体抵抗能力降低时，引起发病。因此，加强饲养管理，饲喂全价日粮，保持猪圈清洁卫生，定期消毒，则是预防本病的重要措施之一。

2）免疫接种。猪丹毒氢氧化铝甲醛菌苗，10kg 以上的猪，一律皮下注射 5mL，注射 21 天后产生免疫力，免疫期为 6 个月。每年春秋两季各接种一次；或猪丹毒弱毒菌苗，用 20% 氢氧化铝生理盐水稀释，大小猪一律皮下注射 1mL。免疫后 7 天产生免疫力，免疫期 9 个月；或猪丹毒 GC 系弱毒菌苗，皮下注射 7 亿个菌，免疫后 7 天产生免疫力，免疫期为 5 个月以上。口服 14 亿个菌，服后 9 天产生免疫力，免疫 9 个月；或猪瘟、猪丹毒、猪肺疫三联冻干苗，每头皮下注射 2mL，对猪瘟、猪丹毒、猪肺疫的免疫期分别为 10、9、6 个月。三联苗，用量小，使用方便。

（6）治疗 隔离病猪，早期确诊，猪场全面消毒；粪便和垫草最好焚烧或堆积发酵。病猪尸体和废弃物进行无害化处理。未发病的猪，饲料加入抗生素，如 0.04% ~0.06% 的土霉素或四环素、0.01% ~0.02% 强力霉素、或 0.03% ~0.05% 阿莫西林等连喂 5 ~7 天。

病猪治疗，青霉素 4 万 ~8 万国际单位/kg 体重，肌内注射或静脉注射，每天 2 次，连续用 2 ~3 天，有很好的效果。或 10% 磺胺嘧啶钠（或 10% 磺胺二甲嘧啶）注射液，0.8 ~1mL/kg，静脉注射或肌内注射，每天 1 ~2 次，连用 2 ~3 天。本方与三甲氧苄啶（TMP）配合应用，疗效更好。或抗猪丹毒血清，仔猪 5 ~20mL，育成猪 30 ~50mL，肥育猪 50 ~70mL，皮下或静脉注射。抗血清与抗生素同时应用，疗效增强。用药同时，还必须注意解热、纠正水和电解质失衡以及合理的饲养管理，只有这样，才能获得较好治疗效果。

14. 猪梭菌性肠炎（仔猪红痢病或猪传染性坏死性肠炎）

猪梭菌性肠炎（CEP）是由 C 型产气荚膜梭菌引起初生仔猪的

急性传染病。

（1）病原 C型魏氏梭菌又叫产气荚膜杆菌，两端钝圆，革兰氏染色阳性。在动物体内和含血清的培养基中能形成荚膜，在外界环境中可形成芽孢。梭菌繁殖体的抵抗力并不强，一般消毒药均可将其杀灭，但芽孢对热、干燥、消毒药的抵抗力显著增强，80℃下15～30min仍存活，100℃下几分钟能杀死，冻干保存，至少10年毒力和抗原性仍不发生变化。被本菌污染的圈舍最好用火焰喷灯、3%～5%氢氧化钠或10%～20%漂白粉消毒。

（2）流行病学 本病主要发生于1～3日龄初生仔猪，1周龄以上仔猪很少发病。任何品种的初生仔猪都易感，一年四季都可发生。本菌的芽孢对外界环境的抵抗力很强，一旦侵入猪群后，常年年发生。同猪场，有的全窝仔猪发病，有的一窝中有几头发病。近年来发现，育肥猪和种猪也有散发的。本菌常存在于一部分母猪的肠道中，随粪便排出污染母猪的乳头及垫料，当初生仔猪泌乳或吞入污染物，细菌进入空肠，便侵入绒毛上皮组织，沿基膜繁殖扩张，产生毒素，使受害组织充血、出血和坏死。

（3）临床表现和病理变化 本病潜伏期很短，仔猪生后数小时至24h就可突然发病。最急性型，不见拉稀即突然死亡。病程稍长的，可见精神沉郁、被毛无光，皮肤苍白，不吃奶，行走摇晃，排出红色糊状粪便，并混有坏死组织碎片和小气泡，气味恶臭。最后摇头，倒地抽搐，多在生后第3天死亡。育肥猪和种猪表现发病急，病程短，往往喂料正常2～3h后不明原因地死于圈中。

剖检尸体苍白，腹水呈淡红色。特征性病变在空肠，有时扩展到回肠，肠管呈鲜红色或深红色，肠腔内充满混有气泡的红黄色或暗红色内容物，肠黏膜弥漫性出血，肠系膜淋巴结严重出血，病程稍长者，肠黏膜坏死，出现伪膜。肠浆膜下和肠系膜内有数量不等弥散性粟状的小气泡。心内外膜、肾被膜下、膀胱黏膜有小点出血。

（4）诊断 诊断要点是本病主要发生在出生后3天的仔猪，表现为出血性下痢，发病快，病程短，死亡率极高。一般药物治疗无明显效果。

（5）预防

1）保持猪舍、产房和分娩母猪体表的清洁。一旦发生本病，要认真做好消毒工作，最好用火焰喷灯和5%氢氧化钠进行彻底消毒。待产母猪进产房前，进行全身清洗消毒。

2）免疫接种。怀孕母猪产前30天和15天各肌内注射C型产气荚膜梭菌福尔马林氢氧化铝类毒素10mL。实践表明，该疫苗能使母猪产生坚强的免疫力，使初生仔猪免患仔猪红痢病。

3）被动免疫。用育肥猪或淘汰母猪，经多次免疫后，采血分离血清，对受该病威胁的初生仔猪于生后逐头肌内注射1~2mL，可防止仔猪发病。

4）药物预防。仔猪出生后用常规剂量的苯唑青霉素、氨苄青霉素、青霉素和链霉素或氟哌酸内服，每天1~2次，连用2~3天，有一定的预防效果。

（6）治疗 本病尚无特效药物，高免血清与苯唑青霉素和氟哌酸或甲硝唑配合应用，对发病初期仔猪有一定效果，不妨一试。

15. 猪链球菌病

猪链球菌病是由C、D、E及L群链球菌引起猪的多种疾病的总称。急性型常为出血性败血症和脑炎，慢性型以关节炎、心内膜炎及组织化脓性炎症为特点（表7-8）。

（1）病原 链球菌属于链球菌属，为革兰氏阳性、球形或卵圆形球菌。在组织涂片中可见荚膜，不形成芽孢。需氧或兼性厌氧。从抗原上进行分群，现已将链球菌分为A~U等19个血清群。本菌的致病力取决于产生毒素和酶的活力。该菌对高温及一般消毒药抵抗力不强，在50℃2h，60℃30min可灭活，但在组织或脓汁中的菌体，干燥条件下可存活数周。

（2）流行病学 仔猪和成年猪对链球菌病均有易感性，其中初生仔猪、哺乳仔猪的发病率及死亡率最高，架子猪和成年猪发病较小。该病无明显的季节性，常呈地方性流行，多表现为急性败血症型，短期内可波及全群，如不治疗和预防，则发病率和死亡率极高。在新疫区，流行期一般持续2~3周，高峰期1周左右。在老疫区，多呈散发性。

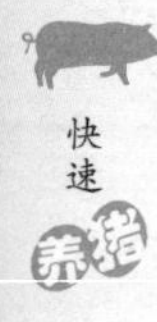

存于病猪和带菌猪鼻腔、扁桃体、颚窦和乳腺等处的链球菌是主要的传染源。伤口和呼吸道是主要的传播途径，初生仔猪通过脐带伤口感染。由于本菌耐酸，故病猪肉可经泔水传染。用病料或该菌培养物给猪皮下注射、肌内注射、静脉注射和腹腔注射，皮肤划痕以及滴鼻、喷雾等途径均能引发本病。

（3）临床表现和病理变化 由于猪链球菌群和感染途径等不同，其致病力差异较大导致临床症状和潜伏期有很大不同。一般潜伏期为1～3天，最短4h，长者可达6天以上（表7-8）。

表7-8 链球菌病的类型和表现

类　型		临床表现和病理变化
最急性型		无前期症状而突然死亡
急性型	败血型	病猪体温突然高达41℃以上，呈稽留热；厌食，精神沉郁，喜卧，步态踉跄，不愿活动，呼吸加快，流浆液性鼻液；腹下四肢下端及耳呈紫红色，并有出血斑点；眼结膜充血并有出血斑点，流泪；便秘或腹泻带血，尿呈黄色或血尿。如果有多发性关节炎，则表现为跛行，常在1～2天内死亡。尸体皮肤发红，血液凝固不良。胸、腹下和四脚皮肤有紫斑或出血点。全身淋巴结肿大、出血，有的淋巴结切面坏死或化脓。黏膜、浆膜、皮下均有出血点。胸腔、腹腔、心包腔积液增多、浑浊，有的呈与脏器发生粘连的现象。脾脏肿大呈红色或紫黑色，柔软易脆裂。肾脏肿大、充血和出血。胃和小肠黏膜有不同程度的充血和出血
	脑膜脑炎型	大多数病例首先表现厌食，精神沉郁，皮肤发红，发热，共济失调，麻痹和肢体出现划水动作，角弓反张，口吐白沫、震颤和全身骚动等。当人接近或触及躯体时，病猪发出尖叫或抽搐，最后衰竭或麻痹死亡。脑和脑膜水肿和充血，脑脊髓液增多。脑切面可见到实质有明显的小出血点。部分病例在头、颈、背、胃壁、肠系膜及胆囊有胶样水肿
	胸膜肺炎型	少数病例表现肺炎或胸膜炎型。病猪呼吸急促，咳嗽，呈犬坐姿势，最后窒息死亡；化脓性支气管肺炎，多见于尖叶、心叶和膈叶前下部。病部坚实，灰白、灰红和暗红的肺组织相互间杂，切面有脓样病灶，挤压后从细支气管内流出脓性分泌物。肺胸膜粗糙、增厚、与胸壁粘连

（续）

类型		临床表现和病理变化
慢性型	关节炎	常见于四肢关节。发炎关节肿痛，呈高度跛行，行走困难或卧地不起。触诊局部多有波动感，少数变硬，皮肤增厚。有的无变化但有痛感。患猪常见四肢关节肿大，关节皮下有胶冻样水肿，严重者关节周围化脓坏死，关节面粗糙，滑液浑浊呈淡黄色，有的伴有干酪样黄白色絮状物
	化脓性淋巴结炎	主要发生于断乳后的育肥猪。以颌下淋巴结最为常见。咽部、耳下及颈部等淋巴结也可受侵害，或为单侧性的，或有双侧性的。淋巴结发炎肿胀，显著隆起，触诊坚实，有热痛。病猪全身不适，由于局部的压迫和疼痛，可影响采食、咀嚼、吞咽甚至呼吸，有的咳嗽和流鼻涕，一般不引起死亡。常发生于颌下淋巴结，淋巴结肿大发热，切面有脓汁或坏死。发炎的淋巴结化脓成熟，肿胀中央变软，表面皮肤坏死，自行破溃流脓，绿色、浓稠、无臭
	局部脓肿	常见于肘或跗关节以下或咽喉部。浅层组织脓肿突出于体表，破溃后流出脓汁。深部脓肿触诊敏感或有波动，穿刺可见脓汁，有时出现跛行；脓肿主要在皮下组织内。初期红肿，化脓后有波动感，切开后有脓汁流出，严重时引起蜂窝质炎、脉管炎和局部坏死
	心内膜炎	生前诊断较为困难，表现精神沉郁、平卧、当受到触摸或惊吓时，表现疼痛不安，四肢皮肤发红或发绀，体表发冷；心瓣膜比正常增厚2~3倍，病灶为不同大小的黄色或白色赘生物。赘生物呈圆形，如粟粒大小，光滑坚硬，常常盖住受损瓣膜的整个表面。赘生物多见于二尖瓣、三尖瓣
	乳腺感染	初期乳腺红肿，温度升高，泌乳减少，后期可出现脓乳或血乳，甚至泌乳停止
	子宫炎型	病猪表现流产或死胎

（4）诊断 根据临床表现和病理变化初步诊断。

（5）预防

1）加强隔离、卫生和消毒，注意阉割、注射和初生仔猪的接生断脐消毒，防止感染。

2）药物预防。在发病季节和流行地区，每吨饲料内加入土霉素400g，复方新诺明100g连喂14天，有一定的预防效果。发病猪群应立即隔离病猪，并对污染的栏圈、场地和用具进行严格消毒。

3）免疫接种。接种氢氧化铝甲醛苗或明矾结晶紫菌苗，但是其保护效果不太理想。

（6）治疗 猪链球菌病多为急性型或最急性型，故必须及早用药，并用足量。如分离到本病，最好进行药敏试验，选择最有效的抗菌药物。如未进行药敏试验，可选用对革兰氏阳性菌敏感的药物，如青霉素、先锋霉素、林可霉素、氨苄青霉素、金霉素、四环素、庆大霉素等。但对于已经出现脓肿的病猪，抗生素对其疗效不大，可采用外科手术进行治疗。

16. 猪大肠杆菌病

猪大肠杆菌病是由病原性大肠杆菌引起的一类疾病的总称。由于病原性大肠杆菌类型不同和猪的日龄、生理机能与免疫状态等差异，引发的疾病也有所不同，主要有仔猪黄痢、仔猪白痢和仔猪水肿病。

（1）病原 大肠杆菌是革兰氏阴性、两端钝圆、中等大小的杆菌，有鞭毛，无芽孢，能运动，但也有无鞭毛、不运动的变异株。少数菌株有荚膜，多数无菌毛。本菌的血清型甚多，根据菌体抗原（O）、鞭毛抗原（H）及荚膜抗原（K）等不同，构成不同的血清型。已确定的大肠杆菌O抗原有171种，H抗原有56种，K抗原有80种。

仔猪黄痢的病原为某些致病性溶血性大肠杆菌，最常见的有6个“O”群的菌株：多数具有K_{88}（1）表面抗原，能产生肠毒素；仔猪白痢的病原一部分与仔猪黄痢和猪水肿病相同，以O_8、K_{88}较多见；仔猪水肿病一部分与仔猪黄白痢相同，但表面抗原有所不同。致病性大肠杆菌所产生的内毒素、溶血素和水肿毒素释放出生物活性物质——水肿病毒素，被吸收后，损伤小动脉和动脉壁而引发本病。

（2）流行病学

1）仔猪黄痢。主要发生于出生后数小时至7日龄内的仔猪，以

1 ~3 日龄最为多见，1 周以上很少发病。同窝仔猪中发病率很高，常在 90% 以上；病死率也很高，有的全窝死亡。主要传染源是带菌母猪，带菌母猪由粪便排出病菌污染母猪乳头、皮肤和环境，初生仔猪吸母乳和接触母猪皮肤时吃进病菌引起发病。本病没有季节性，环境卫生不好可增加发病。第一胎母猪所产仔猪发病和死亡率最高，以后逐渐降低。

2）仔猪白痢。仔猪白痢又称迟发性大肠杆菌病，一般发生于产后 10 ~30 天的仔猪，尤以 10 ~20 天的仔猪发病较多，也最为严重，1 月龄以上则很少发病。该病发病率较高，而死亡率相对较低，但会严重影响仔猪的生长发育，出现僵猪。

3）仔猪水肿病。主要发生于断乳仔猪，从数日龄至 4 月龄，个别成年猪也有发生。主要传染源是带菌母猪和感染仔猪。病原菌随粪便排出体外，污染饲料、饮水和环境。主要通过消化道感染。本病多发于 4 ~6 月和 9 ~10 月。呈地方流行，有时散发。一般认为，仔猪断乳后喂给不适的饲料，或突然更换饲料，改变了仔猪的适口性，加喂饲料易引起胃肠机能紊乱，诱发本病。管理不善，猪舍卫生条件差，缺乏运动，或应激因素影响，或缺乏维生素、矿物质，食入高蛋白质料等，引起肠道微生物区系的变化，促进了致病微生物的生长繁殖，也可引起发病。本病的发病率差异较大，但病死率高达 80% ~100%。

（3）临床表现和病理变化

1）仔猪黄痢。潜伏期短的在出生后 12h 内发病。主要症状为突然腹泻，排出腥臭的黄色或灰黄色稀粪，内含凝乳块小片，顺肛门流下。捕捉仔猪时，常从肛门流出稀薄的粪水。不久脱水，吃乳无力，口渴，四肢无力，里急后重，昏迷死亡。急性的不见下痢，而突然倒地死亡。

尸体呈严重脱水状态，干而消瘦，体表污染黄色稀粪。颈部、腹部皮下常有水肿，皮肤、黏膜和肌肉苍白。最显著的病理变化表现为急性卡他性胃肠炎，少数为出血性胃肠炎。其中十二指肠最严重，空肠和回肠次之。

2）仔猪白痢。突然发生腹泻，腹泻次数不等，排出乳白色或白

色的浆状、糊状粪便，腥臭，性黏腻。体温不高。病程 2~3 天，长的 1 周左右，能自行康复，死亡的很少。如管理不当，症状会很快加剧，病猪出现精神萎靡、食欲废绝、消瘦，最后脱水死亡。

死于白痢的仔猪无特征性病变，而且随病程长短不同表现也不一致。经过短促的病例，胃内含有凝乳，小肠内有多量黏液性液体和气体或稀薄的食糜，部分黏膜充血，其余大部分侧黏膜呈黄白色，几乎不见胃肠炎变化。肠系膜淋巴结稍有水肿。重者心、肝、肾等脏器有出血点，有的还有小的坏死灶。

3）仔猪水肿病。发病前 2~3 天见有腹泻，排出灰白色粥状稀粪，有的未见腹泻即突然发病。呈现兴奋不安，共济失调，倒地抽搐，四肢乱动或步态不稳，盲目行走或转圈，有的两前肢跪地，两后肢直立，有的呈两前肢外展趴地，有的呈两后肢外展趴地而不能运步。触之惊叫，叫声嘶哑。眼睑和眼结膜水肿，有的可延至颜面、颈部，有的无水肿变化。后期反应迟钝，呼吸困难，卧地不起，四肢乱动，昏迷而死。有的初期体温升至 41℃ 以上，很快降至常温或偏低。病程数小时，长者 1~2 天。有的无临床表现而突然死亡。

尸体营养状况一般良好。剖检病变为水肿和出血。水肿最明显的部位是胃壁和结肠盘曲部的肠系膜。胃壁水肿多见于胃大弯和贲门部或整个胃壁，水肿液蓄积于黏膜层和肌层之间，切面流出五色或混有血液而呈茶色的液体，胃壁因此而增厚，最厚可达 3cm 左右，结肠肠系膜蓄积水肿液多的时候，也可厚达 3~4cm。一些病例在直肠周围也见水肿。此外，眼睑、耳、面部、下颌间隙和下腹部皮下也常见有水肿，而且有些病猪在生前即可发现。有明显水肿病变的病例，还可见有明显的出血。胃和小肠黏膜为卡他性出血炎，大肠黏膜为卡他性炎。皮下组织及心、肝、肾、脾、淋巴结和脑膜等组织器官均有不同程度的出血变化。

（4）诊断 根据本病的流行特点、症状和病变等，不难做出初步诊断。但确诊须进行实验室检查。可采用涂片染色镜检、分离培养、生化试验、血清学试验和动物试验等技术确诊。

（5）预防

1）保持环境清洁卫生。做好圈舍、环境的卫生和消毒工作；母猪产房要保持清洁干燥、保温，定期消毒；接产时要用消毒药清洗母猪乳房和乳头。

2）科学饲养管理。妊娠母猪和哺乳母猪喂全价饲料，可使胎儿发育健全，促使母猪分泌更多更好的乳汁，保证仔猪的营养需要。饲料营养全面，配比合理，避免突然改变饲料和饲养方法。增加富含维生素的饲料，并保持适当的运动；保持环境条件适宜，减少应激因素；初生仔猪应尽快吃足初乳，以提高机体的被动免疫力。出生后24h内，肌内注射含硒牲血素1mL/头，每天1次，或内服铁剂，可预防仔猪缺铁性贫血，从而防止继发感染。另外，应在两周龄左右合理补饲全价仔猪饲料，以满足快速发育的仔猪机体对糖、蛋白质、矿物质等营养物质的需要。

3）免疫接种。常发猪场可以采用多种疫苗。目前使用的菌苗有仔猪黄白痢4P油乳剂苗和双价基因工程苗MM-3。此外，初生仔猪腹泻大肠杆菌K88、K99双价基因工程疫苗和K88、K99、987P、F的单价或多价苗，在母猪产前40天和20天各注射1～2头份，通过母猪获得被动保护，也可取得较好的预防效果。仔猪在20～30日龄肌内注射2mL仔猪水肿病疫苗，对仔猪水肿病有一定的预防效果。由于病原血清型复杂，各猪场的致病性大肠杆菌血清型不一致，为了提高预防的针对性，可以选用与本场血清型一致的大肠杆菌菌苗，也可从本场分离筛选致病性大肠杆菌制备自家菌苗。另外，母猪产仔后用益母草、半边莲、生甘草煎水混料饲喂，可通过乳汁增强仔猪抗病力。

4）药物或血清预防。有些猪场在仔猪出生后未吃乳前全窝口服抗生素，如庆大霉素2万～4万单位/kg体重，连服3天；有的在未吃初乳前喂服微生态制剂，以预防发病。也有采用本场淘汰母猪的全血或血清，给仔猪口服或注射，也有一定防治效果。

（6）治疗

1）抗生素疗法。发病初期，仅出现下痢，还吃料和饮水时，投给治疗下痢的口服液。通过药敏试验，庆大霉素、卡那霉素、氯霉素、新霉素、先锋霉素、链霉素、复方新诺明等抗菌药物，对仔猪黄白痢有很好的治疗作用。在发病中期，有脱水症状，应在注射抗

菌药物的同时，口服补液，方法是：根据猪只大小，用胃导管一次投药液50mL。药液的配方以口服补液盐为基础，加入适量抗菌药物，或加点收敛药物，配合葡萄糖和维生素等药。对极度衰竭的严重病例除上述方法外，还应静脉输入加入适量抗生素、地塞米松2mL和10%维生素C1～2mL的葡萄糖盐水。

另外，本病发生后，往往选用其他多种抗菌药物。可用磺胺嘧啶、三甲氧苄啶与活性炭混匀口服，或庆大霉素、环丙沙星肌内注射，均有一定疗效。痢菌净溶于蒸馏水中加温至全溶，凉后内服效果明显。

2）微生态制剂疗法。目前，我国有促菌生、乳康生和调痢生等制剂。这些制剂都有调整胃肠道内菌群平衡，预防和治疗仔猪黄痢的作用。于仔猪吃奶前2～3h，喂3亿活菌的促菌生，以后每日1次，连服3次，若与药用酵母同时喂服，可提高疗效；或于仔猪出生后每天早晚各服1次乳康生，每次服0.5g，连服两次，以后每隔1周服1次。调痢生每千克体重0.10～0.15g，每日1次，连服3次。在用微生态制剂期间禁止服用抗菌药物。

17. 猪萎缩性鼻炎

猪萎缩性鼻炎是一种由支气管败血性波氏杆菌和产毒素多杀性巴氏杆菌引起的猪的一种慢性呼吸道疾病。

（1）病原 病原为支气管败血性波氏杆菌Ⅰ相菌和多杀性巴氏杆菌毒源性菌株。本菌抵抗力不强，一般消毒剂均可使其死亡。

（2）流行病学 任何年龄的猪都可感染本病，但以仔猪的易感性最大。1周龄猪感染后可引起原发性肺炎，致全窝仔猪死亡。发病一般随年龄增长而下降，1个月龄内感染，常在数周后发生鼻炎，并引起鼻甲骨萎缩；断奶后感染，通常只产生轻微病变。

主要传染源是病猪和带毒猪。犬、猫、家畜、家兔等及人也能引起慢性鼻炎和化脓性支气管肺炎，因此，也是传染源。鼠可能是本菌的自然储存宿主。本病的传播方式主要是飞沫传播，带菌母猪通过接触，经呼吸道感染仔猪，不同月龄可通过水平传播扩大到全群。

本病在猪群中传播比较缓慢，多为散发或地方性流行。各种应

激因素可使发病率增高；品种不同的猪，易感性也有差异，国内土种猪较少发生。

（3）临床表现和病理变化

多见于6～8周龄仔猪。表现鼻炎，出现喷嚏、流涕和吸气困难。流涕为浆液黏液脓性渗出物，个别病猪因强烈喷嚏而鼻出血。病猪常因鼻炎刺激黏膜而表现不安，如摇头、拱地、搔抓和摩擦鼻部。吸气时鼻孔开张，发出鼾声，严重的张口呼吸。由于鼻泪管阻塞，泪液增多，在眼内角下皮肤上形成弯月形的湿润区，被尘土沾污后粘结成黑色痕迹。

继鼻炎后出现鼻甲骨萎缩，致使鼻腔和面部变形，这是萎缩性鼻炎的特征性症状。鼻甲骨萎缩，额窦不能正常发育，使两眼间宽度变小和头部轮廓变形。体温正常，病猪生长停滞，难以肥育，有的成为僵猪。鼻甲骨萎缩与感染周龄、是否发生重复感染及是否存在其他应激因素关系非常密切。周龄愈小，感染后出现鼻甲骨萎缩的可能性就愈大，愈严重。一次感染后，若不发生新的重复或混合感染，萎缩的鼻甲骨可以再生。有的鼻炎延及筛骨板，则感染可经此而扩散至大脑，发生脑炎。此外，病猪常有肺炎发生。因此，鼻甲骨的萎缩可促进肺炎的发生，而肺炎又反过来加重鼻甲骨萎缩。

病变一般局限于鼻腔的邻近组织。最有特征的变化是鼻腔的软骨与骨组织的软化和萎缩。主要是鼻甲骨萎缩，特别是鼻甲骨的下卷曲最为常见。鼻黏膜常有黏脓性或干酪样分泌物。由坏死杆菌引起的本病主要发生于仔猪和架子猪。坏死病变有时波及鼻甲软骨，鼻和面骨。鼻黏膜出现溃疡，溃疡面逐渐扩大并形成黄白色的伪膜。病猪表现为呼吸困难，咳嗽，流脓性鼻涕和腹泻。

（4）诊断 特征性临床症状是打喷嚏、流鼻液，有时流出血液，鼻部和面部歪斜。特征性病变是鼻腔的软骨和鼻甲骨软化与萎缩，特别是鼻甲骨的下卷曲最为常见。

（5）预防

1）加强饲养管理，保持猪舍环境卫生，彻底消毒，注意通风保暖，严格执行卫生防疫制度。产仔、断奶和育肥各阶段均采用全进全出制度。猪场引进猪时，应进行严格的检疫和隔离，引进后观察

3~6周，防止将带菌猪引入猪场。

2）常发地区可用传染性萎缩性鼻炎的灭活疫苗，对母猪和仔猪进行免疫注射。母猪产前50天和20天注射两次；仔猪断奶前1周免疫1次，隔1个月再免疫1次效果更好。如果有条件，可做自家灭活疫苗免疫。1年后可净化本病。

（6）治疗 支气管败血波氏杆菌对抗生素和磺胺类药物敏感。

1）母猪（产前1个月）、断奶仔猪及架子猪。磺胺二甲嘧啶100~450mg/kg拌料，或磺胺二甲嘧啶100mg/kg、金霉素100mg/kg、青霉素50mg/kg混合拌料，或泰乐菌素100mg/kg、磺胺嘧啶100mg/kg混合拌料，或土霉素400mg/kg拌料。连用4~5周。

2）仔猪。从2日龄开始肌内注射1次增效磺胺，用量为每千克体重磺胺嘧啶12.5mg+甲氧苄啶2.5mg，连用3次。或每周肌内注射1次长效土霉素，用量为每千克体重20mg，连续3次。

18. 支原体肺炎（气喘病或猪地方流行性肺炎）

猪支原体肺炎是猪的一种慢性呼吸道传染病。本病呈慢性过程，集约化猪场发病率高达70%以上。虽然病死率很低，但严重影响猪体生长发育。

（1）病原 猪肺炎支原体存在于病猪的呼吸道内，随咳嗽喷嚏排出体外，污染周围环境。对温热、阳光抵抗力差，在外环境中存活时间不超过36h。常用的消毒剂，如威力碘、甲醛、百毒杀、菌毒敌等都能将其杀灭。

（2）流行病学 本病只感染猪，不同年龄、性别、品种和用途的猪均能感染发病，但以哺乳仔猪和刚断奶的仔猪发病率和病死率较高，其次为怀孕后期母猪和哺乳母猪，其他猪多为隐性感染。病猪是主要传染源。特别是隐性带菌病猪，是最危险的传染源。病猪在临床症状消失之后1年，仍可带菌排毒。病原体存在于病猪的呼吸道内，随病猪咳嗽、喷嚏的飞沫排出体外。当病猪与健康猪直接接触时，由呼吸道吸入后感染发病。因此，在通风不良和比较拥挤的猪舍内，很易相互传染。

本病一年四季均可发生，但以气候多变的冬、春季节多发。新发病的猪场，常为暴发性流行，病情严重，病死率较高。在老疫区，

多数呈慢性经过，或育成、肥育猪呈隐性感染，唯有仔猪发病率较高。遇到气候骤变，突换饲料，饲料质量不良和卫生条件不好时，部分隐性猪可出现明显的临床症状。

（3）临床表现和病理变化

潜伏期一般为11~16天。最短3~5天，最长30天以上。

1）急性型。尤以哺乳仔猪、刚断奶仔猪、怀乳后期母猪和哺乳母猪多见。突然发病，呼吸加快，可达60次/分以上，口、鼻流出黏液，张口喘气，呈犬坐姿势和腹式呼吸。咳嗽低沉，次数少，偶尔发生痉挛性咳嗽。精神沉郁、食欲减少，体温一般不高。病程7~10天，病死率较高。

2）慢性型。病猪长期咳嗽，尤以清晨、夜晚、运动或吃食时最易诱发。初为单咳，严重时出现阵发性咳嗽。咳嗽时，头下垂，伸颈拱背，直到把泌物咳出为止。后期，气喘加重，病猪精神不振，采食减少，消瘦贫血，不愿走动，甚至张口喘气。这些症状可随饲料管理的好坏减轻或加重。病程2~3个月，甚至半年以上。病死率不高，但影响生长发育，并易继发链球菌、大肠杆菌、肺炎球菌、棒状杆菌、巴氏杆菌等细菌感染，使病情恶化，甚至引起死亡。

本病的特征性病变是两侧肺的尖叶、心叶和膈叶前下缘，发生对称性胰样实变。实变区大小不一，呈淡红色或灰红色，随着病程的延长，病变部分逐渐变成灰白色或灰黄色。病变区与周围正常肺组织界限明显，病灶周围组织气肿，其他部分肺组织有不同程度的淤血和水肿。肺门和纵隔淋巴结极度肿大，切面外翻，呈白色脑髓样。并发细菌感染时，可出现胸膜炎、肺炎、肺脓肿、坏死性肺炎等病理变化。

（4）诊断 根据临床症状和特征变化一般可做出诊断。

（5）预防

1）自繁自养，防止由外单位引进病猪。自繁自养，避免从外地买进慢性或隐性病猪。如要品种调换、良种推广和必须从外单位引进种猪时，从无疫情的地区和猪场购买。购入后隔离饲养观察1~2个月；或进行X射线检查、血清学检查，确无本病时，方可混群饲养。

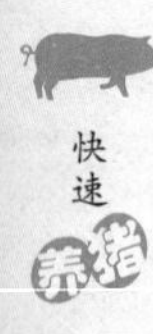

2）加强饲养管理。保持圈舍清洁、干燥；饲喂全价日粮，如无此条件，在饲料调配时，要尽量多样化，注意青绿饲料和矿物质饲料的供给。猪圈要保持清洁、干燥、通风、温暖，避免过度拥挤，并定期做好消毒和驱虫工作。

3）免疫接种。中国兽药监察所研制的猪气喘病兔化弱毒冻干苗和江苏省农科院畜牧兽医研究所研制的猪气喘病168株弱毒菌苗，对猪安全，具有较高保护率。但只能用于疫场（区），必须注入胸腔内（右侧倒数第6肋间至肩胛骨后缘为注射部位）才能产生免疫效果。一般在60天后，才能抵御强毒的攻击。适用于15日龄以上的猪和妊娠2月龄以内的母猪接种。体质瘦弱和喘气者不宜注射。注射前15天和注射后2个月禁用土霉素和卡那霉素。

（6）治疗

1）尽早隔离病猪。通过听（在清晨、夜间、喂食及跑动时，注意猪有无咳嗽发生）、查（在猪只安静状态下，观察呼吸次数和腹部扇动情况有无异常）和剖检（剖检死亡病猪，看其肺部有无典型的喘气病病变等）尽早发现和隔离淘汰。隔离后，由专人饲管，防止病猪与健康猪接触，以切断传染链，防止本病蔓延。

2）加强饲养管理。可在饲料中酌情添加土霉素下脚料或土霉素，林可霉素下脚料或林可霉素，促进病猪和隐性感染猪尽早康复。

3）药物治疗。枝原净（泰莫林）预防量50mg/kg体重，治疗量加倍，拌料饲喂，连喂2周；或在50kg饮水中加入45%枝原净9g，早晚各1次，连续饮用2周。据报道，该方预防率100%，治愈率91%。混饲或混饮时，禁与莫能霉素、盐霉素配合应用；或泰乐菌素饲料中添加60~100mg/kg，连续饲喂两周，与等量的TMP（三甲氧苄啶）配合应用，可提高疗效；或林可霉素（洁霉素）50mg/kg体重，每天注射1次，连用5天，一般可获得满意效果。该方具有疗效高、毒副作用低的优点；或卡那霉素（或猪喘平注射液）4万~6万国际单位/kg体重，肌内注射，每日1次，连用5天为一疗程。该方与维生素B_6、地塞米松和维生素K_3配合应用，疗效提高；或土霉素40mg/kg体重，复方新诺明10mg/kg体重，混饲，每天2次，连用5~7天；土霉素盐酸盐，40~60mg/kg体重，用4%硼

砂溶液或0.25%普鲁卡因溶液或5%氧化镁溶液稀释后，肌内注射，每天1次，5~7天为一疗程；20%~25%土霉素碱油剂，每次1~5mL，深部肌内注射，3天1次，连用6次为一疗程。

上述疗法都有一定的效果，配合应用时，疗效增强。在治疗时，尽量减轻应激反应，防止按压病猪胸部，以防窒息死亡。

19. 猪接触传染性胸膜肺炎（猪嗜血杆菌胸膜肺炎）

猪接触传染性胸膜肺炎是猪的一种以出血性坏死性肺炎和纤维素性胸膜炎为特征的呼吸道传染病。本病具有高度的传染性，最急性和急性型发病率和病死率都在50%以上，因此它给养猪业造成了严重的经济损失。

（1）病原 病原为胸膜肺炎放线杆菌，又称胸膜肺炎嗜血杆菌。本菌的抵抗力不强，易被一般的消毒药杀死。

（2）流行病学 不同年龄的猪均易感，但以4~5月龄的猪发病死亡较多。发病季节多在10~12月和6~7月。病猪和带菌猪是本病的传染源。病原菌主要存在于带菌猪或慢性病猪的呼吸道黏膜内，通过咳嗽、喷嚏和空气飞沫传播，因此在集约化猪场最易发生接触性感染。初次发病猪群，其发病率和病死率很高。经过一段时间，病情逐渐缓和，病死率显著下降。气候突变和卫生环境条件不好时，可促使本病发生。

（3）临床表现和病理变化 人工感染的潜伏期为1~7天。

急性型，突然发病，体温升高至41.5℃左右，精神沉郁，食欲废绝，呼吸急促，张口伸舌，呈站立或犬坐姿势，口、鼻流出泡沫样分泌物，耳、鼻及四肢皮肤发绀，如不及时治疗，常于1~2天窒息死亡。若开始发病时症状较缓和，能耐过4天以上，则可逐渐康复或转为慢性。急性病例，胸腔内液体呈淡红色，两侧肺广泛性充血、出血，部分肺叶肝变，胸膜表面有广泛性纤维蛋白附着，气管和支气管内有大量的血样液体和纤维蛋白凝块。

慢性型病猪体温时高时低，生长发育迟缓，出现间歇性咳嗽，尤其是在气候突变，圈舍空气污浊，以及早晨或夜晚，咳嗽更为明显。慢性病例，肺组织内有绿豆大黄色坏死灶或小脓肿，壁层胸膜和脏层胸膜粘连，脏层胸膜与心包粘连。

（4）诊断 根据特征的临床症状和剖检变化可以做出初步诊断，确诊需作细菌学检查。

（5）预防

1）严格检疫。本病的隐性感染率较高，在引进种猪时，要注意隔离观察和检疫，防止引入带菌猪。

2）药物预防。淘汰病猪和血清学检查呈阳性的猪。血清学阴性的猪只，饲料中添加抗菌药物进行预防，常用的有洁霉素120mg/kg，连喂2周；或磺胺二甲嘧啶（SM2）300mg/kg，配合三甲氧苄啶（TMP）60mg/kg，连喂5～7天；或土霉素600mg/kg，TMP40mg/kg，连喂1～2周，同时注意改善环境卫生，消除应激因素，定期进行消毒。以后引进新猪或猪只混群前，都须用药物预防5～7天。

3）免疫接种。国外已有商品化的灭活苗和弱毒菌苗。灭活苗为多价油佐剂灭活苗，在8～10周龄注射1次，可获得免疫力。弱毒菌苗系单价苗，接种后可抵抗同一血清型菌株的感染。

（6）治疗 对本病比较有效的药物有氨苄青霉素，氯霉素、羧苄青霉素、卡那霉素环丙沙星和恩诺沙星等。氨苄青霉素50mg/kg体重，肌内注射或静脉注射，每天2次。氯霉素50mg/kg体重肌内注射或静脉注射，每天1次。氨苄青霉素100mg/kg体重，静脉注射或肌内注射，每天2次。卡那霉素50mg/kg体重，肌内注射或静脉注射，每天1次。0.1%～0.2%环丙沙星饮水。恩诺沙星0.006%～0.008%拌料。上述药物连用3～7天，若配合对症治疗，一般有较好的效果。

二 寄生虫病

1. 猪蛔虫病

猪蛔虫病是由蛔虫寄生于小肠引起的寄生虫病。主要侵害3～6月龄的仔猪，导致猪生长发育不良或停滞，甚至造成死亡。在卫生条件不好的猪场及营养不良的猪群中，感染率可达50%以上。

（1）病原体 蛔科的猪蛔虫是寄生于猪小肠中的一种大型线虫，新鲜虫体为淡红色或浅黄色，死后变为苍白色，虫体为圆柱形，两头细，中间粗。猪蛔虫的发育不需要中间宿主，为土源性线虫。卵壳的特殊结构使其对外界不良环境有较强的抵抗力。虫卵在疏松湿

润的耕土中可生存2～5年；在2%福尔马林溶液中，虫卵不但自下而上而且还可下沉的发育。10%漂白粉溶液、3%克辽林溶液、饱和硫酸铜溶液、2%氢氧化钠溶液等不能将其杀死。一般需用60℃以上的3%～5%热碱水、或20%～30%热草木灰可杀死虫卵。

（2）流行病学 猪感染蛔虫主要是采食了被感染性虫卵污染的饲料及饮水，放牧时也可在野外感染。母猪的乳房容易沾染虫卵，使仔猪在吸乳时感染。本病流行很广，特别是饲养管理条件较差的猪场几乎每年都有发生。其原因：一是猪蛔虫不需要中间宿主。虫卵随猪粪便排到体外后，在适宜的条件下，可直接发育为感染性虫卵，不需要甲虫、蟑螂等的参与即可重复其感染过程；二是猪蛔虫的每条雌虫一天可产卵10万～20万个，产卵旺盛时可达100万～200万个，一生共产卵3000多万个，能严重污染圈舍；三是虫卵对外界环境的抵抗力强；四是猪场的饲养管理不良、卫生条件较差、猪只过于拥挤、营养缺乏，特别是饲料中缺乏维生素及矿物质条件下，加重猪的感染和死亡。

（3）临床表现 随猪的年龄大小、体质强弱、感染程度及蛔虫的发育阶段不同有不同的临床表现，一般3～6月龄的仔猪症状明显，成年猪多为带虫者，无明显症状，但成为本病的传染源。仔猪在感染初期有轻微的湿咳，体温升高到40℃左右，精神沉郁，呼吸及心跳加快，食欲不振，有异食癖，营养不良，消瘦贫血，被毛粗糙，或有全身性黄疸。有的生长发育受阻，变为僵猪严重感染时，呼吸困难，急促而无规律，咳嗽声粗而低沉，并有口渴、流涎、拉稀、呕吐现象，1～2周好转，或渐渐衰竭而亡。

蛔虫过多而堵塞肠管时，病猪疝痛，有的可发生肠破裂死亡。胆道蛔虫病猪开始时拉稀，体温升高，食欲废绝，以后体温下降，卧地不起，腹痛，四肢乱蹬，多经6～8天死亡。

6个月龄以上的猪在寄生数量不多时，若营养良好，症状不明显，但多数因胃肠机能遭到破坏，常有食欲不振、磨牙和生长缓慢等现象。

（4）预防 在猪蛔虫病流行地区，每年春秋两季，应对全群猪进行一次驱虫。特别是对于断奶后到6个月龄的仔猪应进行1～3个

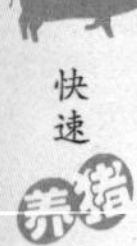

月驱虫；保持圈舍清洁卫生，经常打扫，勤换垫草，铲去圈内表土，垫以新土；对饲槽、用具及圈舍定期（可每月1次）用20%～30%的热草木灰水或2%～4%的热氢氧化钠水喷洒杀虫；此外，对断奶后的仔猪应加强饲养管理，多喂富含维生素和多种微量元素的饲料，以促进生长，提高抗病力；对猪粪的无公害化处理也是预防本病的重要措施，应将清除的猪粪便，垫草运到离猪场较远的地方堆积发酵或挖坑沤肥，以杀灭虫卵。

（5）治疗 精制敌百虫，100mg/kg体重，一头猪总量不超过10g，溶解后拌料饲喂，一次喂给，必要时隔两周再给1次。或哌嗪化合物，常用的有枸橼酸哌嗪和磷酸哌嗪。每千克体重0.2～0.25g，用水化开，混入饲料内，让猪自由采食。兽用粗制二硫化碳派嗪，遇胃酸后分解为二硫化碳和哌嗪，二者均有驱虫作用，效果较好，可按125～210mg/kg体重口服；或阿苯达唑，5～20mg/kg体重，一次喂服，该药对其他线虫也有作用；或左旋咪唑，4～6mg/kg体重肌内注射，或8mg/kg体重，一次口服；或噻咪唑（驱虫净）每千克体重15～20mg，混入少量精料中一次喂给，也可用5%注射液，按每千克体重10mg剂量皮下注射或肌内注射。

2. 猪囊虫病（猪囊尾蚴病）

猪囊虫病是一种危害十分严重的人畜共患寄生虫病。

（1）病原 猪囊尾蚴（猪带绦虫的幼虫）常寄生在猪的横纹肌里，脑、眼及其他脏器也有寄生。虫体椭圆形，黄豆粒大。

（2）流行病学 猪带绦虫的成虫寄生在人的小肠中，虫卵及卵节片随人的粪便排出体外，直接被猪吞食，或污染了的饲料、饮水，被猪吞食后，在猪小肠内，囊壁破裂，经24～72h孵出六钩蚴。六钩蚴穿过肠壁进入血管，经血液循环到达全身的肌肉里面，经10天左右发育为囊尾蚴。囊尾蚴在猪体内以股内侧肌寄生最多，其次为胸深肌、肩胛肌、咬肌、膈肌、舌肌及心肌等处，有时在肺、肝等脏器及脂肪内也有寄生。人吃了未经煮熟的病猪肉或附着在生冷食品上的囊尾蚴后，囊尾蚴进入人的小肠中，以其头节附着在肠壁上，约经两个半月即可发育为成虫。

（3）临床表现 猪囊尾蚴病多不表现症状，只有在极强感染或

某个器官受害时才出现症状，如营养不良，生长受阻、贫血、水肿。寄生在脑部时，呈现癫痫症状或因急性脑炎而死亡；寄生在喉头，则叫声嘶哑，吞咽，咀嚼及呼吸困难，常有短咳；寄生在眼内时可使视觉产生障碍甚至失明；寄生在肩部及臀部肌肉时，表现两肩显著外张，臀部异常的肥胖、宽阔。

（4）预防

1）驱虫。在普查绦虫病患者的基础上，积极治疗，消灭传染来源可用灭绦灵及南瓜子、槟榔合剂。使用方法是：空腹服炒熟的南瓜子250g，200mL槟榔水（槟榔62g煎汁而成），再经2h服用硫酸镁15～25g，促使虫体排出。

2）检疫。即加强肉品检验。凡猪肉切面在40cm^{2}之内有3个以上囊虫者，猪肉只能做工业用，不可食用。

3）管理。管理好厕所，取消“连茅圈”，加强粪便管理，防止猪吃到人粪，控制人绦虫、猪囊虫的互相感染。

（5）治疗 吡喹酮50mg/kg体重，1日1次口服，连用3天。或阿苯达唑60～65mg/kg体重，用豆油配成6%悬液肌内注射，或20mg/kg体重口服，隔日1次连服3次。

3. 猪疥螨病（疥癣、癞）

猪疥螨病是由疥螨虫寄生在猪皮肤内引起的一种慢性皮肤病，以剧烈瘙痒和皮肤增厚、龟裂为临床特性。本病是规模化养猪场中最常见的疾病之一。

（1）病原 猪疥螨虫体小，肉眼不易看见。在显微镜或放大镜下，虫体似龟形，色淡黄。发育过程经过卵、幼虫、若虫和成虫四个阶段。疥螨钻入猪皮肤表皮层内挖凿隧道，并在其进行发育和繁殖。雌虫在隧道内产卵，每天产1～2个，一只雌虫一生可产卵40～50个。幼虫由隧道小孔爬到皮肤表面，开凿小穴，并在里面蜕化，变成若虫，若虫钻入皮肤，形成浅窄的隧道，在里面蜕皮，变成成虫。螨的整个发育期为8～22天，雄虫于交配后不久死亡，雌虫可生存4～5周。

（2）流行病学 各种类型和不同年龄的猪都可感染本病，但5月龄以下的仔猪，由于皮肤细嫩，较适合螨虫的寄生，所以发病率最高，症状严重。成猪感染后，症状轻微，常成为隐性带虫者和散

播者。传染途径有两种：一是健康猪与病猪直接接触而感染，二是通过污染的圈舍、垫草、饲管用具等间接与健康猪接触而感染。圈舍阴暗潮湿、通风不良，以及猪只营养不良，为本病的诱因。发病季节为冬季和早春，炎热季节，阳光照射充足、圈舍干燥，不利于疥螨繁殖，患猪症状减轻或康复。

（3）临床表现 病变通常由头部开始。眼圈、耳内及耳根的皮肤变厚、粗糙，形成皱褶和龟裂，以后逐渐蔓延到颈部、背部、躯干两侧及四肢皮肤。主要症状是瘙痒，病猪在圈舍栏柱、墙角、食槽、圈门等处磨蹭，有时后蹄搔擦患部，致使局部被毛脱落，皮肤擦伤、结痂和脱屑。病情严重的，全身大部分皮肤形成石棉瓦状皱褶，瘙痒剧烈，食欲减少，精神委顿，日渐消瘦，生长缓慢或停滞，甚至发生死亡。

（4）预防 搞好猪舍卫生工作，经常保持清洁、干燥、通风。引进种猪时，要隔离观察1~2个月，防止引进病猪。

（5）治疗 发现病猪及时隔离治疗，防止蔓延。病猪舍及饲养管理用具可用火焰喷灯、3%~5%氢氧化钠、1∶100菌毒灭Ⅱ型3%~5%克辽林彻底消毒。

1）1%害获灭注射液。为美国默沙东药厂生产的高效、广谱驱虫药，尤其适用于疥螨病的治疗。主要成分为伊维菌素。皮下注射，0.02mg/kg。内服0.3mg/kg体重。

2）阿福丁注射液，又称7051驱虫素或虫克星注射液，主要成分为国内合成的高效、广谱驱虫药阿维菌素，皮下注射0.2mg/kg体重。内服0.3~0.5mg/kg体重。

3）甲脒乳油，又名特敌克，加水配成0.05%，药浴或喷雾。

4）5%溴氰菊酯乳油。加水配成0.005%~0.008%，药浴或喷雾。

⚠**【注意】** 后三种药物有较好杀螨作用，但对卵无效。为了彻底杀灭猪皮肤内和外界环境中的疥螨，每隔7~10天，药浴或喷雾1次，连用3~5次，并注意杀灭外界环境中的疥螨。前两种药物与后三种药物配合应用，集约化猪场中的疥螨有望得以净化。

4. 猪附红细胞体病（红皮病）

猪附红细胞体病是由猪附红细胞体寄生在猪红细胞而引起的一种人畜共患传染病。

（1）病原 猪附红细胞体属于立克次氏体，为一种典型的原核细胞型微生物。对干燥和化学药物的抵抗力不强，0.5%苯酚于37℃3h可杀死，常用浓度的消毒药在几分钟内可将其杀死。但对低温冷冻的抵抗力较强，5℃可存活15天，冻干保存可存活数年之久。

（2）流行病学 本病主要发生于温暖季节，夏、秋季发病较多，冬、春季相对较少。本病多具有自然源性，有较强的流行性，当饲养管理不良、机体抵抗力下降、恶劣环境或其他疾病发生时，易引发规模性流行，且存在复发性，一般病后有稳定的免疫力。本病的传播途径至今还不明确，但一般认为有昆虫传播（蚊、虱、蠓、蜱等等吸血昆虫是主要的传播媒介，夏秋季多发的原因普遍认为与蚊子的传播有关）、血源传播（被本病污染的针头、耳钳、手术器械等）、垂直传播和消化道传播（被附红细胞体污染的饲料、血粉和胎儿附属物等均可经消化道感染）几个传播途径。

猪为本病的唯一宿主，不同品种年龄的猪均易感染，其中以20~25kg重的育肥猪和后备猪易感性最高。在流行区内，猪血中的附红细胞体的检出率很高，大多数幼龄猪在夏季感染，成为不表现症状的隐性感染者。在入冬后遇到应激因素（如气温骤降、过度拥挤、换料过快等），附红细胞体就会在体内大量繁殖而发病。隐性感染和耐过猪的血液中均含有猪附红细胞体。因此，该病一旦侵入猪场就很难清除。

（3）临床表现 不同年龄的猪所表现的临床症状也不相同。

1）仔猪。最早出现的症状是发热，体温可达40℃以上，持续不退，发抖，聚堆；精神沉郁、食欲不振；胸、耳后、腹部的皮肤发红，尤其是耳后部出现紫红色斑块；严重者呼吸困难、咳嗽、步态不稳。随着病情的发展，病猪可能出现皮肤苍白、黄疸，病后数天死亡。自然恢复的猪表现贫血，生长受阻，形成僵猪。

2）母猪。通常在进入产房后3~4天或产后表现出来。症状分为急性和慢性两种。急性感染的症状有厌食、发热，厌食可长达13

天之久。发热通常发生在分娩前的母猪，持续至分娩过后；往往伴有背部毛孔渗血。有时母猪乳房以及阴部出现水肿。妊娠后期容易发生流产且产后死胎增多；产后母猪容易发生乳房炎和泌乳障碍综合征。慢性感染母猪易衰弱、黏膜苍白、黄疸、不发情或延迟发情、屡配不孕等，严重时也可以发生死亡。

3）公猪。患病公猪的性欲、精液质量和配种受胎率都下降，精液呈灰白色，精子密度下降至20%～30%，约为0.6亿～0.8亿/mL。

4）育肥猪。患病猪发热、贫血、黄疸、消瘦，生长缓慢。初期皮肤发红，后期可视黏膜苍白；鬐甲部顺毛孔有暗红色的出血点；耳缘卷曲、淤血；呼吸困难，心音亢进，出现寒战、抽搐。

剖检主要病变为贫血和黄疸。有的病例全身皮肤黄染且有大小不等的紫色出血或出血斑，全身肌肉变淡，脂肪黄染，四肢末梢、耳尖及腹下出现大面积紫色斑块，有的患猪全身红紫。有的病例皮肤及黏膜苍白。血液稀薄如水，颜色变淡，凝固不良，血细胞压积显著降低；肝脏肿大，呈黄棕色；全身淋巴结肿大，质地柔软，切面有灰白色坏死灶或出血斑；脾脏肿大，变软，边缘有点状出血；胆囊内充满浓稠的胆汁；肾脏肿大，有出血点；心脏扩张、苍白，柔软，心外膜和心脏冠状沟脂肪出血、黄染，心包腔积有淡红色液体。严重感染者，肺脏发生间质性水肿。长骨骨髓增生。脑充血，出血，水肿。

（4）预防 目前本病没有疫苗预防，故本病应采取综合性措施来预防。

1）在夏秋季，应着重灭蚊和驱蚊，可用灭蚊灵或除虫菊酯等在傍晚驱杀猪舍内的吸血昆虫。驱除猪体内外寄生虫，有利于预防附红细胞体病。

2）在进行阉割、断尾、剪牙时，注意器械消毒；在注射时应注意更换针头，减少人为传播机会。

3）平时加强饲料管理，让猪吃饱喝足，多运动，增强体质；天热时降低饲养密度。天气突变时，可在饲料中投喂多维素加土霉素或强力霉素、阿散酸（注意阿散酸毒性大，使用时切不可随意提高剂量，以防猪只中毒，并且注意治疗期间供给猪只充足饮水。如有

猪只出现酒醉样中毒症状，应立即停药，并口服或腹腔注射10%葡萄糖和维生素C）等进行预防。

（5）治疗

1）发病初期的治疗。贝尼尔5～7mg/kg体重，深部肌内注射，每天1次，连用3天；或长效土霉素肌内注射，每天1次，连用3天。

2）发病严重的猪群。贝尼尔和长效土霉素深部肌内注射，也可肌内注射附红1针（主要成分咪唑苯脲），每天1次，连用3天。对贫血严重的猪群补充铁剂、维生素C、维生素B_{12}和肌苷。

三 其他疾病

1. 消化不良

猪的消化不良是由胃肠黏膜表层轻度发炎，消化系统分泌、消化、吸收机能减退所致。本病以食欲减少或废绝、吸收不良为特征。

（1）病因 大多数是由于饲养管理不当所致。如饲喂条件突然改变，饲料过热过冷，时饥、时饱或喂食过多，饲料过于粗硬。冰冻、霉变，混有泥沙或毒物，饮水不洁等，均可使胃肠道消化功能紊乱，胃肠黏膜表层发炎而引发本病。此外，某些传染病、寄生虫病、中毒病等也常继发消化不良。

（2）临床表现 病猪食欲减退，精神不振，粪便干小，有时拉稀，粪便内混有未充分消化的食物，有时呕吐，舌苔厚，口臭，喜饮清水。慢性消化不良往往拉稀、便秘、腹泻交替发生，食量少，瘦弱，贫血，生长缓慢，有的出现异嗜癖。

（3）预防 注意饲料搭配，定时定量饲喂，每天喂给适量的食盐及多维素；猪舍保持清洁干燥，冬季注意保暖。

（4）治疗 病猪少喂或停喂1～2天，或改喂易消化的饲料。同时结合药物治疗。

1）病猪粪便干燥时，可用硫酸钠（镁）或人工盐30～80g，或植物油100mL，鱼石脂2～3g或来苏儿2～4mL，加水适量，1次胃管投服。

2）病猪久泻不止或剧泻时，必须消炎止泻。磺胺脒每千克体重0.1～0.2g（首倍量），次硝酸铋12片分3次内服。也可用黄连素

0.2～0.5g，1次内服，每日2次。对于脱水的患端应及时补液以维持体液平衡。

3）病猪粪便无大变化时，可直接调整胃肠功能。应用健胃剂，如酵母片或大黄苏打片10～20片，混饲或胃管投服，每天2次。仔猪可用乳酶生、胃蛋白酶各2～5g，稀盐酸2mL，凉开水200mL，混合后分2次内服。病猪较多时，可取人工盐35kg，焦三仙1kg（研末），混匀，每头每次5～15g，拌料饲喂，便秘时加倍，仔猪酌减。

2. 异食癖

异食癖多因代谢机能紊乱，味觉异常所致。表现为到处舔食、啃咬，嗜食平常所不吃的东西。多发生在冬季和早春舍饲的猪群，怀孕初期或产后断奶的母猪多见。

（1）病因 饲料中缺乏某些矿物质和微量元素，如锌、铜、钴、锰、钙、铁、硫及维生素缺乏；饲料中缺乏某些蛋白质和氨基酸；佝偻病、骨软症、慢性胃肠炎、寄生虫病、狂犬病；饲喂过多精料或酸性饲料等。

（2）临床表现 多呈慢性经过。病初食欲稍减，咀嚼无力，常便秘，渐渐消瘦，患猪舔食墙壁、啃食槽、砖头瓦块、砂石、鸡屎或被粪便污染的垫草、杂物。仔猪还可互相啃咬尾巴、耳朵；母猪常常流产、吞食胎衣或仔猪。有时因吞食异物而引起胃肠疾病。个别患猪贫血、衰弱、最后甚至衰竭死亡。

（3）防治 根据病史、临床症状、实验室检查、饲料成分分析等，找出病因，进行治疗。平时多喂青绿饲料，让猪只接触新鲜泥土；饲料中加入适量食盐、碳酸钠、骨粉、碳酸氢钠、人工盐等；或用硫酸铜和氯化钴配合使用；或用新鲜的鱼肝油肌内注射，成猪4～6mL，仔猪1～3mL，分2～5个点注射，隔3～5天注射1次。

3. 猪黄脂（黄膘）

猪黄脂病（即宰后猪肉存在这种黄色脂肪组织）是脂肪组织变黄的一种代谢性疾病。

（1）病因 猪黄脂病的发生，是由于长期过量饲喂变质的鱼脂、鱼碎块和过期鱼罐头等含多量不饱和脂肪酸和脂肪酸甘油酯的饲料。如鱼体脂肪酸约80%为不饱和脂肪酸。这样，可导致抗酸色素在脂肪组织中沉积，从而造成黄脂病。

（2）临床表现和病理变化 生前无特征性表现。被毛粗糙，倦怠，衰竭，黏膜苍白，食欲下降，生长发育缓慢。通常附有分泌物。有些饲喂大量变质鱼块的猪，可发生突然死亡。身体脂肪呈柠檬黄色，黄脂具有鱼腥臭；肝脏呈黄褐色，有脂肪变性；肾脏呈灰红色，切面髓质呈浅绿色；胃肠黏膜充血；骨骼肌和心肌灰白（与白肌病相似），质脆；淋巴结肿胀，水肿，有散在小出血点。

（3）防治 调整日粮，应除去含有过多不饱和脂肪酸甘油酯的饲料，或减少其喂量，限制在10%以内，并加喂含维生素E的米糠、野菜、青饲料等饲料。必要时每天用500～700mg维生素E添加病猪日粮中，可以防治。但要除去沉积在脂肪里的色素，需经较长的时间。

4. 黄曲霉毒素中毒

黄曲霉毒素中毒是由黄曲霉毒素引起的中毒症，以损害肝脏为主。甚至诱发原发性肝癌为特征。黄曲霉毒素能引起多种动物中毒，但易感性有差异，猪较为易感。

（1）病因 采食了霉变饲料。

（2）临床表现和病理变化 仔猪对黄曲霉毒素很敏感，一般在饲喂霉玉米之后3～5天发病，表现为食欲消失，精神沉郁，可视黏膜苍白、黄染，后肢无力，行走摇晃。严重时，卧地不起，几天内即死亡。育成猪多为慢性中毒，表现为食欲减退，异食癖，逐渐消瘦，后期有神经症状与黄疸。

急性病例突出病变是急性中毒性肝炎和全身黄疸。肝脏肿大，淡黄或黄褐色，表面有出血，实质脆弱；肝细胞变性坏死，间质内有淋巴细胞浸润。胆囊肿大，充满胆汁。胃肠黏膜出血、水肿，肠内容物棕红色。肾脏肿大，苍白色，有时见点状出血。全身淋巴结水肿、出血，切面呈大理石样病变。肺脏淤血、水肿。心包积液，心内、外膜常有出血。脂肪组织黄染。脑膜充血、水肿，脑实质有点状出血。亚急性和慢性中毒病例，主要是肝硬化。肝实质变硬、呈棕黄色或棕色，俗称“黄肝病”，肝细胞呈严重的脂肪变性与颗粒变性，间质结缔组织和胆管增生，形成不规则的假小叶，并有很多

再生肝细胞结节。病程长的母猪可出现肝癌。

(3) 防治

1) 预防。防止饲料霉变，引起饲料霉变的因素主要是温度与相对湿度，因此，饲料应充分晒干，切勿雨淋、受潮，并置阴凉、干燥、通风处储存；可在饲料中添加防霉剂以防霉变；霉变饲料不宜饲喂，但其中的毒素除去后仍可饲喂。

2) 治疗。本病尚无特效疗法。发现猪中毒时，应立即停喂霉变饲料，改喂富含碳水化合物的青绿饲料和高蛋白饲料。同时，根据临床症状，采取相应的支持和对症治疗。

5. 棉籽饼中毒

棉籽饼中毒是由于猪吃了含有棉酚的棉籽饼而引起的一种急性和慢性中毒病。主要表现为胃肠、血管和神经上的变化。

(1) 病因　未经处理的饼含有棉酚。猪对棉酚非常敏感，一般0.4～0.5g棉酚便能使猪中毒甚至死亡。长期饲喂，虽然量少，但棉酚色素排泄缓慢，也可因蓄积而引起中毒。当饲料蛋白质和维生素A不足时，也可促使中毒病的发生。以仔猪最易发生。

(2) 临床表现和病理变化　急性中毒可见食欲废绝，粪干，个别可见呕吐，低头呆立，行走无力，或发生间歇性兴奋，前冲，或抽搐。呼吸高度困难，鼻流清液。有的可见尿中带血，皮肤发绀，或见胸腹下水肿。个别体温达41℃以上。怀孕猪流产；慢性中毒可见精神不振，食欲减少，有异嗜癖，粪干、常带有血丝黏液，喜饮水，尿黄；仔猪中毒后症状更加严重，可见不安、发抖、可视黏膜发绀，呼吸困难、粪软或拉稀、体温升高，后期脱水死亡。

胸、腹腔有红色渗出液，气管、支气管充满泡沫状液体，肺充血、水肿，心内外膜有淤血点，胃肠黏膜有出血斑点，全身淋巴结肿大。

(3) 防治

1) 预防。猪场饲喂棉籽饼前，最好先进行游离棉酚含量测定。一般认为，生长猪日粮中游离棉酚含量不超过100mg/kg体重，种猪日粮中游离棉酚含量不超过70mg/kg体重是安全的；棉籽饼加热煮沸1～2h后再喂猪；棉籽饼中加入硫酸亚铁（一般机榨饼按0.2%～

0.4%加入，浸提饼按0.15%～0.35%加入，土榨饼按0.5%～1%加入）去毒；棉籽饼限量或间歇性饲喂。即连喂几周后停喂一个时期再喂。孕期猪及仔猪最好不喂或限量饲喂，怀孕母猪每天不超过0.25kg，产前半月停喂，等产后半月再喂。刚断奶的仔猪日粮中不超过0.1kg。另外，发霉的棉籽饼不能喂猪。

2）治疗。发现中毒应立即停喂棉籽饼。病猪用0.2%～0.4%的高锰酸钾液或3%的碳酸氢钠口服，灌服硫酸钠泻剂排出肠内毒素；肺水肿时，可静脉注射甘露醇、山梨醇或50%葡萄糖。

6. 酒糟中毒

（1）病因 酒糟因含有蛋白质和脂肪，还可促进食欲和消化，常用作家畜饲料。但长期饲喂或突然改喂大量酒糟，可引起酒糟中毒。

（2）临床表现和病理变化 急性中毒表现兴奋不安，食欲减退或废绝，初便秘后腹泻，呼吸困难，心动急速，步态不稳或卧地不起，四肢麻痹，最后因呼吸中枢麻痹而死亡。慢性中毒一般呈现消化不良，黏膜黄染，往往发生皮疹和皮炎。由于进入机体内的大量酸性产物，使得矿物质供给不足，可导致缺钙而出现骨质脆弱。

猪只皮肤发红，眼结膜潮红、出血。皮下组织干燥，血管扩张充血，伴有点状出血。咽喉黏膜潮红、肿胀。胃内充满具酒糟酸臭味的内容物，胃黏膜充血、肿胀，被覆厚厚黏液，黏膜面有点状、线状或斑状出血。肠系膜与肠浆膜的血管扩张充血，散发点状出血。小肠黏膜潮红、肿胀，被覆多量黏液，并呈现弥漫性点状出血或片状出血。大肠与直肠黏膜亦肿胀，散发点状出血。肠系膜淋巴结肿胀、充血及出血。肺淤血、水肿，伴有轻度出血。心脏扩张，心腔充满凝固不全的血液，心内膜、心外膜出血。心肌实质变性。肝脏和肾脏淤血及实质变性。脾脏轻度肿胀伴发淤血与出血。软脑膜和脑实质充血和轻度出血。慢性中毒病例，常常呈现肝硬化。

（3）防治

1）控制酒糟用量。酒糟的饲喂量不宜超过日粮的20%～30%（参考日粮配方：玉米20%、酒糟25%、菜籽饼10%、碎米18%、麸皮25%、钙粉1.5%、食盐0.5%，每天饲喂2～3kg，每日喂3～4

次）；妊娠母猪不喂或少喂。

2）保证酒糟新鲜。酒糟应尽可能新鲜喂给，力争在短时间内喂完。如果暂时用不完，可将酒糟压紧在缸中或地窖中，上面覆盖薄膜，储存时间不宜过久，也可用作青贮。酒糟生产量大时，也可采取晒干或烘干的方法，储存备用。

3）避免饲喂发霉酸败酒糟。对轻度酸败的酒糟，可在酒糟中加入0.1%~1%石灰水，浸泡20~30min，以中和其酸类物质。严重酸败和霉变的酒糟应予废弃。

4）治疗。无特效解毒疗法，发病后立即停喂酒糟。可用1%碳酸氢钠液1000~2000mL内服或灌肠，同时内服泻剂以促进毒物排出。对胃肠炎严重的应消炎或用黏膜保护剂。静脉注射葡萄糖液、生理盐水、维生素C、10%葡萄糖酸钙、肌苷和肝泰乐等有良好效果。兴奋不安时可用镇静剂，如水合氯醛、溴化钙。重病例应注意维护心、肺功能，可肌内注射10%~20%安钠咖5~10mL。

第八章

快速养猪的经营管理

核心提示

管理出效益，规模化条件下的经营管理显得更加重要。通过市场分析可以进行正确预测和决策，制订生产计划可以提高生产效率，加强经济核算能够降低生产成本

第一节　市场分析

只有进行市场调查，掌握大量的市场信息，才能做出科学决策，使生产的产品适销对路，取得较好的经济效益。

一　市场调查方法

1. 按调查的方法分类

（1）询问法　是根据已经拟订的调查事项，通过面谈、书面或电话等方式，向被调查者进行询问、征求意见来搜集市场资料（信息）的方法。

（2）观察法　是指被调查者在不知道的情况下，由调查人员从旁观察记录被调查者的行为和反映，以取得调查资料的方法。

（3）表格调查法　采用一定的调查表格，或问卷形式来搜集资料的方法。

快速养猪

(4) 样品征询法 是通过试销、展销、选样订货、看样订货，一方面推销商品，另一方面征询意见的方法。

2. 按调查的范围分类

(1) 全面调查法 即一次性普遍调查。搜集的资料全面、详细、精确，但费时、费力，成本较高。

(2) 重点调查法 即通过一些重点单位（或消费者）的调查，得到基本了解全局情况的目的。

(3) 典型市场调查法 通过对具有代表性市场的调查，以达到全面了解某一方面问题的目的。由于调查对象少，可以集中人力、物力和时间进行深入细致的了解。

(4) 间接市场调查法 利用其他有关部门提供的调查积累资料，来推测市场需求变化等。

(5) 抽样调查法 是从需要了解的整体中，抽出其中的一个组成部分进行调查，从而推断出整体情况。但抽取的样品要有代表性。

> 【提示】 市场调查方法虽然很多，但企业要根据自己的实际情况，选择简便易行的方法。

二 经营预测

经营预测是根据所掌握的信息资料，对未来影响猪场生产经营活动的各种因素和经营成果进行科学的估计和推测。经营预测是猪场决策和编制制订计划的依据，只有科学准确的预测，才能进行正确的决策。猪场的经营预测包括市场供求预测、价格预测及生产经营条件预测（如科学技术、国家政策、资源条件等预测）以及经营成果预测等。

> 【提示】 必须掌握翔实的资料，采用科学方法，才能使预测科学准确。

第二节 经营决策

经营决策就是猪场为了确定远期或近期的经营目标作出最优选择的决断过程。决策的正确与否，直接影响到经营效果。大至猪场

的生产经营方向、目标、远景规划，小到制定规章制度、安排生产活动等，每时每刻都在决策。

一 决策的程序

1. 提出问题

即确定决策的对象或事件，也就是要决策什么或对什么进行决策，如经营项目选择、经营方向的确定、人力资源的利用以及饲养方式、饲料配方、疾病治疗方案的选择等。

2. 确定决策目标

决策目标是指对事件作出决策并付诸行动之后所要达到的预期结果。如经营项目和经营规模的决策目标是，一定时期内使销售收入和利润达到多少；猪的饲料配方的决策目标是，使单位产品的饲料成本降低到多少、增重率和产品品质达到一定水平；发生疾病时的决策目标是治愈率有多高。有了目标，拟订和选择方案就有了依据。

3. 拟订多种可行方案

只有设计出多种方案，才可能选出最优方案。拟订方案时，要紧紧围绕决策目标，尽可能把所有的方案都考虑到，以免漏掉那些好的方案。如对猪场经营规模的决策方案有大型猪场、中小型猪场以及庭院饲养几头猪等；经营方向决策的方案有建立种猪场、繁殖场、商品猪场等；对饲料配方决策的方案有甲、乙、丙、丁等多个配方；对饲养方式决策方案有大栏饲养、定位栏饲养、地面饲养以及网面饲养等；对猪场的某一种疾病防治决策的方案可以有药物防治（药物又有多种药物可供选择）、疫苗防治等。

对于复杂问题的决策，方案的拟订通常分两步进行：

（1）轮廓设想 可向有关专家和职工群众分别征集意见，也可采用头脑风暴法（畅谈会法），即组织有关人士座谈，让大家发表各自的见解，收集到多种方案。

（2）可行性论证和精心设计 在轮廓设想的基础上，可召开讨论会或采用特尔斐法，对各种方案进行可行性论证，弃掉不可行的方案。如果确认所有的方案都不可行或只有一种方案可行，就要重新进行设想，或审查调整决策目标。然后对剩下的各种可行方案进行详细设计，确定细节，估算实施结果。

4. 选择方案

根据决策目标的要求，运用科学的方法，对各种可行方案进行分析比较，从中选出最优方案。如猪舍建设，有豪华型、经济适用型和简陋型，不同建筑类型投入不同，使用效果也有很大差异。豪华型投入过大，生产成本太高，简陋的投入少，但环境条件差，猪的生产性能不能发挥，生产水平低。而经济适用型投入适中，环境条件基本能够满足猪的需要，生产性能也能充分发挥，获得的经济效益好，所以作为中小型猪场来说，应建设经济适用型猪舍。

5. 贯彻实施与信息反馈

最优方案选出之后，贯彻落实、组织实施，并在实施过程中进行跟踪检查，发现问题，查明原因，采取措施，加以解决。如果发现客观条件发生了变化，或原方案不完善甚至不正确，就要启用备用方案，或对原方案进行修改。

二 常用的决策方法

1. 比较分析法

是将不同的方案所反映的经营目标与实现程度的指标数值进行对比，从中选出最优方案的一种方法。如对不同品种杂交猪的饲养结果分析，可以选出一个能获得较好经济效益的经济杂交模式进行饲养。

2. 综合评分法

综合评分法就是通过选择对不同的决策方案影响都比较大的经济技术指标，根据它们在整个方案中所处的地位和重要性，确定各个指标的权重，把各个方案的指标进行评分，并依据权重进行加权得出总分，以总分的高低选择决策方案的方法。这类决策称为多目标决策。但这些目标（即指标）对不同方案的反映有的是一致的，有的是不一致的，采用比较分析法往往难以提出一个综合的数量概念。为求得一个综合的结果，需要采用综合评分法。

3. 盈亏平衡分析法

这种方法也叫量、本、利分析法，是通过揭示产品的产量、成本和盈利之间的数量关系进行决策的一种方法。产品的成本划分为固定成本和变动成本。固定成本如猪场的管理费、固定职工的基本工资、折旧费等，不随产品产量的变化而变化；变动成本是随着产销量的变动而变动的，如饲料费、燃料费和其他费。利用成本、价格、产量之间的关系列出总成本的计算公式：

$$PQ = F + QV + PQx$$

$$Q = F \div [P(1-x) - V]$$

式中 F——某种产品的固定成本；

x——单位销售额的税金；

V——单位产品的变动成本；

P——单位产品的价格；

Q——盈亏平衡时的产销量。

如企业计划获利 R 时的产销量 Q_R 为

$$Q_R = (F + R) \div [P(1-x) - V]$$

盈亏平衡分析法可用于规模、价格等问题的决策。

【例1】 某一猪场，修建猪舍、征地及设备等固定资产总投入100万元，计划10年收回投资；每千克生猪增重的变动成本为10.5元，100kg体重出栏猪的市场价格为14.5元，购入的仔猪体重为22kg，所有杂费和仔猪成本400元，求盈亏平衡时的经营规模和计划赢利20万元时的经营规模。

解：设盈亏平衡时的养殖规模是 Y。根据上述题意知道：市场价格 $P=14.5$ 元，变动成本 $V=10.5$ 元，固定成本 $F=100$ 万 $\div 10$ 年 $=$ 10万/年，税金 $x=0$（养殖业不用纳税），则盈亏平衡时的产销量是

$$Q = F/[P(1-x) - V] = 10 \div (14.5 - 10.5) = 10 \div 4 = 2.5\text{ 万 kg/年}$$

$$Y = \frac{25000}{100}\text{头/年} = 250\text{ 头/年}$$

计划赢利20万元时的经营规模为

$$Y_1 = \frac{Q_1}{100} = [(10+20) \div (14.5 - 10.5)] \div 100$$

$$= 30 \div 4 \times 100 = 0.075\text{ 万头/年} = 750\text{ 头/年}$$

计算结果显示，该猪场年出栏100kg体重肉猪250头达到盈亏平衡，要盈利20万元需要出栏750头猪。

4. 决策树法

利用树型决策图进行决策的基本步骤为：先绘制树型决策图，然后计算期望值，最后剪枝，确定决策方案。

【例2】 某猪场计划扩大再生产，但不知是更新品种好还是增加头数好，是生产仔猪好还是生产肉猪好。根据所掌握的材料，经仔细分析，在不同条件状态下的结果估计各方案的收益值如表8-1所示，请作出决策选择。

表8-1　不同方案在不同状态下的收益值　（单位：万元）

状态	概率	增加头数				更新品种			
		生产仔猪		生产肉猪		生产仔猪		生产肉猪	
		畅销（概率0.7）	滞销（概率0.3）	畅销（概率0.6）	滞销（概率0.4）	畅销（概率0.7）	滞销（概率0.3）	畅销（概率0.6）	滞销（概率0.4）
饲料涨价	0.5	5	−3	4	−2	7	4	6	5
饲料持平	0.3	9	4	12	3	8	5	9	6
饲料降价	0.2	15	10	18	5	9	6	11	8

1）绘制决策树型示意图并填上各种状态下的概率和收益值，如图8-1所示。

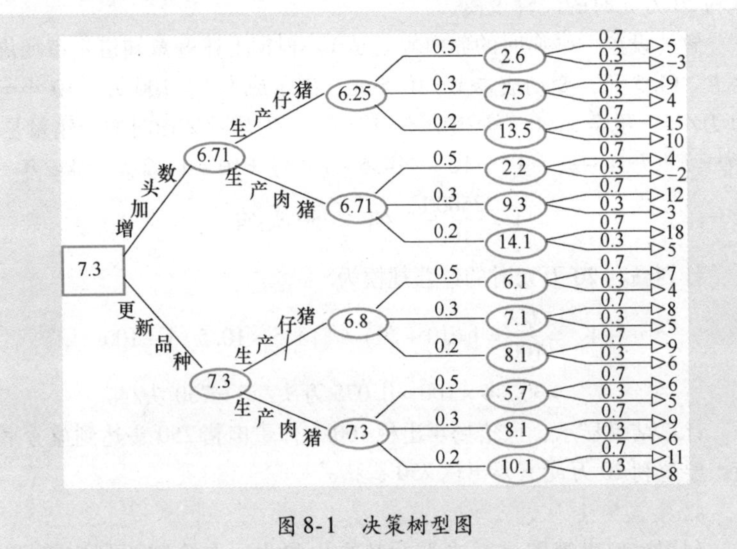

图8-1　决策树型图

□表示决策点，由它引出的分枝叫决策方案枝；○表示状态点，由它引出的分枝叫状态分枝，上面标明了这种状态发生的概率；△表示结果点，它后面的数字是某种方案在某状态下的收益值。

2）计算期望值，分别填入各状态点和结果点的框内。

① 增加头数

生产仔猪 = [(0.7×5)+0.3×(−3)]×0.5+[(0.7×9)+(0.3×4)]×0.3+[(0.7×15)+(0.3×10)]×0.2=6.25

生产肉猪 = [(0.7×4)+0.3×(−2)]×0.5+[(0.7×12)+(0.3×3)]×0.3+[(0.7×18)+(0.3×5)]×0.2=6.71

② 更新品种

生产仔猪 = [(0.7×7)+(0.3×4)]×0.5+[(0.7×8)+(0.3×5)]×0.3+[(0.7×9)+(0.3×6)]×0.2=6.8

生产肉猪 = [(0.7×6)+(0.3×5)]×0.5+[(0.7×9)+(0.3×6)]×0.3+[(0.7×11)+(0.3×8)]×0.2=7.3

3）剪枝。增加头数中生产仔猪数值小，剪去；更新品种中生产仔猪数值小剪去；增加头数的数值小于更新品种的数值，剪去。最后剩下更新品种中生产肉猪的数值最大，就是最优方案。

第三节 计划和记录管理

一 计划管理

1. 配种分娩计划

配种分娩计划是养猪场实现猪的再生产的重要保证，是猪群周转的重要依据，其工作内容是依据猪的自然再生产特点，合理利用猪舍和生产设备，正确确定母猪的配种和分娩期。

编制配种分娩计划应考虑气候条件，饲料供应、猪舍、生产设备与用具、市场情况，劳动力情况等因素。

2. 猪群周转计划

猪群周转计划是制订其他各项计划的基础，只有制订好周转计划，才能制订饲料计划、产品计划和引种计划。制订猪群周转计划，应综合考虑猪舍、设备、人力、成活率、猪群的淘汰和转群移舍时

间、猪群数量等，保证各猪群的增减和周转能够完成规定的生产任务，又最大限度地降低各种劳动消耗。

3. 饲料使用计划（表8-2）

表8-2 饲料使用计划表

项目		头数	饲料消耗总量	能量饲料量	蛋白质饲料量	矿物质饲料量	添加剂饲料量	饲料支出
1月份（31天）	种公猪							
	种母猪							
	后备猪							
	哺乳仔猪							
	断奶仔猪							
	育成猪							
	育肥猪							
2月份（28天）	种公猪							
	种母猪							
	后备猪							
	哺乳仔猪							
	断奶仔猪							
	育成猪							
	育肥猪							
……								
全年各类饲料合计								
全年各类猪群饲料合计	种公猪需要量							
	种母猪需要量							
	哺乳仔猪需要量							
	断奶仔猪需要量							
	育成猪需要量							
	育肥猪需要量							

4. 出栏计划（表 8-3）

表 8-3 出栏计划表

猪 组	年内各月出栏数/头												总计/头	育肥期/天	活重/（kg/头）	总重/kg
	1	2	3	4	5	6	7	8	9	10	11	12				
肥育猪																
淘汰肥猪																
总计																

5. 年财务收支计划（表 8-4）

表 8-4 年财务收支计划表

收 入		支 出		备 注
项目	金额/元	项目	金额/元	
仔猪		种（苗）猪费		
育肥猪		饲料费		
猪产品加工		折旧费（建筑、设备）		
粪肥		燃料、药品费		
其他		基建费		
		设备购置维修费		
		水电费		
		管理费		
		其他费用		
合计				

二 记录管理

记录管理就是将猪场生产经营活动中的人、财、物等消耗情况及有关事情记录在案，并进行规范、计算和分析。记录管理有利于掌握了解猪场的生产经营状况以及市场的变化，有利于进行经济核算，探寻降低生产成本的途径，有利于不断提高生产和管理水平。

1. 猪场记录的内容

猪场记录的内容因猪场的经营方式与所需的资料而有所不同，

一般应包括以下内容。

(1) 生产记录

1）猪群生产情况记录。猪的品种、饲养数量、饲养日期、死亡淘汰数、产品产量等。

2）饲料记录。将每日不同猪群（以每栋、每栏或群为单位）所消耗的饲料按其种类、数量及单价等记录下来。

3）劳动记录。记录工作人员每天的出勤情况、工作时数、工作类别以及完成的工作量、劳动报酬等。

(2) 财务记录

1）收支记录。包括出售产品的时间、数量、价格、去向及各项支出情况。

2）资产记录。记录固定资产（包括土地、建筑物、机器设备等）的占用和消耗，库存物资（包括饲料、兽药、在产品、产成品、易耗品、办公用品等）的消耗数、库存数量及价值；现金及信用类，（包括现金、存款、债券、股票、应付款、应收款等）的收支情况。

(3) 饲养管理记录

1）饲养管理程序及操作记录。包括饲喂程序、猪群的周转、环境控制等的记录。

2）疾病防治记录。包括隔离消毒情况、免疫情况、发病情况、诊断及治疗情况、用药情况、驱虫情况等。

2. 猪场生产记录表格

记录表格是猪场第一手原始材料，是各种统计报表的基础，应认真填写和保管，不得间断和涂改。中小型猪场的生产记录表格主要有如下几种，见表8-5～表8-8。

表8-5 母猪产仔哺育登记表

猪舍栋号______ ______年____月____日

窝号	产仔日期	母猪号	母猪品种	与配公猪		交配日期	怀孕日期	产次	产仔数			存活数			死胎数	备注
				品种	耳号				公猪	母猪	总计	公猪	母猪	总计		

负责人______ 填表人______

表 8-6　配种登记表

猪舍栋号________　　　　　　　　　　　　　　　　_____年___月___日

母猪号	母猪品种	与配公猪		第一次配种时间	第二次配种时间	分娩时间	备注
		品种	耳号				

负责人________　　　　　　　　　　　　　　　　填表人________

表 8-7　猪只死亡登记表

猪舍栋号________　　　　　　　　　　　　　　　　_____年___月___日

品种	耳号	性别	月龄	体重/kg	时间	原因	备注

负责人________　　　　　　　　　　　　　　　　填表人________

表 8-8　种猪生长发育记录表

猪舍栋号________　　　　　　　　　　　　　　　　_____年___月___日

测定时间			耳号	品种	性别	月龄	体重/kg	胸围/cm	体高/cm	平均膘厚/cm
年	月	日								

负责人________　　　　　　　　　　　　　　　　填表人________

3. 猪场的报表

为了及时了解猪场生产动态和完成任务的情况，及时总结经验与教训，在猪场内部建立健全各种报表十分重要。各类报表力求简明扼要，格式统一，单位一致，方便记录。常用的报表有以下几种，见表8-9、表8-10。

表 8-9　猪群饲料消耗月报表或日报表

领料时间	料　号	栋　号	饲料消耗/kg			备注
			青料	精料	其他	

填表人________

表 8-10 猪群变动月报表

群别	月初头数	增加头数				合计	减少头数					合计	月末头数	备注
		出生	调入	购入	转出		转出	调出	出售	淘汰	死亡			
种公猪														
种母猪														
后备公猪														
后备母猪														
育肥猪														
仔猪														

填表人________

4. 猪场记录的分析

通过对猪场的记录进行整理、归类，可以进行分析。分析是通过一系列分析指标的计算来实现的。利用成活率、繁殖率、增重率、饲料转化率等技术效果指标来分析生产资源的投入和产出产品数量的关系以及各种技术的有效性和先进性。利用经济效果指标分析生产单位的经营效果和赢利情况，为猪场的生产提供依据。

【注意】 生产中人们忽视记录管理，如没有简洁的表格，缺乏系统的原始记录等，严重影响经济核算和技术水平的提高。要获得较好效益，应做到及时准确、简洁完整、全面详细的记录。

第四节 生产技术管理

一 制订技术操作规程

技术操作规程是猪场生产中按照科学原理制订的日常作业的技术规范。不同饲养阶段的猪群，按其生产周期制订不同的技术操作规程。

技术操作规程的主要内容是：对饲养任务提出生产指标，使饲养人员有明确的目标；指出不同饲养阶段猪群的特点及饲养管理要点；按不同的操作内容分段列条、提出切合实际的要求等。

技术操作规程的指标要切合实际，条文要简明具体，易于落实执行。

二 制订工作程序

规定各类猪舍每天的工作内容，制订每周的工作程序，使饲养管理人员有规律地完成各项任务，见表8-11。

表8-11 猪舍周工作程序

日　期	配种妊娠舍	分娩保育舍	生长育成舍
星期一	日常工作；清洁消毒；淘汰猪鉴定	日常工作；清洁消毒；断奶母猪、淘汰猪鉴定	日常工作；清洁消毒；淘汰猪鉴定
星期二	日常工作；更换消毒池消毒液；接收空怀母猪；整理空怀母猪	日常工作；更换消毒池消毒液；断奶母猪转出；空栏清洗消毒	日常工作；更换消毒池消毒液；空栏清洗消毒
星期三	日常工作；不发情、不妊娠母猪集中饲养；驱虫；免疫接种	日常工作；驱虫；免疫接种	日常工作；驱虫；免疫接种
星期四	日常工作；清洁消毒；调整猪群	日常工作；清洁消毒；仔猪去势；僵猪集中饲养	日常工作；清洁消毒；调整猪群
星期五	日常工作；更换消毒池消毒液；怀孕母猪转出	日常工作；更换消毒池消毒液；接收临产母猪，做好分娩准备	日常工作；更换消毒池消毒液；空栏冲洗消毒
星期六	日常工作；空栏冲洗消毒	日常工作；仔猪强弱分群；出生仔猪剪耳、断奶和补铁等	日常工作；出栏猪的鉴定
星期日	日常工作；妊娠诊断复查；设备检查维修；填写周报表	日常工作；清点仔猪数；设备检查维修；填写周报表	日常工作；存栏猪盘点；设备检查维修；填写周报表

三 制订综合防疫制度

为了保证猪群的健康和安全生产，场内必须制订严格的防疫措施，按规定对场内、外人员，车辆，场内环境，设备用具等进行及时或定期的消毒，猪舍在空出后的冲洗、消毒，各类猪群的免疫，猪种引进的检疫等。

第五节　经济核算

一 资产核算

1. 流动资产

流动资产是企业生产经营活动的主要资产，主要包括猪场的现金、存款、应收款及预付款、存货（原材料、在产品、产成品、低值易耗品）等。流动资产周转状况影响到产品的成本。猪场加速流动资产周转的主要措施如下：

（1）减少物资的积压和浪费　加强采购物资的计划性，防止盲目采购，合理地储备物资，避免积压资金，加强物资的保管，定期对库存物资进行清查，防止鼠害和霉烂变质。

（2）缩短生产周期　科学地组织生产过程，采用先进技术，尽可能缩短生产周期，节约使用各种材料和物资，减少在产品资金占用量。

（3）加强产品销售　及时销售产品，缩短产成品的滞留时间，减少流动资金占有量和占有时间。

（4）及时清理债权债务　加速应收款项的回收，减少成品资金和结算资金的占用量。

2. 固定资产

固定资产主要包括建筑物、道路、种畜以及其他与生产经营有关的设备、器具、工具等。

固定资产在使用过程中，由于损耗而发生的价值转移，称为折旧，由于固定资产损耗而转移到产品中去的那部分价值叫折旧费或折旧额，用于固定资产的更新改造。

猪场固定资产折旧的计算方法一般采用平均年限法。它是根据固定资产的使用年限，平均计算各个时期的折旧额，因此也称直线

法。其计算公式为：

$$固定资产年折旧额 = [原值 - (预计残值 - 清理费用)] / 固定资产预计使用年限$$

$$固定资产年折旧率 = \frac{固定资产年折旧额}{固定资产原值} \times 100\% = \frac{1 - 净残值率}{折旧年限 \times 100\%}$$

折旧费是构成产品成本的重要项目，所以，降低固定资产占用量可以减少固定资产年折旧费，降低产品生产成本。降低措施如下：

(1) 量力而行设置固定资产 根据轻重缓急，合理购置和建设固定资产，把资金使用在经济效果最大而且在生产上迫切需要的项目上；购置和建造固定资产要做到与单位的生产规模和财力相适应。

(2) 各类固定资产务求配套完备 注意加强设备的通用性和适用性选择，使固定资产合理配套，充分发挥其效用。

(3) 加强固定资产的管理 建立严格的使用、保养和管理制度，对不需要的固定资产应及时采取措施，以免浪费，注意提高机器设备的时间利用强度和它的生产能力利用程度。

二 成本核算

企业为生产一定数量和种类的产品而发生的直接材料费（包括直接用于产品生产的原材料、燃料动力费等）、直接人工费用（直接参加产品生产的工人工资以及福利费）和间接制造费用的总和构成产品成本。

1. 成本核算的意义

产品成本是一项综合性很强的经济指标，它反映了猪场的技术实力和经营状况。品种是否优良、饲料质量好坏、饲养技术水平高低、固定资产利用率的高低、人工耗费多少等，都可以通过产品成本反映出来。所以，猪场通过成本和费用核算，可发现成本升降的原因，降低成本费用耗费，提高产品的竞争能力和盈利能力。

2. 做好成本核算的基础工作

(1) 建立健全各项原始记录 原始记录是计算产品成本的依据，直接影响着产品成本计算的准确性。如原始记录不实，就不能正确反映生产耗费和生产成果。饲料、燃料动力的消耗，原材料、低值易耗品的领退，生产工时的耗用，畜群变动，畜群周转、畜群死亡

淘汰、产出产品等都必须认真如实登记。

（2）建立健全各项定额管理制度 猪场要制订各项生产要素的耗费标准（定额）。不管是饲料、燃料动力、还是费用工时、资金占用等，都要制订比较先进、切实可行的定额。定额的制订应建立在先进的基础上，对经过十分努力仍然达不到的定额标准或不需努力就很容易达到定额标准的定额，要及时进行修订。

（3）加强财产物质的计量、验收、保管、收发和盘点制度 财产物资的实物核算是其价值核算的基础。做好各种物资的计量、收集和保管工作，是加强成本管理、正确计算产品成本的前提条件。

3. 猪场成本的构成项目（表8-12）

表8-12 猪场成本的构成项目

序号	项　目	具体内容
1	饲料费	指饲养过程中耗用的自产与外购的混合饲料和各种饲料原料。凡是购入的按买价加运费计算，自产饲料一般按生产成本（含种植成本和加工成本）进行计算
2	劳务费	从事养猪的生产管理劳动，包括饲养、清粪、防疫、转群、消毒、购物、运输等所支付的工资、资金、补贴和福利等
3	母猪摊销费	饲养过程中应负担产畜的摊销费用
4	医疗费	指用于猪群的生物制剂、消毒剂及检疫费、化验费、专家咨询服务费等，但已包含在配合饲料中的药物及添加剂费用不必重复计算
5	固定资产折旧维修费	指猪舍、栏具和专用机械设备等固定资产的基本折旧费及修理费。根据猪舍结构和设备质量，使用年限来计损。如是租用土地，应加上租金；土地、猪舍等都是租用的，只计租金，不计折旧
6	燃料动力费	指饲料加工、猪舍保暖、排风、供水、供气等耗用的燃料和电力费用，这些费用按实际支出的数额计算
7	杂费	包括低值易耗品费用、保险费、通信费、交通费、搬运费等
8	利息	指对固定投资及流动资金一年中支付利息的总额
9	税金	指用于养猪生产的土地、建筑设备及生产销售等一年内应交的税金

4. 成本的计算方法

成本的计算方法分为分群核算和混群核算两种。

(1) 分群核算 分群核算的对象是每种畜的不同类别，如基本猪群、幼猪群、育肥猪群等，按畜群不同类别分别设置生产成本明细账户，分别归集生产费用和计算成本。

1）仔猪和育肥猪群成本计算。主产品是增重，副产品是粪肥和死淘猪的残值收入等。

增重单位成本 = 总成本 ÷ 该群本期增重量
= (全部的饲养费用 - 副产品价值) ÷
(该群期末存栏活重 + 本期销售和转出活重 -
期初存栏活重 - 本期购入和转入活重)

活重单位成本 =（该群期初存栏成本 + 本期购入和转入成本 + 该群本期饲养费用 - 副产品价值）÷ 该群本期活重 =（该群期初存栏成本 + 本期购入和转入成本 + 该群本期饲养费用 - 副产品价值）÷［该群期末存栏活重 + 本期销售或转出活重(不包括死猪重量)］

2）基本猪群成本核算。基本猪群包括基本母猪、种公猪和未断奶的仔猪。主产品是断奶仔猪，副产品是猪粪，在产品是未断奶仔猪。基本畜群的总饲养费用包括母猪、公猪、仔猪饲养费用和配种受精费用。本期发生的饲养费用和期初未断乳仔猪的成本应在产成品和期末在产品之间分配，分配办法是按照活重比例法。

$$\text{仔猪活重单位成本} = \frac{\text{期初未断乳仔猪成本} + \text{本期基本猪群饲养费用} - \text{副产品价值}}{\text{本期断乳仔猪活重} + \text{期末未断乳仔猪活重}}$$

3）猪群饲养日成本核算。指每头猪饲养日平均成本。它是考核饲养费用水平和制定饲养费用计划的重要依据。应按不同的猪群分别计算。

$$\text{某猪群饲养日成本} = \frac{\text{该猪群本期饲养费用总额} - \text{副产品价值}}{\text{该群本期饲养头日数}}$$

(2) 混群核算 混群核算的对象是每类畜禽，如牛、羊、猪、鸡等，按畜禽种类设置生产成本明细账户，归集生产费用和计算成本。资料不全的小型猪场常用此方法。

畜禽类别生产总成本 = 期初在产品成本(存栏价值) +
购入和调入畜禽价值 +
本期饲养费用 - 期末在产品价值(存栏价值) -
出售自食转出畜禽价值 - 副产品价值

单位产品成本 = 生产总成本/产品数量

【提示】 只有加强成本核算才能找出降低猪场成本的途径，从而提高猪场效益。

三 赢利核算

赢利核算是对猪场的赢利进行观察、记录、计量、计算、分析和比较等工作的总称。赢利也称税前利润，是企业在一定时期内的货币表现的最终经营成果，是考核企业生产经营好坏的一个重要经济指标。赢利核算的公式为：

赢利 = 销售产品价值 - 销售成本 = 利润 + 税金

【提示】 提高猪场效益的措施：一是产品要适销对路；二是提高产品产量，如选择好的品种、保证猪群健康、创造好的环境、提供充足营养等，使猪的生产潜力充分发挥；三是要减少流动资金占有量和降低固定资产的折旧费；四是提高工作效率；五是降低饲料成本，如科学配制饲料，合理饲喂，减少饲料浪费等；六是适时出栏。一般杂交猪的适宜屠宰体重为 90 ~ 100kg，培育品种为 75 ~ 85kg。

附录　常见计量单位名称与符号对照表

量的名称	单位名称	单位符号
长度	千米	km
	米	m
	厘米	cm
	毫米	mm
面积	平方千米（平方公里）	km^2
	平方米	m^2
体积	立方米	m^3
	升	L
	毫升	mL
质量	吨	t
	千克（公斤）	kg
	克	g
	毫克	mg
物质的量	摩尔	mol
时间	小时	h
	分	min
	秒	s
温度	摄氏度	℃
平面角	度	(°)
能量，热量	兆焦	MJ
	千焦	kJ
	焦［耳］	J
功率	瓦［特］	W
	千瓦［特］	kW
电压	伏［特］	V
压力，压强	帕［斯卡］	Pa
电流	安［培］	A

参 考 文 献

[1] 陈清明，等. 现代养猪生产 [M]. 北京：中国农业大学出版社，2001.
[2] 方建设. 快乐养猪法 [M]. 北京：中国农业出版社，2009.
[3] 魏刚才. 安全高效养猪技术 [M]. 北京：化学工业出版社，2009.
[4] 李培庆，等. 实用猪病诊断与防治技术 [M]. 北京：中国农业科学技术出版社，2007.
[5] 孙哲. 猪饲料营养配方 7 日通 [M]. 北京：中国农业出版社，2012.

书号:978-7-111-49261-0
定价:59. 80 元

书号:978-7-111-52000-9
定价:25. 00 元

书号:978-7-111-50355-2
定价:29. 80 元

书号:978-7-111-54600-9
定价:39. 80 元

书号:978-7-111-45113-6
定价:25. 00 元

书号:978-7-111-44264-6
定价:29. 80 元

书号:978-7-111-55462-2
定价:25. 00 元

书号:978-7-111-46787-8
定价:19. 90 元

书　目

书　名	定价
高效养土鸡	29.80
高效养土鸡你问我答	29.80
果园林地生态养鸡	26.80
高效养蛋鸡	19.90
高效养优质肉鸡	19.90
果园林地生态养鸡与鸡病防治	20.00
家庭科学养鸡与鸡病防治	35.00
优质鸡健康养殖技术	29.80
果园林地散养土鸡你问我答	19.80
鸡病诊治你问我答	22.80
鸡病快速诊断与防治技术	29.80
鸡病鉴别诊断图谱与安全用药	39.80
鸡病临床诊断指南	39.80
肉鸡疾病诊治彩色图谱	49.80
图说鸡病诊治	35.00
高效养鹅	29.80
鸭鹅病快速诊断与防治技术	25.00
畜禽养殖污染防治新技术	25.00
图说高效养猪	39.80
高效养高产母猪	35.00
高效养猪与猪病防治	29.80
快速养猪	35.00
猪病快速诊断与防治技术	25.00
猪病临床诊治彩色图谱	59.80
猪病诊治 160 问	25.00
猪病诊治一本通	25.00
猪场消毒防疫实用技术	25.00
生物发酵床养猪你问我答	25.00
高效养猪你问我答	19.90
猪病鉴别诊断图谱与安全用药	39.80
猪病诊治你问我答	25.00
图解猪病鉴别诊断与防治	55.00
高效养羊	29.80
高效养肉羊	35.00
肉羊快速育肥与疾病防治	25.00
高效养肉用山羊	25.00
种草养羊	29.80
山羊高效养殖与疾病防治	29.90
绒山羊高效养殖与疾病防治	25.00
羊病综合防治大全	35.00
羊病诊治你问我答	19.80
羊病诊治原色图谱	35.00
羊病临床诊治彩色图谱	59.80
牛羊常见病诊治实用技术	29.80
高效养肉牛	29.80
高效养奶牛	22.80
种草养牛	29.80
高效养淡水鱼	25.00
高效池塘养鱼	25.00
鱼病快速诊断与防治技术	19.80
鱼、泥鳅、蟹、蛙稻田综合种养一本通	29.80
高效稻田养小龙虾	29.80
高效养小龙虾	25.00
高效养小龙虾你问我答	20.00
图说稻田养小龙虾关键技术	35.00
高效养泥鳅	16.80
高效养黄鳝	16.80
黄鳝高效养殖技术精解与实例	25.00
泥鳅高效养殖技术精解与实例	22.80
高效养蟹	25.00
高效养水蛭	29.80
高效养肉狗	35.00
高效养黄粉虫	29.80
高效养蛇	29.80
高效养蜈蚣	16.80
高效养龟鳖	19.80
蝇蛆高效养殖技术精解与实例	15.00
高效养蝇蛆你问我答	12.80
高效养獭兔	25.00
高效养兔	29.80
兔病诊治原色图谱	39.80
高效养肉鸽	29.80
高效养蝎子	25.00
高效养貂	26.80
高效养貉	29.80
高效养豪猪	25.00
图说毛皮动物疾病诊治	29.80
高效养蜂	25.00
高效养中蜂	25.00
养蜂技术全图解	59.80
高效养蜂你问我答	19.90
高效养山鸡	26.80
高效养驴	29.80
高效养孔雀	29.80
高效养鹿	35.00
高效养竹鼠	25.00
青蛙养殖一本通	25.00
宠物疾病鉴别诊断	49.80